JN189330

実践 CSIRT プレイブック

セキュリティ監視とインシデント対応の基本計画

Jeff Bollinger
Brandon Enright 著
Matthew Valites

飯島 卓也
小川 梢
柴田 亮 監訳
山田 正浩

谷崎 朋子 訳

Crafting the InfoSec Playbook

Security Monitoring and Incident Response Master Plan

Jeff Bollinger, Brandon Enright & Matthew Valites

Beijing · Boston · Farnham · Sebastopol · Tokyo

日本語版の内容について、株式会社オライリー・ジャパンは最大限の努力をもって正確を期していますが、本書の内容に
基づく運用結果について責任を負いかねますので、ご了承ください。

序文

　この 10 年間、シスコシステムズのコンピュータセキュリティインシデント対応チーム（CSIRT）は数え切れないほど多くのお客様とのミーティングに同席し、世界で最もサイバー攻撃を受けている企業のひとつであり、ネットワークにより相互接続された自社をどのように保護してきたのか説明してきました。その際に、「プレイブック」をベースに大規模企業を守る上で必要なツール、人、プロセスについて解説するのですが、終わるといつも決まってこう聞かれます。「プレイブックのコピーはもらえるのですか」と。ご要望に応えようと、初めのうちは機密情報を抜いたサニタイズ版を配布していました。しかし、ほどなくしてページ数も企業を特定可能な情報も増え、サニタイズ不可能なデータばかりで情報共有できない状態に陥りました。この本が完成し、ようやく「コピー、ありますよ！」とお答えすることができます。

　今世紀初め頃に Cisco CSIRT を設立したときから、私たちはいつか、1 社を守る以上の重要な役割を果たしたいと願ってきました。シスコシステムズはお客様に相互接続性を提供する中でたくさんのことを学びました。であれば、そこで得られた知見の一部をお客様のセキュリティ対策に役立て還元することは私たちの責務ではないか。私はそう考えました。具体的には、大規模な CSIRT を設置するだけの予算がない人たちを助けるということです。サイバーセキュリティ情報を共有するという私たちチームの取り組みについて、シスコシステムズは全面的に支援し、願いを叶えるためのリソースや時間を提供してくれました。

　本書を執筆した 2014 年は、企業のサイバーセキュリティ対策が全面的な大敗を喫し、それを世界中が目撃した年で、大企業はまるでハッキングし放題のように見えました。極めて大きなハッキング被害を受けたのは、大手の小売業、エンターテインメント会社、外食チェーンです。その他多くの企業も、最終的には安心感を得ようと、セキュリティ情報イベント管理（SIEM）システムなどのインシデント自動検知ツールを導入しました。

　そんな当時、企業を守るのはツールではなく人であると先頭に立って訴えたのは、Cisco CSIRT です。本書には、本分野の優秀な人たちがサイバーセキュリティの脅威を検知、特定、隔離、軽減する上で何をしてきたかが詳しく書かれています。方法は十分シンプルで、たとえば検知できなかったインシデントがあれば、その攻撃に普段利用している検知ツール（IDS、パケットキャプチャ、ログなど）で

検知可能な特徴があるか検証し、特徴が見つかれば検知方法と紐付けて、検知を「実行」してみます。それで検知がうまくいけば、その手法を採用し、うまくいかなければ、取り下げます。採用した手法は最終的に、私たちのセキュリティ運用センターの日常業務に組み込まれます。本書には、そんな継続的な攻撃と対策の激務に耐えた10年間の成果が詰まっています。

　Cisco CSIRTが成し遂げた業績について、私は自分自身がこれまで取り組んできたどれよりも誇らしく思います。そして、時間や努力を惜しまず、このレベルと深度で業務内容を共有してくれたことに大変興奮しています。本書の内容は、類似する課題に直面するCSIRTチームの基本として活用できます。対象は、すでに運用を開始しているCSIRTチーム、または新たに発足予定のCSIRTチームの両方です。今回の情報共有がサイバーセキュリティの歴史における新たな分水界となり、正義が反撃するきっかけになれば幸いです。

—Gavin Reid
ランコープ[※1] 脅威インテリジェンス統括責任者

※1　訳注：2015年、シスコシステムズに買収されたサイバーセキュリティ企業。

はじめに

　本書を手に取っていただいたということは、脅威の検知能力や技法を強化したいと考え、情報セキュリティ担当、インシデント対応、ネットワーク保護、またはネットワーク管理者として能力を伸ばす方法はないか模索中とお見受けしました。脅威はここ数年で規模、複雑さ、特徴ともに劇的に進化し、その傾向は高まっています。検知や対応が適切であっても、効果を発揮し続けるにはさらなる取り組みと高度化が必要です。実効性のあるインシデント対応チームを作り、成育させ、維持することは簡単ではありません。私たちは数多くのセキュリティチームと対話してきましたが、タイプや規模を問わず彼らが直面する攻撃者と組織のネットワーク、ユーザー、情報による戦争はどれも変わりませんでした。うまく対処できているチームは少なかったものの、確固たる戦略、適切な専門性、そして適切なインフラがあれば悪と競り合うことも可能です。

　どんなに高価なセキュリティ監視および保護ツールがあっても、十分な対策にはならない。スキルのある攻撃者であれば、みんなそう口を揃えるでしょう。成功しているコンピュータセキュリティインシデント対応チーム（CSIRT）は、侵入は避けられないことを知っており、鍛え上げられた脅威インテリジェンス、油断ない監視による早期検知、迅速かつ徹底した対応の組み合わせが最善策であると気付いています。適切なツールで適切なデータが利用できたとしても、適切な人材がそれらを使って正しく対応できるとは限りません。運用経験は非常に重要で、魔法のブラックボックスや単一の脅威フィードで置き換えられるものではありません。

　私たちの戦略では、侵入やセキュリティ侵害を発見するためにできるだけ多くの関連データソースを収集、体系化、発掘、補強、分析することに注力しています。**検知および対応方法の集合体でもある弊社の戦略を、私たちはプレイブックと呼んでいます。**私たちが開発したのは、不可避なセキュリティインシデントを検知し、被害を最小限に抑え、インシデント対応コミュニティと十分な情報共有を実施し、攻撃を再び成功させないための、成果を出せるインシデント対応プログラム構築の基本アプローチです。

　本書は、セキュリティ監視、インシデント対応、脅威分析という複雑な概念を、最も基本的な要素に落とし込むための方法を解説します。そして、データセントリックなアプローチに基づき、独自のインシデント検知戦略を構築または改良し、アイディアや手法の鮮度を保ち、独自の脅威インテリジェンス

を発見、開発し、あなたのネットワークを攻撃している悪意ある攻撃者と戦う方法を紹介します。

対象読者

本書の対象読者はITおよび情報セキュリティ担当者で、特に初期の監視プログラムおよびインシデント対応プログラムを開発中、または既存プログラムを最新かつ効果的なアプローチに進化させたいインシデント対応または緊急対応チーム、情報セキュリティ管理者またはディレクター、ITアーキテクトを対象とします。

本書は情報セキュリティ担当やインシデント対応チームを念頭に執筆されましたが、メタデータセントリックなアプローチを用いてログやデータを解析する考え方は、システム管理、脅威の調査、その他データ分析など別の分野にも応用することができます。結局のところ、これはデータの整理、適切なクエリの開発、データの検索、その後の対応に関する戦略です。各章には、効果的なインシデント検知システムを開発する方法について、実際のインシデントや証拠に基づく私たちの所見とアドバイスをまとめました。

本書は、次に挙げるよくある疑問に答えます。

- 自社ネットワーク内に潜む攻撃者をどうすれば発見できるのか？
- 執拗な攻撃者はどうすれば検知できるのか？
- 蔓延するマルウェアの脅威への対策は？
- システムの侵害を検知するには？
- 管理対象のシステムの所有者または責任組織を見つけるには？
- 脅威インテリジェンスを実践的に活用し、開発する方法は？
- 全システムの全ログデータを管理することは果たしてできるのか？
- 増加するログのノイズに溺れることなく活用するには？
- 検知でメタデータを活用するには？

本書の目的

本書は、広範なデータ分析やメタデータ抽出を含む独自かつカスタムの手法を開発できるようセキュリティ担当者を支援する目的で書かれました。インシデント対応の基本コンセプトの大半は、何年経っても変わりません。一方で、私たちの自己対応型の技術やデータセントリックなアプローチは他にはない方法で、現在の脅威に対抗するべく進化したもので、おそらく同じアプローチは存在しません。信頼度の高い手法で検知されたセキュリティインシデントは自動で対処し、それ以外のインシデントについては誤検知の可能性もあるため、アラートを通知して人間が対処すべきかどうか判断する。これを基本原則とし、どのようなチームでもこれらを実践できるように開発しました。また、人間による情報収集活動や分析能力への投資は重要であることも触れました。最先端の効果的なセキュリティ監視には、メタデータ分析、データの体系化、情報収集力が必要です。

　私たちは情報セキュリティ本を大量に読みました。その大半は通常、中核となる考えをいくつか紹介しており、その他の本は興味深い、小説のような手法で書かれていました。ですが、ほとんどの書籍はオープンソースのセキュリティソフトウェア製品の設定方法を解説したり、設定オプションに関する大量のスクリーンショットを延々と貼ったりしてページを消費するという同じ罠にはまっていました。最新のインシデント対応で利用できるツールキットの一部については、本書も紹介を免れなかったのですが、戦略、技法、情報に基づく意思決定という主軸は変わりません。なお、読者はお気に入りのツールをすでにいくつか導入しており、インシデント検知でいくらかの経験があるものと想定します。本書は経験者に加えて、関連業務に携わり始めたばかりの人も対象とします。ツールのインストールや設定方法だけでなく、現実世界の環境で戦略的に活用する方法について解説します。

要点

　誰もが知りたいのは「悪いこと」を見つける方法です。私たちは世界各国の多様なインシデント対応チームと数多く議論してきましたが、構造化・体系化された手段で、悪意あるハッキング行為やポリシー違反を見つける方法を形式化したいというニーズが業界内に存在することは明白です。

　世界で認められたシスコシステムズのインシデント対応チームは、世界中に存在する多数のユニークなネットワークに対して、監視戦略やインシデント対応手法を計画、導入、開発することに日々積極的に取り組んでいます。その中で編み出したアプローチを私たちは形式化、汎用化し、それでありながら他組織が実世界の課題を解決できるだけの具体性を持たせつつ、それぞれの組織が独自のプレイブックを開発する際に十分応用できるように仕立てました。もっとも、組織はそれぞれ異なる脅威と直面しており、私たち独自のプレイブックで全分野を網羅できるわけではありません（たとえば医療分野の組織が抱える問題は情報技術分野と大幅に異なります）。必要なのは、方法論的で検証済みのアプローチです。

　コンピュータセキュリティやネットワークセキュリティでは、あらゆる側面に対応する製品が提供されているように見えます。実際何年もの間、セキュリティエンジニアは、すべてのイベントを相関付ける特効薬のセキュリティソリューションによってセキュリティの問題は解決すると聞かされ、製品を購入させられてきました。経験則から、こうしたソリューションは長期的な価値の提供を期待できません。私たちのアプローチはどの情報セキュリティ担当でも活用でき、具体的で中身があります。

本書の使い方

　本書はセキュリティインシデント対応チームが何をすべきかという基本的な考えと併せて、最善を尽くすための根拠あるアプローチを解説します。内容も徹底的に技術依存にならないよう心がけており、すでに何らかの技術に投資している組織も、本書にある原理をそのインフラに応用することができます。

　インシデント対応に携わったばかりで、効果的な監視プログラムの構築になれていない方は、1章から読んでください。基本的な考え方をいくつか忘れている方は（たとえばインシデント対応やセキュリティ監視の理解など）、2章から始めてください。私たちのような辛口の情報セキュリティまたはインシ

デント対応のベテランであれば、一足飛びに4章から始めましょう。

ともあれ、順番に読まない方に、本書の構成は次のとおりです。

- 1章は、インシデント対応の基本を解説します。基本に立ち返ることの重要性、そして従来のインシデント対応モデルを理解することが検知戦略を考える上でいかに参考となるかをまとめました。
- 2章と3章は、何を守るのか、どんな脅威に直面しているのかといった基本的な疑問に答えます。
- 4章は、セキュリティ監視におけるデータセントリックなアプローチを紹介します。収集データの活用方法や、メタデータを読み解き活用する方法などを詳しく述べます。
- 5章は、インシデント検知ロジックを開発、体系化し、独自のプレイブックに組み込む方法について解説します。
- 6章では、4章で取り上げたデータセントリックの概念理論を運用において実践できる形に展開します。さらに、人材の有効活用や効率性を高めて効果を示す方法、また計画を実行するために必要なシステムを構築する方法について解説します。
- 7章は、セキュリティ監視やインシデント検知で利用できるさまざまなツールや技術に触れるほか、脅威インテリジェンスの活用や管理をする上での選択肢を紹介し、これらを適切に選定、導入する方法を示します。
- 8章と9章では、クエリを使った検知ロジックを開発し、データを活用するための手法や戦略について詳説します。2つの章はこれまでの章の内容に基づいて書かれたもので、あなた自身の組織にあった脅威検知手法を開発するための中核となります。これらの章では、データをかき分けてツールの能力を最大限に引き出すための方法にすべてを費やしています。
- 10章は、インシデント対応サイクルの対応フェーズを取り上げ、イベント発生時に実施すべきアクションを解説します。
- 11章では本書のまとめとして、インシデント対応計画やプレイブックを適切に維持し、次世代ネットワークやホストセキュリティが直面する課題について議論します。

その他の参考情報

本書を執筆できたのは、ログ管理、情報セキュリティ、インシデント対応、ネットワークセキュリティ監視の先人の書籍があったからこそで、多くの刺激をもらいました。お勧めの文献は次のとおりです。

- Anton A. Chuvakin、Kevin J. Schmidt、Christopher Phillips著『Logging and Log Management』（Waltham, MA: Syngress, 2013）
- Richard Bejtlich著『Practice of Network Security Monitoring: Understanding Incident Detection and Response』（San Francisco: No Starch Press, 2013）
- Chris Fry、Martin Nystrom著『Security Monitoring: Proven Methods for Incident Detection on Enterprise Networks』（Sebastopol, CA: O'Reilly, 2009）

- Richard Bejtlich 著『Extrusion Detection: Security Monitoring for Internal Intrusions』 (Boston, MA: Addison-Wesley Professional, 2005)
- Kenneth R. van Wyk、Richard Forno 著『Incident Response』 (Sebastopol, CA: O'Reilly, 2001)
- Karen Kent、Murugiah Souppaya 著『NIST 800-92: Guide to Computer Security Log Management』
- https://www.nist.gov/publications/guide-computer-security-log-management
- Chris Sanders、Jason Smith 著『Applied Network Security Monitoring』 (Waltham, MA: Syngress, 2013)

本書の表記法

本書では、次の表記法を使います。

ゴシック（sample）
新しい用語、特に強調しておきたい部分を示します。

等幅（Sample）
コードのほか、変数や関数名、データベース、データタイプ、環境変数、命令文、キーワードなどのコード要素を段落内で示すときに使用します。

太字の等幅（Sample）
文字通りに入力する必要があるコマンドやテキストを示します。

斜体の等幅（Sample）
ユーザーが入力する値または文脈で判断される値に置き換えるテキストを示します。

このアイコンは、ヒント、提案、一般的な注釈を意味します。

このアイコンは、警告または注意を意味します。

問い合わせ先

　本書に関するご意見、ご質問等は、オライリー・ジャパンまでお寄せください。連絡先は以下のとおりです。

　　株式会社オライリー・ジャパン
　　電子メール　japan@oreilly.co.jp

　この本のWebページには、正誤表やコード例などの追加情報が掲載されています。次のURLを参照してください。

　　http://shop.oreilly.com/product/0636920032991.do（原書）
　　https://www.oreilly.co.jp/books/9784873118383（和書）

　この本に関する技術的な質問や意見は、次の宛先に電子メール（英文）を送ってください。

　　bookquestions@oreilly.com

　オライリーに関するその他の情報については、次のWebサイトを参照してください。

　　https://www.oreilly.co.jp
　　https://www.oreilly.com/（英語）

謝辞

　プレイブックが完成したのは、シスコシステムズの才能ある多くの人たちによる多大なる努力があったからです。CSIRT自体はプレイブックの作成にサポート含め何らかの形で関わっていますが、過去も現在も明確な支援および協力の手を差し伸べてくれた次のCSIRTメンバーに対して、特に感謝の言葉を贈りたいと思います。Gavin Reid、Michael Scheck、Chris Fry、Martin Nystrom、Lawrence Dsouza、Dustin Schieber、Ray Espinoza、James Sheppard、Joseph McCauley、David Schwartzburg、Imran Islam、Tammy Nguyen、Jayson Mondala、Darryl Delacruz、Marianela Morales、Juan Gabriel Arce、Julian Umana、Ashwin Patil、Archana Mendon、Chad Ruhle。

　とても才能溢れる技術監修者や編集者には、考えがまとまっていない文章、曖昧なフレーズ、そしてたまに飛び出す表現の間違いや恥ずかしい文法ミスを修正していただきました。皆様の洞察力や支援のおかげで、本書は一段上のレベルに引き上げることができました。次の方々にも心より感謝いたします。Devin Hilldale、Sonya Badigian、Chris Fry、Scott McIntyre、Matt Carothers、Seth Hanford、Robert Sheehy。

　オライリーの方々も、書籍の制作に同意していただき、私たちの考えや文章をまとまりのある、包括的な作品に仕上げていただき、深く感謝いたします。そして、Mike Loukides、Amy Jollymore、Katie Schooling、Rebecca Demarest、Jasmine Kwityn、Kristen Brown、Dan Fauxsmith、本当にありがとうございました。

目　次

1章
インシデント対応の基本

"In tranquillo esse quisque gubernator potest."
（波が静かなときは、誰でも舵をとれる）
— Publilius Syrus

　本書の主題は、情報セキュリティチームやコンピュータセキュリティインシデント対応チーム（CSIRT：Computer Security Incident Response Team）が効率的かつ効果的に機能するためのプレイブック[※1]、つまり具体的な戦略一式を作成することです。ですが、プレイブックを作成する前に、それを実践するチームや活動を裏付けるポリシーが必要です。本書を手に取ったということは、ひょっとしたらあなたは何らかの形で情報セキュリティに携わっており、確固たるインシデント対応計画を導入または改良したい、もしくは、少なくともセキュリティデータをマイニングするクエリ開発に関心があるのではないでしょうか。まずは詳細に入る前に、セキュリティ監視やインシデント対応の重要な基本部分について、いくつか触れたいと思います。基本を理解していなければ、役立つプレイブックは作れません。良いプレイブックを作成するためにも、いくつかの原則と必須機能を理解しておく必要があります。

　1章では、次のコンセプトを取り上げます。

成功するCSIRTの特徴
　有能なチームに必要な要素で主要なものをいくつか挙げます。

連携体制の構築
　優秀なチームは組織内の各担当チームや外部の組織と連絡が取り合える関係を構築、維持しており、CSIRT内のコミュニケーションも常に活発で効果的に行われています。

情報共有
　成熟したCSIRTはベストプラクティスを共有して、脅威インテリジェンスの研究に協業できるよう顧客や業界のパートナーに働きかける責務があります。

※1　訳注：プレイブックの定義については、viiページ参照

ツールへの信頼

CSIRTは、アクション可能なセキュリティイベントまたは詳細な履歴情報を提供する検知および防止ツールのほか、調査や分析を支援するその他多数のツール／サービスを管理する責務があります。

ポリシーの根幹

明確かつ支持されるポリシーがあることで、CSIRTの設立趣意書（権限）、範囲担当、任務、責任、義務を作成できます。

すでに成熟したCSIRTがある場合は、こうした手順は分かりきったことと思うかもしれません。ですが、連携体制、ツール、ポリシー、手法は時間が経てば変化します。その点を認識しておくだけでも意味があります。未来のセキュリティ脅威や攻撃手法を予測することは、正確な天気予報と同じくらいに大変難しいことです。調査を続け、最新情報を常に入手し、迅速な監視および対応を維持することで好結果を出すことができ、有効性を改善できるでしょう。

1.1 インシデント対応チーム

インシデント対応チームは、攻撃者の侵入、改ざん、窃取、破壊、強奪などの行為や、他のあらゆる干渉の被害を受けたホストやネットワークを正常な状態に戻すのが仕事です。攻撃者がどこから侵入して、どのように攻撃を行ったのか、また多くの場合にはなぜ行ったのか。侵入はいつ発生し、侵入期間はどれくらいか。影響箇所はどこか。再発を防止するには何をすべきか。彼らはこうした情報を調べ上げ、すべての関係者と情報共有します。侵入者は侵入に何度失敗しようが、一度成功すれば目標達成です。**一方のインシデント対応チームは、毎回成功させる必要があります。**

セキュリティのプロによる専任チームがいなければ、企業は攻撃の影響を受け、場合によってはセキュリティ脅威や侵入の被害に遭う可能性もあります。深刻なインシデントが発覚すれば、情報セキュリティやインシデント対応への投資は必ず正当化されるでしょう。インシデント対応チームは、保険のようなものです。インシデント対応チームへの先行投資は、ビジネスの迅速な復旧や、インシデントが発生していないときの継続的な防御対策として利益をもたらします。チーム自体が収益につながる可能性は低いですが、深刻なインシデント前後で発生する甚大な影響やコストを軽減する力となります。データやITシステムのセキュリティ対策に不安がある企業であれば、チームを編成して対応に向けた準備をすべきです。コンピュータセキュリティインシデント対応チーム（略称はCSIRT、CIRT、CERT、SIRT、IRTなど）は、セキュリティインシデントが発生しても速やかな事業継続を実現し、何が起きたか的確に調査し、レポートを作成します。そして、インシデントがどのようにして発生したのか、なぜ発生したのか、責任はどこにあるのか、再発防止で何をすべきかなどを具体的に説明し、将来的な検知、軽減策、調査手法を改善させることも期待できます。

インシデントが公になった場合、企業のトップや表に出る人物は詳細を十分知らされ、自信を持って対応することが求められます。インシデント対応を誤ると、信頼を失うきっかけにもなります。組織の

評判にも影響を与え、あなたの組織の情報セキュリティの問題に余計な注目が集まることがあります。インシデントの公共性は別にしても、大幅なダウンタイムや財務上の損失を含むその他の火消しも発生するでしょう。優れたインシデント対応チームと適切な情報セキュリティ管理体制があれば、何が起きてどうすれば修復できるか判断でき、情報を求める人が誰であっても具体的な説明を提供することができきます。

1.2　チームの存在を正当化する

　インシデント対応チームはよく、ネットワークセキュリティの消防士のような存在として比較されることがあります。実際の消防士は消火活動や人命救助を実施し、消防法に則って活動し、防災意識の向上に努めています。燃えさかるビルから人を救い出し、消火を行っていないときは訓練を実施し、機材を整備し、規則に従った防災対策がされているかビルや構造を点検しています。これらすべては火事の規模を最小限に抑え、速やかに消火して事態を沈静化させることにつながります。

　消防士の取り組みは、セキュリティインシデントに対応し、データを復旧して保護、セキュリティポリシーを施行してセキュリティのベストプラクティスや発展を啓蒙するCSIRTの対応とよく似ています。CSIRTもインシデント対応していないときは、検知の方法や戦略の改善に取り組みながら、最新の脅威を調査し備えています。CSIRTは、総合的な情報セキュリティ戦略に欠かせない存在です。機能的な情報セキュリティ戦略には、具体的にはリスク評価および分析、ポリシーの策定、セキュリティの運用管理を行うチームが含まれます。その中に含まれない、PCの緊急事態や侵入に対処しながら今後の攻撃を防止するという不足部分を補うのがCSIRTです。大規模なインシデントの後処理は大変な作業で、対応チームは次を実施する能力が求められます。

- 大きな問題の管理とトリアージ
- コンピュータシステム、ネットワーク、Webアプリケーション、データベースの理解
- 軽減策の実施方法とタイミングの把握
- 利害関係者への対応
- 必要に応じた短期間での修復方法の開発
- 業務、ホスト、アプリケーションそれぞれの担当者との長期修復に向けた連携
- インシデントにおける事後分析および検討への参加
- 問題の根本原因の特定と再発防止への取り組み
- 詳細なインシデントレポートの作成および幅広い聴衆への説明

　インシデントを調査していないときは、検知および対応方法の改善や文書化に取り組みます。さらなる防止策を考え、プレイブックを最新の状態に保つことでチームは強化されます。インシデント対応のためのプレイブックは、データ内に隠されたインシデント詳細を発見するのに役立ち、インシデント対応ハンドブックには対処法が書かれています。

　優れたハンドブックは案件の取り扱いに関する指示概要、ドキュメントへの最新リンク、さまざまな

部門の連絡先情報、インシデントタイプに応じた具体的な手順が記載されています。ハンドブックとインシデント追跡システムとを組み合わせることで、インシデント追跡ログの裏付け証拠と併せてインシデントの対処法を正確に実施でき、監査要件を満たす上で大きな効果を発揮します。また、よくあるケースの対処方法が分かることから、新しいメンバーがチームに加わった際も大いに役立ちます。

　役立つプレイブック、インシデント対応ハンドブック、組織を守るための指示書に加えて、優れたチームは次の要素を備えています。

- 意義のある、効果的なチームを保つ上で利用できる適切なリソース、ツール、トレーニング
- ホストやユーザーの識別情報、システムやネットワークの論理構成図などを含む情報で守るべきものについての厳密な文書化と理解
- 組織内の他部門との文書化された信頼のおける連携体制

　優れたチームが必ずしもこれらすべての要件を満たし、「あると望ましい項目」を有しているわけではありませんが、利用できるリソースを活かし、工夫しながら自分の組織を守る方法を見つけています。少なくとも、攻撃者を締め出すには分析できるだけの十分な数のログデータや手法、認められた方法を持つ必要があります。

1.3　評価方法

　インシデント対応チームのパフォーマンスを評価するには、主観的な要素が多く関わってきます。セキュリティに関する知見や、願わくば幅広い実績を持つCSIRTは、組織内にある無数の小さな隙間を埋めることができ、通常はセキュリティ体制全体に建設的な影響を与えるべく取り組んでいます。チームの検知効率を測る方法はいくつかありますが、評価基準自体は次のとおりシンプルです。

- インシデントが発生した時点から検知までにかかった時間（インシデントの発生日時は、その後の調査により判明）
- 検知してから封じ込めるまでにかかった時間
- アラートの分析またはインシデント解決にかかった時間
- プレイブックにおけるレポートの効果
- 感染のブロック数または回避数

　インシデントの内容、アプリケーションまたはホストの脆弱性、インシデント履歴の追跡は、長期間に渡り適切なインシデント対応を実践するうえで非常に有用な情報となるものです。これらのデータがあれば、前述の基準に対する評価値を計算することができ、結果としてインデント対応チームを評価することができるようになります。

1.4 どこと連携するか

インシデント対応チームは孤立状態で存在することはできません。消防士が焼失した家を建て直したり保険金の支払額を計算したりしないように、インシデント対応チームも他部門と以前から連携体制を組んでいなければ事態を正常に戻すことはできません。こうした連携体制を早期に構築し、強いつながりを作っておけば、どんな情報セキュリティの事態が発生しても自信をもって実践的な対応ができるでしょう。深刻なインシデントが起こると、自身の対応範囲を超えたタスクが数えきれないほど発生するため、1つのチームだけですべて対処するのは現実的ではありません。対応チームが日頃から連携体制を組んでおくべき部門には、次が含まれます。

IT、ネットワークサービス、ホスティング／アプリケーション、データベースの部門

IT部門との強固な連携体制は、CSIRTの成功において最も重要な要素です。適切な対処には、ネットワークやアーキテクチャへの理解だけでなく、ITシステムが動作するための複雑な構成や、カスタムソフトウェアの内部動作を把握している必要があります。よって、これらシステムを日々運用し、運用環境をより詳しく理解するIT部門と連携することは必須です。ネットワーク運用、DNS管理、ディレクトリ管理などの業務を行う各IT担当は、論理構成図やログの詳細、既知の問題または潜在的な脆弱性、属性情報などを提供することが求められます。また、システム上で悪意あると思われる振る舞いに関する質問があった場合も、合理的な回答を提供する必要があります。IT部門の信頼を得ることで、インシデント対応や軽減策がよりうまく運び、またCSIRTのセキュリティ監視インフラやインフラが及ぼすIT運用への影響に対する理解も得られる可能性が高まります。

その他の情報セキュリティチームや管理部門

企業の情報セキュリティのあらゆる側面をCSIRTが担当するのは不可能です。また、多くのインシデントはアーキテクチャの変更を余儀なくする要因ともなるため、セキュリティ全般を担当する他チームと緊密に連携することが重要です。リスクおよび脆弱性検査チーム、セキュリティアーキテクト、セキュリティ運用チーム（アクセスコントロールリスト（ACL）またはファイアウォールの変更／承認担当、認証責任者、公開鍵インフラストラクチャ（PKI）担当部門など）、セキュリティを統括する経営層やトップと日頃から関係を維持しましょう。これにより、彼らが長期的な対策に責任を持って取り組むようになります。

セキュリティインシデントの長期的な修正作業では、担当の引継ぎは避けられません。CSIRTはインシデントを引き起こしている現在の問題を解決するためやその被害に対する今後の保護策を実装するために、専門知識を持つアーキテクチャチームの協力を得ることになります。そうすることで、CSIRTは本来の火消し作業に集中することができます。迅速に修復したいのであれば、運用チームに待機してもらうことで、ACL、ファイアウォールのルール、その他必要に応じた防御策の適用が速やかに実施できます。セキュリティを統括する経営層と普段から交流しておけば、対応チームの能力への信頼も厚くなり、さらには状況認識、影響、進捗

状況を上層部へ伝える直接の窓口になってくれるでしょう。

組織内のテクニカルサポートサービス

インシデントが発生したとき（たとえば大規模なワーム拡散）、組織内のテクニカルサポート担当には現在の最新状況を伝え、問い合わせに対して適切に回答できるよう準備してもらう必要があります。インシデントの影響でアプリケーションがダウンした場合、テクニカルサポートは機能が停止していることを把握していなければならず、必要に応じて、セキュリティ上の問題の可能性があることも認識している必要があります。大規模なパスワードリセットを必要とするインシデントが発生した場合、多数の問い合わせやサポート要請への対応を行うのはテクニカルサポートサービスです。また、外部向けのテクニカルサポートチームにもなると、外部からの一番の問い合わせ窓口としてセキュリティインシデントが公表された際の詳細な説明や現地の情報公開法に基づく対応が求められることになります。サポートチームがインシデントに関して公開すべき情報を適切に判断できることは、インシデントの封じ込めプロセスにおいて重要な要素です。法的に厄介な問題を引き起こさないためにも、法務部による指導が必要です。指導があることで、不要な情報公開や損害につながる情報の公開を防ぐことができます。このほか、大規模なインシデントが発生して顧客の広範囲に影響が及ぶようなケースに備え、組織内のインシデント対応チーム、法務部、情報セキュリティチームと連携するための、文書化された検証済みの手順を用意しておきましょう。状況によっては、インシデント対応チームが代わりの修復手順を提示することもあるでしょう。たとえば、対応中に新たな感染が発覚し、追加でフォレンジックが必要になり、調査するまでシステムの再インストールや変更を行ってほしくないようなケースが当てはまります。

人事部（**HR**）および従業員の相談窓口

多くの場合、CSIRTは外部からの脅威だけでなく内部における脅威にも対処します。内部調査では、トラブルシューティングや調査に役立つログを保持していることからしばしば頼られます。不満を抱く従業員、妨害工作、不正利用、ハラスメントなど、内部関係者による脅威ではほとんどの場合、ログデータが証拠となります。インシデントの種類にもよりますが、人事部は調査を実施する主体として、または状況が進展する中で従業員の犯行と判明したときの連絡を受ける側としてインシデントに関わってきます。大半のセキュリティイベントやログデータは、インシデントに関するアクティビティの時間軸を明らかにしてユーザーの振る舞いを分析する上で役立ちます。人事部の主導で調査が進む場合、ユーザーの振る舞いを確認または否定するための証跡ログが請求されるでしょう。CSIRTはこうした人事部の調査において、特に従業員のネットワーク接続を示すDHCPおよびVPNログ、インターネットで何を閲覧したか分かるWebプロキシのログ、外部接続があったかどうかが分かるNetFlowのログなど、豊富なログデータを保持していることから、証拠集めで力になります。

成熟したCSIRTであれば、人事部を適宜巻き込みながら内部犯行の可能性や検知の手段を検討するでしょう。CSIRTは、不満を抱えるシステム管理者が重要なデバイスにバックドアを仕

掛けた、退職するソフトウェア開発者が常識を越えた量の自社ソースコードをダウンロードした、不正な会計処理や着服が行われたなどのインシデント調査を支援します。従業員の調査を不適切に実施してしまうと、訴訟を起こされたり、個人の生活に影響を与えたりする可能性があります。そのため、人事部（場合によっては法務部）の正式な許可や監督なしで従業員の悪意ある行動を監視、対処してはなりません。人事部または関連部署にインシデントを通知することで、企業ポリシーまたは法規制に則った対応が実現します。

広報（**PR**）およびコーポレートコミュニケーション

インシデントが発生し、顧客の個人情報（PII）が窃取されました。ハッキングの証拠は押さえてあります。脅威を軽減したか、対応はこれからという状況です。このとき、顧客や詳細を知りたがる記者、そして自社の経営層に伝えるのは誰の役割でしょうか。インシデント対応と同じく、適切な広報業務を行うには独自のスキルが必要です。正規のチャネルを通じて公開する情報の質と量、自社としての関与、また、情報公開によるその後の影響についてはそれぞれうまくバランスを取る必要があります。PRと良い関係を構築していれば、インシデントの詳細、対象、影響の最新情報をそのまま提供するだけでよく、PRが適切な表現方法で、適切な関係する内外の団体に情報公開してくれるでしょう。インシデントは発生するのだという認識は必要です。報道の可能性がある場合や、自社や顧客にマイナスの影響が出る可能性がある場合、出来るだけ早期にPRへ知らせることができれば、リスクを拡散させ、責任持って対応しやすくなります。また、PRと緊密な関係を築いていれば、協力が必要な場面、または互いのチームに影響が出るような場面で互いに最新状況を共有できます。

法務部

データの取り扱い方法、閲覧権限者、保持および破棄の期間、証跡としての適切な管理および保持方法は、規則や法令で細かく定義されています。しかもややこしいことに、地域や顧客によって規則は異なります。CSIRTとしては、収集したデータの取り扱いや収集方法に関する法的な承認が必要であることを理解しておくべきです。また、顧客からの情報提供の依頼（RFI）、監査への対応、訴訟での古いログデータの請求におけるデータ保持ポリシーについて、自社の法律顧問からの承認印が必要です。ただし、法律顧問が技術に詳しい可能性は低く、関連するデータやシステムの詳細を理解できる可能性も低いでしょう。法律顧問には使用事例を知ってもらい、データの使用方法を判断してもらいます。そうすれば使用ポリシーを初めから定義せずに済み、何らかの事情で対応チームの行為が許容範囲か否か問われる場面に遭遇しても簡単に判断できます。法律顧問の承認を得たら、法的文言は文書化し、アクセスおよび参照しやすい場所に置いてください。

製品の安全および開発チームによるサポート（該当する場合）

ソフトウェア（またはハードウェア）を独自開発している場合、セキュリティ上の脆弱性が後に発見される可能性を認識しておく必要があります。脆弱性が発見されるのは、製品の脆弱性を検証する（セキュリティ研究者など）外部から報告を受けた場合、インシデント調査で攻撃

者の侵入の原因が脆弱性と判明した場合、ペネトレーションテストを実施するエンジニア（ペンテスター）が製品の検証時に発見した場合などが挙げられます。発見方法がどのような形であれ、脆弱性は修正が必要です。（インフラ、ネットワーク、システムのセキュリティ対策ではなく）製品のセキュリティ対策の専任チームがある場合は、製品開発チームと直接的な関係を構築し、安全な修正には何が必要か理解し、修正の開発、テスト、実装に優先順位をつけます。専任チームがない場合は、CSIRTが製品開発チームと関係を構築し、製品の脆弱性への対応手順を考える必要があります。

また、脆弱性が発見された際に、調査を担当するCSIRTとしてどのような価値を提供できるか考えてください。脆弱性の影響を受ける可能性がある製品をすべて検証し、リスク特定で支援できるでしょうか。情報を公表する前段階で侵害の痕跡を示すログ証跡を押さえていますか。製品のセキュリティ対策チームがパッチを適用する前に脆弱性の悪用を検知できるような項目をプレイブックに明記できますか。

さらに、アプリケーションログを集約する強固な統合ログインフラがなく、または生成イベントに基づくセキュリティ監視に必要な、明確に定義されたログポリシーがない場合は、開発チームに直接問い合わせて調査を裏付けする証拠を取得しなければなりません。なお、データが実際に必要となる前に、調査のためのデータはヘルプデスクのチケット、バグ報告、メールなど、どの方法で申請すればよいのか調べておきましょう。

製品開発チームや製品セキュリティ対策チームがない場合は、他の調査グループとの信頼関係を構築し、相手の能力を理解しておくことが互いにとって有益です。

1.4.1　外部組織との連携

　外部組織との安定した関係を築くことは、ベストプラクティスの共有や良い「ネット市民」となる機会をもたらすのは言うまでもありませんが、インシデント対応チームの能力や専門性を高める長期的なメリットもあります。連携すべき組織をいくつか挙げます。

ISPや相互接続関係にある隣接組織

分散型サービス妨害（DDoS）攻撃を防ぐ方法として、組織内での検知や軽減対応ができない場合は、上流プロバイダと連携してなりすましと思われるトラフィック元を特定し、ブロックすることになります。DoS攻撃の発生時は、過剰なトラフィックを隔離、封じ込め、またはリダイレクトするためにもCSIRT、ネットワーク管理者、ISPは連携する必要があります。

地方および国家の法執行機関

インシデント対応チームが法執行機関と協力するようなケースは（願わくば）減多にないでしょう。ですが、両者が関わるようなタイプのインシデントも多く存在します。事件によっては、あなたの組織のネットワークを利用したとされる被害者または攻撃者について追加情報がほしいと国の法執行機関から要請されることもあります。また、犯罪者の攻撃を検知するために必要な侵害の痕跡（IoC）を自ら共有することもあります。

あなたの組織に関係するコンピュータ関連の情報が犯罪の証拠になるような場面では、地方の法執行機関が捜査に関係するデータ、システム、証言をIT担当者に求める可能性があります。CSIRTが調査中に不正な活動を発見したとき、連絡できる相手がいるという観点から、少なくとも地方の法執行機関と連絡が取り合える関係を構築しておくことは有用です。

法執行機関もある意味で、インシデント対応チームと同じような課題に直面しています。どちらもフォレンジック、容疑者の調査、分散するシステムでのデータの相関分析を行います。それぞれの調査結果の使用目的は異なりますが、こうした共通点はベストプラクティスの共有のきっかけになるでしょう。

製品ベンダーおよびテクニカルサポート

ツールセットが多機能なほど製品の脆弱性リスクは高まり、セキュリティパッチによる対応業務も増えます。ベンダーサポートは、それを通じてバグ報告や機能改善要求を行う手段にもなります。さらに、ベンダーのプロフェッショナルサービスグループ（PSG）は契約に基づき、顧客の環境内にベンダーの推奨事項を統合してくれます。システム内に加えて組織全体の脆弱性を把握できれば、深刻な欠陥が発見、発覚したとき、すぐに対応できます。Full Disclosureなどのメーリングリストに登録し、新たに公開された脆弱性を不正利用したインシデントが発生したとき、早期に警告を受けられるようにしましょう。

ツールを使って調査している場合は、テクニカルサポートと信頼関係を作っておくことも大切です。インシデント対応中に新しいバグを発見し、ツールが正常に動作してほしいだけなのに、まるでシーシュポスの神話のような、延々と続くエスカレーションの罠に嵌まらずに済みます。

業界の専門家や他のインシデント対応チーム

セキュリティカンファレンスには、有益な人間関係を構築、維持する手段が多数あります。講演を聴講する、講演者と話をする、BoF（Birds-of-a-Feather）やエンジニアとの交流会に参加する、バーで飲むなど、どれもが同じ考えを持つ個人とテクニックやアイディアを共有するきっかけになります。あなたが導入したばかりのシステムと同じものを導入しようか検討している人がいるかもしれませんし、存在すら知らなかったサービスを教えてくれる人に出会えるかもしれません。もしかすると似たようなセキュリティの課題に対してまったく異なるアプローチで対策した人と話ができるかもしれません。

　もちろん、CSIRTは外部との連携なしに存在することも可能ですが、外部の視点を取り入れることで、より運用を強化することができます。組織内の連携体制も当然重要ですが、チームを成功させるためには、外部との連携を強化することが必須となります。

1.5　チームを育てるのはツール

　セキュリティ脅威に対処するためのインシデント対応プレイブックを作成するには、監視インフラがすでに存在するか、または構築する意図／知識があり、アラートの通知や調査ができるよう長期間データを保持しており、データを収集、保存、分析、表示するためのリポジトリがなければなりません。すでにインフラが存在するか、または構築計画があると仮定した場合、システムやログを監視する機能を実装したネットワークを運用するには、導入や運用管理、文書化、チューニングなどを含む大量のIT業務が伴うということを忘れないでください。

　たとえ小規模企業のシステムであっても、稼働している機能はたくさんあります。最小規模のシステムで最悪のケースでは、冗長化せずに依存性の高いタスクをすべて単一マシンで実行しているというものもあります。一方で大規模なシステムでは多数のホスト、ディスク、プロセッサ、アプリケーション、ネットワークが互いにつながっています。いずれの場合も、可用性を保障するためには、システムにおいて何らかの障害が発生したことを検知できることと、その修復をするための手順が存在することの両方が必要となります。これは、ユーザーが常日頃から利用するシステムにおいて特に重要です。インラインの侵入防止システム（IPS）の故障、Webプロキシの機能停止など、冗長構成またはフェールオープン機能を実装していなければ、何か起きていてもユーザーの通報があるまで分からないでしょう。

　どのシステム管理者も、システム上で監視が必須の要素をスラスラと挙げられるはずです。たとえば、ホストがオンラインでつながっている、適切な引数で適切なプロセスが実行されている、目的のデータを取得できる、適切なディスク容量がある、ディスク運用が効率的である、クエリ処理が効率的である、などがあります。大小にかかわらず、セキュリティ監視のためのインフラはその他の企業システムと何ら変わりません。重要なのは、こうした主要なパフォーマンス指標がいつ限界に近付くのか、いつ機能停止するのかを特定することです。さらに、問題を検知するだけでなく、障害ポイントを速やかに特定することや、特定にかかる時間をある程度の範囲に収められるようなサポート体制を整えておくことも必要です。故障したディスクを差し替えるまで攻撃者が待ってくれることはあてにしないでください。

　また、業務を実施するための適切なツールを選択することも非常に重要です。データを収集、保存、分析する能力を保証するには、ネットワーク、デバイス、見込まれるデータ容量およびデータレートの理解が必須です。7章では、環境に最適なツールを選定するための方法を詳しく説明しています。

1.6　自分たちのポリシーを策定する

　CSIRTには適切なツール、連携体制、そして確固たる技術知識が必要です。ただし、何らかの権限を有するには、組織の情報セキュリティまたはコンピュータのポリシーのなかで認知されなければなりません。組織内にCSIRTを置くことで、ネットワーク監視のほか、資産に対するアクティビティを調査することも可能になります。組織内の全員が承認するポリシーには、CSIRTの役割や責任を示す文言を含めることが絶対に必要です。

　企業ポリシーでは、許可される（または許可されない）振る舞い、要件、プロセス、基準を具体的に

規定します。ルールは守られない傾向があるため、ポリシーによって施行する必要があります。これらポリシーは設立趣意書の基本となります。基礎がしっかりした設立趣意書があれば、CSIRTがあなたの環境で能力を発揮する上で必要な役割や責任を明確化できます。たとえば、顧客に有料サービスを提供する場合、顧客は（該当する場合）どのレベルの検知能力を期待するか、あなたの組織で物理セキュリティ責任者は誰か、マルウェア感染から復旧するとき、PCの再構成は必須かどうかなどがその例です。理想的には、設立趣意書を文書化、アクセス可能にして、経営陣や最高幹部のほか法務部や人事部などの第三者グループから承認を得るべきです。CSIRTの執行力は、まさにこの設立趣意書が元となります。

CSIRTが実施する可能性のある活動は、必ずしもすべてをポリシーとして明記する必要はありませんが、いくつかの指示は明確に言及してある方が都合が良いこともあります。ポリシーを策定するときは、常に組織の総合的な戦略や運営と緊密に連携させます。どのCSIRTも似たようなポリシーを施行するわけではありませんが、基本的には次の項目の役割が期待され、明示的に許可されています。

- セキュリティイベント監視、インシデント検知、および侵入検知のために、機器やシステム、ネットワークトラフィックを監視、監査すること。
- 効率的なインシデント管理を手順に従って実施すること。内容には、ネットワークアクセスの無効化、アクセス権限やクレデンシャルの取り消し、コンピュータなど電子機器の差し押さえとフォレンジック調査を含むが、これに限定されるものではない。
- コンピュータセキュリティインシデントの検知、記録、保存、分析、軽減における徹底的かつ独占的な管理を維持すること。

繰り返しますが、ポリシーは組織の内外を問わず、ビジネスとCSIRTの役割に完全に依存します。このほか、保護対象を定義することで、CSIRTが管理する範囲としてどの部分が曖昧かを明確にすることができます。たとえば、CSIRTは企業または組織のデータの保護を任せられていますが、顧客データは対象外です。一方で、企業ネットワーク、顧客ネットワークおよびデータ、パートナーとの相互接続性の監視を任せられている場合もあるでしょう。CSIRTの任務範囲を理解することが、適切なリソース配置や期待値の保証につながります。

設立趣意書に記載するポリシーの例として、次を挙げます。

インシデント対応チームは、ネットワークアクセスの切断、アクセス権限の取り消し、［組織名］が所有するコンピュータなど電子機器の差し押さえ、または［組織名］、サードパーティ、従業員による所有か貸与かにかかわらず、内部ネットワークや業務システムと通信する機器の差し押さえやフォレンジック調査を含む、インシデント管理を実施する上で必要な活動をするための権限を有します。調査で収集または解析したデータは、インシデント対応ハンドブックに記載された手順に従って取り扱われます。

インシデント対応チームはイベントロギング、侵入検知、インシデントの処理、監視における基準に従い、すべての相互接続箇所と出入り口を含む［組織名］のネットワークや［組織名］が所有するその他ネットワークを監視しなければなりません。

1.7　購入するか、開発するか

　内部CSIRTを育成するか、それともプロによるインシデント対応サービスを採用するかは難しい決断です。後者の場合、正規従業員を雇用するための給与支払いなど諸経費の負担から企業は解放されるものの、一方で、真の優れたインシデント対応に必要となる背景知識の応用が絶対にできないサブスクリプションサービスにお金を支払い続けるということになります。サービスにはさまざまな種類があり、各種マネージドセキュリティサービスのほか、ひとつのセキュリティインシデントを対象に支援を行うコンサルタントや、あなたの企業固有のインシデント対応を支援するセキュリティ企業のプロフェッショナルサービス契約もあります。

　インシデント対応サービスを利用した場合でも、彼らのアクセスと権限の範囲を定義したポリシーを策定することは重要です。組織によっては、事後に残された問題をトリアージ、解決し、詳細なインシデント調査レポートを提出してくれるインシデント対応チームを採用するところもあります。このほか、セキュリティ監視や対応を外部ホスティングサービスとして提供するものもあります。これはネットワーク内に設置したセンサーを通じてリモート管理／監視するサービスです。いずれの場合も、第三者機関があなたの企業のデータやネットワークで作業することになるため、内部のインシデント対応チームで採用するのと似たポリシーを順守してもらうことになります。

　独自のプレイブックや対応能力を育てるべきと考える私たちからすると、CSIRTを内製することをお勧めします。背景知識や当事者意識がある内製のCSIRTは、総合的な有効性や効率性の点で外部サービスよりも優れた能力を発揮します。また、コンピュータは状況を理解するのが苦手です。今のところ、セキュリティインシデントのいくつかの側面を考慮するアルゴリズムは存在しません。

1.8　プレイブックを使う

　組織を守る方法は多数あり、ある組織では効果があっても、他の組織では効果が出ない場合もあります。コンピュータセキュリティの脅威から組織をいかにうまく守れるかは、文化、優先順位、リスク許容度、投資額すべてが影響します。

　そして、どの方法を選ぶ場合も、ヒューマンインテリジェンスが支える効果的なプレイブックを作成するには、コンピュータウイルスを検知する以上の知識が必要になります。組織は事業の過程でさまざまな脅威、攻撃、インシデント、調査と直面することになり、すべてを掌握、管理できるスキルを持ったチームは頼もしい存在です。効果的なプレイブックを施行する最初のステップは、信頼できるチームを配置することです。あなたの組織のネットワーク、脅威、検知方法をしっかり理解すれば、事業、文化、そして環境の変化だけでなく、組織のリスク許容度に合わせて繰り返し調整できる、カスタマイズされたインシデント対応プレイブックが作成できます。

1.9 本章のまとめ

- 攻撃から組織を守り、迅速な対応を実現する有能なチームを配置することで、組織の信頼やビジネスに対する損害を最小化できる。
- IT部門、人事部、法務部、経営層、その他の部門との連携体制を構築することは、CSIRTを成功させる上で重要である。
- 外部組織とインシデントや脅威に関するデータを共有することで、全体としてのセキュリティ対策の向上が図れるほか、外部からの評価や信頼を獲得でき、今後何かあったときに支援してもらえる可能性が高まる。
- 良いチームは役立つツールに頼り、優れたチームは業務を最適化する。
- 明確かつ適応性のある情報セキュリティポリシーは、インシデント対応チームがネットワークやデータを守るための権限を定義し、設立趣意書のベースとなる。

2章
守りたいものは何か

"You better check yourself before you wreck yourself."
（破滅する前に思いとどまれ）
—Ice Cube

　守ろうとしているものが何かをはっきり理解し明確に説明できて、初めて効果的なプレイブックやインシデント対応プログラムは作成できます。守るべき対象を確実に把握していることは必須です。ツールや技術から始めることは、馬の前に荷車を置くようなものです。私たちには、どんな攻撃方法が用いられるかを悠長に定義する時間はありません。私たちができるのは、守るべき最も重要なものは何かを決めて、安全が脅かされたら対応することだけです。攻撃者は、彼ら独自の考えに基づき、どのデータに価値があるかを判断します。それに対して、CSIRTは彼らが何を攻撃するかを予測し、それが失われた場合にどのような問題となるかを判断できなければなりません。

　プレイブックを作成した当時、実現する必要のある初期のCSIRT要件は次のようなものでした。

- マルウェア感染したマシンの検知
- 高度かつ洗練された攻撃の検知
- 怪しいネットワーク活動の検知
- 匿名による認証施行の検知
- 承認されていない変更やサービスの検知
- インバウンドおよびアウトバウンドのトラフィックの説明と理解
- 重要な環境に対するカスタムビューの提供

　何がネットワーク内にあり、何が盗られたかが分からなければ、リスクを見極めること（さらに、それを管理すること）は不可能です。ログ情報がない正体不明のシステムがあり、しかもそのホストをトレースバックする合理的な方法すらないのは、企業にとって深刻なリスクです。サーバやサービスがごちゃごちゃ詰め込まれたデータセンターを想像してみてください。

　その一部に、以前のシステム管理者やプロジェクトで利用していたもので、誰にも管理されなくなっ

たサーバなどがあるとします。もしもこれをIT部門やセキュリティチームが把握していなかった場合、それらに価値あるデータが入っているかどうかにかかわらず、攻撃者にとっては侵入のための最高の突破口になります。狙っている機密データと同じネットワーク内に、組織内で把握されていないシステムがある。これほど侵入にぴったりな場所はないでしょう。それに、たとえセキュリティチームがシステムを見つけられたとしても、所有者も同様に見つかるわけではありません。何よりも、業務プロセスの一部に影響を与えることなくシャットダウンできるか分かりません。

そのシステムは重要な資産なのか、または政府からの要請によるものなのか。もしかして特に理由のないものかもしれません。いずれにせよ、ここで重要なことはその資産やリスクを把握していないことがセキュリティ上の大惨事を引き起こす要因になるということです。ホストを侵害されても適切な対応ができず、ホストの情報や所有者を把握できていない理由について報告できなければ、厳しい追及が待っているでしょう。

本章では、何を守り何を守るべきか、そして何を守る義務があるかについて解説します。まずはセキュリティ監視に適用するための基本的なリスク管理の項目を概説し、実践計画を立てられるよう具体例を紹介します。

2.1　中核となる4つの質問

私たちはインシデント管理プロセスを刷新するとき、うまく運用できているものとできていないものとを、ざっと見ることから始めました。面白い技術的な課題に即取り組む代わりに、基本に立ち戻り、解決したい問題が正しく定義されているかを確認し、自社の安全を守る上で最も基礎的な要件に応えられるかどうかを考えることにしたのです。そして、これら問題や目標を次の4つの質問形式にまとめました。

- 守りたいものは何か？
- 脅威は何か？
- どうやって検知するのか？
- どう対応するのか？

上記の質問の答えは、セキュリティ監視とインシデント対応の基礎となります。これら質問を自分自身に問いかけ、しばしば繰り返してください。本書では読者が答えを見つけられるよう、随所で役立つ情報を提供していますが、まずは少なくとも何を守るのか知るところから始めてください。守るものが何か知らないと、攻撃されたときに間違いなく苦しむことになるでしょう。攻撃は何度か防ぐことはできても、毎回すべて防ぐことはできません。予防策を常に講じつつ、同時にすべての脅威を防ぐことはできないと認識することが、検知や対応の実践的アプローチにつながります。

2.2　ここにあった出入り口はいずこへ？

　企業ネットワークの規模が大きく複雑になるほど、ネットワーク上の情報資産の棚卸し、評価、および管理に必要なオーバーヘッドも増えます。たとえば、所有するシステム、アプリケーション、ネットワークについて一般的な知識しかなく、相互運用性についてはさらによく知らない企業があるとします（大半の企業はそうですが）。そんな企業では、承認された手続きやポリシーを踏まずに外注ホスティングやアプリケーションプロバイダを利用することがあり、管理者から見落とされ、把握されていないために攻撃可能な範囲がさらに広がるといったケースもあります。小さなスタートアップ企業で、他社を買収するまで成長した場合はどうでしょうか。成長期はネットワークの変更や新規システムおよびサービスに関する内容を適切に文書化する時間または余裕などありません。進捗の妨げになり、最終的な収益に貢献しないとトップは考えるからです。ですが、会社が大きくなり収益が伸びるのと併せてネットワークが複雑化した場合、誰がどのホストを所有し、どこに配置されているのか分からなければ、いずれ問題に直面するのは明白です。

　では、なぜ把握していないことが問題となるのでしょうか。業績が良ければ、どこにサーバがあるかなんて知らなくても構わない。そう思うかもしれません。しかし、完璧なセキュリティは存在せず、その事実は変わりません。自社やその資産を守るために利用できるリソースには限りがあり、基本的な対策ですらリソースの奪い合いが発生します。

　すべてのデータやすべての人を常に守り続けるということはできません。そもそも、**インシデント対応**という言葉があることからも分かります。攻撃を防ぐ方法はもちろんありますが、すべてを完璧に守る方法は今後も登場しないでしょう。必要なのは、利用できるリソースのバランスを見ながら、最も重要なものが何かを見極めて優先度を与えつつ、監視プログラムが成熟するにつれて追加のレイヤを加えていくということです。さらに言うと、企業にとって最も重要なデータを把握するだけでなく、アクセス方法や所有者を知ることも重要となります。組織の中には、優秀な攻撃者の属性詳細を提供することに意欲を燃やすところもあるでしょう。ですが、適切な対応や改善を行うためには、攻撃の被害を受けた対象の属性を知るということも重要です。私たちは関連する属性情報を見過ごした検知に価値はないと考えます。つまり、侵害されたシステムとデータを見つけても所有者が分からなければ、不可能とは言わないまでも、速やかに脅威を軽減するのは難しいということです。

　以前、InformationWeek.com の「Server 54, Where Are You？」（サーバ54はいずこ？：https://www.informationweek.com/server-54-where-are-you/d/d-id/1010340）という記事で、ノースカロライナ大学のサーバが「行方不明」になった話がありました。しかも、ただ見つからないのではなく、改装工事で物理的に石壁の中に埋まってしまい、文字どおり見えなかったというのです。記事にはこうありました。「IT担当者は慎重にケーブルを辿り、まさに壁にぶつかったわけです」。サンディエゴのカリフォルニア大学でも同様に、物理学部で長らく放置されていたサーバが吊り天井のタイルの上に乗っているのを発見されました。他にも、置き忘れられたものや不明なもの、不正に設置されたもの、その他用途がよく分からないものなど、サーバやシステムに関する実話は数えられないほどありそうです。あと、誰が見てもコンピュータと分からないよう設計された、プラグ型PCがペネトレーションテストのた

めに一時的に接続されることもあるでしょう。もっとも、こうした微笑ましい過ちは短絡的に大学側の不十分な管理体制や人員不足が原因とすることもできますが、こうした種類のミスは至るところで起きています。多くの組織は、設定の誤ったサーバ、放置されたIPアドレス、使われていないセグメント、地理的または物理的な問題など、さらにありふれたミスを経験しています。なぜこのようなことが起こるのでしょうか。また、行方不明のホストが侵害されると、どのような問題が生じるのでしょうか。こうした行方不明のホストやサーバでマルウェア、DoS攻撃、それ以上に恐ろしいものをホスティングする隠れサーバは、特にその場所を追跡できない、または追跡不能に近い状態にあるわけですから、インシデント対応チームにとっては深刻な問題となります。攻撃を遮断する論理的な対策（ACL、Null IPルート、MACアドレスによる分離など）は存在するとはいえ、事態を収束させるには、どこかの時点で物理的にデバイスの場所を発見し、修復する必要があります。

　要するに、個人経営や設立したばかりのスタートアップであれ、エンタープライズ規模の企業であれ、どのネットワークにも歴史や拡大の背景があり、漏れなく対策したいのであれば、守るネットワークが何であっても基本的な状況は把握すべきということです。

2.3　ホストの属性

　では、ホストの場所はどうやって特定すればよいのでしょうか。何らかのホストまたはネットワーク管理システムがなければ、ホストやネットワークの有益な属性をすべて追跡することは大変困難です。どのメタデータを収集するのか、収集されたデータを最新の状態に維持するにはどうすべきか、照合作業はどうやるかなどが分かれば、ネットワークの規模が大きい場合も運用が楽になり、エラーや機能停止を簡単にチェックできるというオマケのメリットも得られます。最初のステップは、手がかりとなる情報を探すことです。

　ネットワーク内の資産の場所や利用目的を知るための手がかり、またはコンテキスト（背景や状況）が多く得られるほど、特定の成功率は上がります。このとき、「グループ内の暗黙知（部族の知識）」またはある組織内での経験は、ホストの場所や機能を知る上で大いに役立ちます。もっとも、部族の知識を有する人物が退職し、引き継ぎのためのドキュメントを残していかなかった場合のためにも、属性データはアナリスト全員が常時利用できる状態にする必要があるでしょう。そのためにも、ネットワークには信頼性のある記録の仕組みを実装するべきです。収集すべき有益な属性には、次のものが挙げられます。

場所（現場／ビル／ラック）	状態（オン／オフ／利用停止）	IPアドレス
DNSホスト名	優先度	説明
MACアドレス	NetBIOS／ディレクトリドメイン	監査記録
OS名／バージョン	優先度	アプリケーション
ネットワークアドレス変換（NAT）	事業への影響	事業主
ネットワークのロケーション／ゾーン	SNMPストリング	緊急連絡先
アドレスリースの履歴	エスカレーション先	ラボID
主要な連絡窓口	機能	登録日

これら情報の一部は、おそらくネットワーク管理者やシステム管理者が管理する資産管理システムで簡単に見つかるでしょう。ホスト情報や監視情報のデータベースは、Nagios、IBM Tivoli、HP OpenViewなどの統合管理ソリューションや、その他製品や独自システムで提供されています。こうしたソリューションの多くは、資産所有者の名前や連絡先情報、現行システムの情報、ホストの利用目的の詳細なども保存されています。アプリケーション管理者以外にも、ネットワーク管理者、システム管理者、ラボ管理者はそれぞれ独自の資産管理システムを管理していることがあります。どの資産管理システムも、データは任意の時点での信頼性を保証できなければなりません。Excelのスプレッドシートを使って人手でデータを定期更新するような単調なやり方では、確実に調査時には一切役立たない古い情報と化しているでしょう。既知のホスト情報すべてを一度きりダンプする方法が有効なのは、情報が変更されるまでです。4章ではデータのベストプラクティスに関する考え方をいくつか紹介していますが、これらは資産管理システムにも同様に適用することができます。これら資産管理システムか、少なくともシステム内のデータにCSIRTがアクセスできれば、そこにはインシデント対応や高度なイベントクエリに必要な属性情報の宝の山が広がっていることでしょう。

2.3.1 自前のメタデータを活用する

手がかりの一部は、自力で見つけることができます。しかしながら、その他の属性情報やコンテキストについては、インフラのログから得ることとなります。DHCPでIPアドレスを取得するホスト、VPNや認証サービス（RADIUS、802.1xなど）、ネットワークやポートの変換（NAT／PAT）などはすべて、一時的なネットワークアドレスやホストアドレスの利用を伴います。これらサービスのログをマイニングすることで、ホスト（もしくはユーザー）をある時点でのネットワークアドレスと紐付けることが可能となりますが、それは簡単にはいきません。実際私たちも、ネットワークのログが一部欠落していたことや、タイムスタンプが不正確であったり予想外のタイムゾーンに設定されていたりしたことで、ある時点でのホストの正確な属性が把握できず調査が行き詰まるといった恥ずかしい経験があります。標準時や正確な時刻同期の重要性はどんなに強調しても言い過ぎることはありません。ネットワークタイムプロトコル（NTP）を正確に設定することは強く推奨されます。

特に心配なのは、広く利用されているネットワークアドレス変換（NAT）です。NATは、クライアントの本当の送信元IPアドレスを隠ぺいする効果があります。ですが、管理者は設定の複雑化や、ログが乱されること（つまり、大量のデータとなること）、パフォーマンス影響などを理由に、滅多にNATロギングを有効にしません。同様に、多くのWebプロキシはログデータに送信元IPアドレスとしてWebプロキシのIPアドレスだけ記録し、本当のクライアントのIPアドレスが残っていることはほぼありません。幸いなことに、多くのプロキシにはVia:やX-Forwarded-Forなどの追加ヘッダーがあるので、プロキシとオリジナルの送信元IPアドレスの両方をすべてのプロキシ要求に含めることは可能です。

このほか、VPNやDHCPロギングも（メリットは多数ありますが）IPアドレスが動的に割り当てられることでネットワークアドレスが頻繁に切り替わってしまうという固有の課題を抱えています。たとえば、VPNサーバで認証されてから接続を切り、再認証を実施すると完全に新しいIPアドレスが割り当てられます。また、ビル間を移動するときも、その先々で接続する無線アクセスポイントからはDHCP

から新たにリースされたIPアドレスが付与されます。これ以外にも、ホステッド型のインフラ、いわゆる「クラウド」への移行でも新たな課題があります。NATのように、ネットワークコネクションの確立と開放が行われるだけでなく、資産自体や、その上で動作するすべてのプロセスやメモリなどが確保されては消えていきます。ホストを調査するときは、こうした問題に先んじて対策を打つことが非常に重要です。

これら属性の多くは、デスクトップやエンドユーザー、ラボシステムの一部においてはそれほど重要でなく、関わりもないでしょう。ですが、利用目的にかかわらず、データセンター内に設置するホストはすべからく、ホストの所有者や機能などの詳細が分かるようにするべきです。成り行きに任せていては、気付いたら所有者を特定できないホストが放置状態にあった、などということも出てくるかもしれません。所有者やその他資産に関する情報を追跡することは、面倒な事務仕事と感じるかもしれません。しかし、実施することで見落としはなくなり、調査の行き詰まりも防ぐことができます。所有者にはホストの管理責任があると伝えれば、適切に管理できない状態で導入することを思いとどまらせることができます。

データセンターやその他重要なネットワーク領域のアクセスポリシーには、最低でもホストの属性データを要求する項目を含めてください。たとえば、私たちの会社では記録用の正規システムに登録しないかぎりデータセンターに新規ホストを持ち込めないようにしています。こうした要件は、特に仮想環境で重要です。仮想環境の場合、「現場で」調査できる物理ホストは存在せず、仮想サーバファーム内に何千ものホストやインスタンスが入っていることもあります。仮想マシン（VM）管理ソフトウェアには、VMの利用目的にかかわらず、グループやホストの所有者を特定するためのVMの属性ログデータを必ず記録してください。

私たちが過去に取り組んだ中で、どんなに基本的な内容でも、適切な情報を持っていることが重要だということが分かる例があります。以前、マイクロソフトがリモートからエクスプロイトを実行できる深刻なバグを公表したとき、私たちはすぐにパッチ適用と対策に乗り出しました。社内の影響あるホストはほぼすべて速やかにパッチを適用できましたが、約10台取りこぼしていることに気付きました。何千台ものWindowsホストに重要なパッチを適用できたのに、10台だけ脆弱なままネットワーク内に残っていたのです。資産管理システムでチェックしたところ、そのホストでは明らかにWindowsが動いており、その一方で所有者は誰なのか、利用目的は何なのか、なぜパッチが適用されないのかはまったく分かりませんでした。さらに混迷を深めたのは、これらホストが位置的に離れた場所にあり、ホスト名にも一貫性がなかったことです。丹念に調査した結果（最後はスイッチポートからそのうちの1台に行き当たりました）、これらホストは会議室や打ち合わせ室で使われていた音声／動画制御パネルであることが判明しました。これらデバイスには組み込み版のWindows OSが搭載されており、通常の方法ではパッチが適用できず、ベンダーによる現地サポートが必要でした。

最終的には、アップデートに必要なパッチを発行するベンダーを突き止め、さらにはパネルのメンテナンスやアップデートの責任者である契約事業者も発見しました。十分なデジタル情報がなかったために、私たちは捜査の基本手段を用いて所有者を突き止めることになったわけです。メタデータや連絡先を含めるような要件をしっかり定義していれば、適切なサポートグループへ速やかに連絡し、ベンダー

の対応が完了したらすぐにホストへパッチを適用し、ダウンタイムを最小限に抑えられたでしょう。

　ネットワーク管理者やセキュリティ管理者がホストを論理的に追跡するためのツールには、トレースルート、アドレス解決プロトコル（ARP）テーブル、ネットワークマッパー（Nmap）、シスコ検出プロトコル（CDP）など多数あります。ただし、前述の例のように、ホストが忘れられてしまっている場合もよくあります。どのシステムを守ったらよいのかが分からなければ、自社のネットワークやビジネスを守ることは非常に難しいでしょう。

2.4　重要なデータを特定する

　私たちは、**何を守ろうとしているのか**、という質問を自身に投げかけたとき、次の答えにたどり着きました。

- インフラ
- 知的財産
- 顧客および従業員のデータ
- ブランドの評判

　インフラは、企業ネットワーク上で稼働するすべてのホストやシステム、そしてネットワーク自体に相当します。インフラを守るということは、業務プロセスを支えるホスト、アプリケーション、ネットワークの機密性、完全性、可用性を守ることを意味します。私たちの場合、知的財産はソースコード、現在および将来の事業や財務業務、ハードウェアのプロトタイプ、デザインやアーキテクチャのドキュメントを指します。データ損失のインシデントは、セキュリティソリューションベンダーにとって信頼の失墜につながる可能性があります。ブランドの評判も同様で、競争が熾烈な業界では非常に深刻です。

　これらのトピックは、あなたの組織でも同様に課題となるでしょう。ただし、業界によっては守るべきものが他にもあります。医療システムの場合、すべての患者情報に対する厳密なプライバシー保護や確実な監査証跡が要求されます。クレジットカード決済システムであれば、金融データが流出しないことを保証するための監視要件が別途あるでしょう。また、金融機関や銀行のシステムでは不正取引を監視する管理機能を追加で導入しています。要件は業界標準、法令、広く認められたベストプラクティスによって決まる可能性があり、今後もそのように決まっていくでしょう。

　もっとも、業界の要件とは別に、次の項目をベースとして独自に重要なデータを決めることも可能です。

- 重要インフラを構成するアプリケーションやサービスから考える
- 失ったら対外的に最も影響のあるデータがどこにあるかを考える
- 侵害が発生した場合、現行業務に最も影響が及ぶシステムがどれかを把握する

2.5　自分のサンドイッチを作ろう

　コンピュータ科学の初心者講座で最初に取り組む課題の1つに、ピーナッツバターとジャムのサンドイッチの作り方を説明するアルゴリズムを書けというものがあります。ここでのポイントは、作り方が分かっているものをどうやってコンピュータに教えるかです。最初はアルゴリズムを言葉で説明しようと試みるのですが、大抵の場合はひどく不完全となり、ソフトウェアプログラムに正しくサンドイッチを作らせることはできないでしょう。コンピュータがすでに必要な入力（ピーナッツバター、パン、ジャム、ナイフ）の扱い方を知っていると仮定しても、実際にどうやってサンドイッチを作るのかは人間の脳とコンピュータとで理解が異なります。単純作業に見えますが、実ははるかに難しいのです。人間は関係性、推論、過去の情報を素早く認識し、合理的な仮定に基づきリスクを承知で行動します。一度もサンドイッチを作ったことがなくても、ピーナッツバターとジャムをパンに塗るだろうことはすぐに見当が付くでしょう。一方のコンピュータは指示されたことを正確に実行するだけで、それ以上もそれ以下もありません。事実、サンドイッチの作り方をコンピュータに説明することはかなりの時間を要し、手間がかかります。

　本書はネットワーク上の何を守るのか判断するためのアルゴリズムを提供しますが、守るべきものが何になるかはあなた次第です。あなたの環境において、守る価値のあるものが何かを予測または推測し、どのコストが正当化されるか判断することは私たちにはできません。ただし、自分で判断するための方法を示すことはできます。まずは「2.1 中核となる4つの質問」で紹介した内容に答えることが、最初のステップとなります。

　本章の冒頭にある、**守りたいものは何か**という質問に、あなたはどのように答えましたか。この段階で、あなたの組織には他の多くの企業と同様、守る価値のある何かが存在すると気付いていることに期待します。守る価値のある何かは、物理的な製品、プロセス、アイディア、または他の誰もが持っていない何かかもしれません。それを守るのが、インシデント対応チームまたはセキュリティチームに所属するあなたです。最高機密に当たる人気のドリンク商品のレシピが盗まれた場合、窃盗犯または秘密を購入した相手は低価格で商品を再現し、あなたの組織の利益をむしばむことも考えられます。他にもソースコード、ASICやチップの設計書、薬の調合方法、自動車部品の設計書、金融や保険の独自の計算式、もしくは膨大な顧客データ一覧などでも同様の話となるでしょう。失った場合に企業へ甚大な影響を及ぼすものは、多く存在するのです。

　まずは明らかなものから着手し、解釈がより難しいものへと進みましょう。もしも患者のデータがすべてデータベースに保存されているのであれば、ぜひともデータベースのトランザクションすべてをロギングし、監査してください。ソフトウェアのソースコードが複数のサーバに保存されている場合は、いつ、どのデータに誰がアクセスしたかを正確に把握するために、アクセス制御とログの監査を徹底しましょう。独自仕様の計算式、レシピ、デザインがサーバ群に保存されているのであれば、できるかぎりすべてのトランザクションを把握できるよう対策してください。小売業の場合は、データセンターや財務システムも重要ですが、各店舗のPOSも重要であることを忘れないでください。POSシステムがマルウェア感染して顧客の決済カードや個人情報がスキミングされると壊滅的な被害を招くことは、多

くの企業で実証済みです。最も重要な資産については、組織外への流出が発生した場合、以前から導入している暗号化セッションを通じて外部のサイトへ持ち出されたのか、それとも単純にCDやUSBドライブにコピーされて社外に持ち出されたのか、回答できなければなりません。言うは易く行うは難しで、否認防止を難しくする課題は多くあります。

コラボレーション作業では、機密データが機密のまま守られることがセキュリティアーキテクトやインシデント対応チームに期待されますが、大抵アクセス制御レベルの低下という対価と引き換えになります。ソースコードを例に取ると、似たようなプロジェクトに取り組む部署が複数あって、コードのライブラリを共有している場合、普段以上にアクセス許可の範囲を広げる必要が出てくるでしょう。これは大学や関連企業の研究者についても同様です。優れたセキュリティは、諸刃の剣です。複雑な制御をシステムに施せば完全に防御を固めることができますが、運用者にとって使いにくいシステムに意味はありません。業務とセキュリティのバランスを見つけることはセキュリティ業務において最も難しい課題の1つで、今後も永遠に悩まされ続けるでしょう。

リスク許容については少し先で触れますが、何を守るべきか、守るために何を厳しく制御すべきか理解している場合も、進歩、イノベーション、使いやすさを実現するためにセキュリティ体制を緩めなければならない場合が必ず存在します。ただし、どんなに制御を緩めたとしても、本番環境、開発環境、災害復旧、バックアップを含めてどこに最も価値あるデータが保管されているかを知り、いつ、どこから、誰がそのデータにアクセスしたか確実に把握すること。それが最も重要であることは覚えておいてください。

2.6　その他の重要なデータ

「重要なデータ」が何か検討するときは、データ、ホスト、ネットワークセグメントのみに縛られないでください。企業の役員、経理やビジネス開発部のリーダー、エンジニアリングのリーダー、システム管理者やネットワーク管理者を想像してみましょう。

高価値を持ち標的となりやすい彼らは、ハッカーが関心を寄せるデータにアクセスできます。

- 役員は会計情報、統合や買収などの競合関連の情報、不正取引に利用できそうな収益データにアクセスできる可能性があります。
- エンジニアリングのリーダーは、回路図、図表、多数のプロジェクトなどにアクセスでき、攻撃者による窃取や改変のリスクを負っています。
- システム管理者は役割的に「王国への鍵」を保持しており、彼らへの攻撃が成功すれば最悪の事態に発展するでしょう。

以上のことから、これらのグループそれぞれについては役割に見合ったツールを導入したり、監視を行うことが重要です。一般的なマルウェア対策やポリシー監視以外にも、こうした高価値の標的たちを監視するためのソフトウェアを配備し、迅速な修復のための選択肢を増やすと良いでしょう。それぞれのグループはアクセスするシステムやデータの種類が異なります。監視体制を強化する上でも、彼らの

役職や通常業務を理解しましょう。システムやネットワークの層で制御を厳しくすれば、攻撃者もより創造的にならないと目的を達成できなくなります。

　どんなにセキュリティ意識の向上に努めても、よほど精通した人ではない限り、(もしくはよほど運が良くない限り)ソーシャルエンジニアリングが失敗することはほとんどありません。最も多く失って(もしくは盗られて)困るものを持っている人たちにフィッシング攻撃が行われた場合を考えてみましょう。ある事例では、攻撃者は、ドメイン管理者に対してフィッシング攻撃を行うことで、New York Times、Twitterの一部ドメイン、その他の大手WebサイトなどのDNSサービスの権限を取得することができました。攻撃者が本気で標的を落としたいと考え、ソーシャルエンジニアリングが使えない、またはやってみたが成功せず、使い古された手口もすべてやり尽くしたとき、続いて採用するのは「水飲み場攻撃」でしょう。この攻撃は、標的がよく訪れるWebサイトをハッキングし、標的の誰かが引っかかるまで待つというものです。攻撃者はずる賢く、ソフトウェアか人間のいずれかの脆弱性を突くための方法を見つけます。古典的な攻撃を防ぐには、ホスト型の侵入防御、アンチウイルス、リモートフォレンジック機能を含むエンドポイントの多層防御を組織全体に展開することが望ましいでしょう。もしそのような多層防御がない場合には、役職が上の人または重要人物や彼らのデバイスを手始めに対策してください。監視の観点からは、より頻繁に彼らの行動を分析し、リスクの高いアクティビティには許容できるしきい値を低く設定する、または優先的にエスカレーションするよう設定するとよいでしょう。

2.6.1　簡単な達成目標

　重要なデータの対策が済んだら、続いてその他の資産について目を向けていきます。高価値の資産はリスクが高まる一方で、量自体はインフラ全体からすればほんのわずかです。成熟した組織では、ビジネス要件への対応を目的とした情報セキュリティポリシーを制定しています。組織のポリシーは通常、文化、リスク許容度、過去の問題、法的要件、その他政府の規制、業務との関係に基づき決定されます。何を許可し却下するか、ポリシーで明確に定義しておけば、適切なセキュリティ監視やインシデント対応を正当化する裏付けにもなります。技術的な制限からポリシーを施行できないときは、いつポリシー違反があったか判断できるよう何らかの監視機能を導入します。

　多くの企業でよく採用される、セキュリティに関するITポリシーは、以下のとおりです。

- アクセプタブルユースポリシー(AUP)
- アプリケーションセキュリティ
- ネットワークアクセス
- データの分類と保護
- アカウントアクセス
- ラボセキュリティ
- サーバセキュリティ
- ネットワークデバイスの設定

　これらポリシーに含まれる指示は、CSIRTの業務を行うための基本的な検知戦略としてプレイブッ

クに採用することができます。例を挙げると、AUPではポートスキャンやペネトレーションテストを禁止し、ラボポリシーでは暗号化および認証プロトコル、Webプロキシ使用の義務化、または基本的なシステム堅牢化の実践を規定することがあります。また、ネットワークデバイスの設定ポリシーでは特定のプロトコルを禁止、または暗号化通信を必須に指定されることもあります。こうした特定のネットワークアクティビティはそれぞれ検知や通知の対象とすることができます。セキュリティポリシーと同様に、組織ではこれらの要件をスタンダードとして文書化して保持している場合があります。ホスト堅牢化のスタンダード、システムやアプリケーションのロギングに関するスタンダード、その他技術的なガイドラインはいずれも、監査や監視対象に関する具体的な統制方法を定義する際に役立ちます。

2.7　基準となる標準規格

　法令順守のための標準規格は、適切な解釈ができればプレイブック内の検知方法のアイディアにもなります。あまりにも多くの組織が、統制を実現するために法令の文面を最低限順守するだけで、ほとんど実際の検知には価値のない不完全で不十分なソリューションを実装しています。私たちはこれを「チェックボックスセキュリティ」と呼んでいます。彼らは基本的に、自組織の環境のセキュリティ対策に真正面から取り組むのではなく、要件リストにチェックを入れてこなしているだけです。法令順守が主体のアプローチは監査人を満足させることはできても、データを守ることにはならず、実際のインシデントではそれが裏目に出ることもあるでしょう。PCIデータセキュリティスタンダード（Payment Card Industry Data Security Standard：PCI DSSまたはシンプルにPCI）[1]、医療保険の携行性と責任に関する法律（Health Insurance Portability and Accountability Act：HIPAA）[2]、金融サービス近代化法（Financial Services Modernization Act：FSMA、もしくはグラム・リーチ・ブライリー法：GLBA）[3]などの法規制の対象組織であるかどうかに関係なく、基本的なITポリシーと同様、これら標準規格の目的や考え方はプレイブックの実行可能な目標として置き換えることができます。（それは誤った発想ではありますが）あなたが抱える主な懸念が監査の合格だとしても、発生したインシデントにどう対応するかをまとめたプレイブックやハンドブックは、デューディリジェンス（正当な注意、義務、努力のこと）を示す上でリストにチェックを入れる作業よりも監査に役立つでしょう。

　それぞれの主要な標準規格には独自の要件や特異性があり、本書の対象からは外れます。ですが、それぞれの規格の特定の部分の背後にある考え方は、何を守るべきか、また時にはどのように守るかを決めるときの材料となります。測定可能なポリシーとして、Cloud Security Alliance（CSA：https://cloudsecurityalliance.org/）のガイドラインは最適な例に挙げられます。ガイドラインでは、大半の企業に欠かせないクラウドコンピューティングを特に取り上げ、システムや情報のホスティング方法を問わず、クラウドを活用する際のさまざまな統制（コントロール）方法が提案されています。さらに、CSA

※1　訳注：クレジット業界における国際的なセキュリティ基準。https://www.pcisecuritystandards.org/。日本語サイトは、https://ja.pcisecuritystandards.org/minisite/env2/。
※2　訳注：医療におけるプライバシー及びセキュリティの取扱いに関して広範な要件を規定した米国の法令。
※3　訳注：米国の連邦法。銀行業と証券業の分離を定めた規定を廃止し、銀行、証券、保険業の相互参入を認めた。

は法令順守関連の多様な標準規格の中から類似するコントロールをマッピングし、Cloud Computing Matrix（CCM：https://cloudsecurityalliance.org/group/cloud-controls-matrix//#_overview）として公開しています。

　CSA CCMの例を、表2-1にいくつかまとめました。これらは、セキュリティ監視やプレイブック作成の最良のアイディアとして参考になるでしょう。たとえば、下記のコントロールはMACスプーフィング、ARPポイズニング、DoS攻撃、不正な無線デバイスなどのレイヤ2ベースの攻撃の検知と、高度な軽減機能を推奨しています。

表2-1. CSA Cloud Computing Matrix

コントロールドメイン	コントロールID	CSAコントロール仕様
Infrastructure & Virtualization Security Network Security インフラと仮想化の セキュリティ ネットワークセキュリティ	IVS-06	技術的対策においては多層防御技術（たとえば、パケットの詳細分析、流量制御、ハニーネットなど）を、（出入り双方向について）異常な通信パターン（たとえばMACアドレス詐称やARPポイズニングのようなもの）や分散サービス妨害（DDoS）攻撃などの検知と速やかな対処のために実装しなければならない。
Infrastructure & Virtualization Security Wireless Security インフラと仮想化の セキュリティ ワイヤレスセキュリティ	IVS-12	権限のない（不正な）ワイヤレスネットワークデバイスの存在を検出し、適宜ネットワークから切断する。
Datacenter Security – Secure Area Authorization データセンタセキュリティ – セキュアエリア認証	DCS-07	許可された者だけが立入りできるようにするために、物理的な立入り制御の仕組みによってセキュリティエリアへの入退出を制限し監視しなければならない。
Identity & Access Management Third Party Access アイデンティティとアクセス管理 第三者アクセス	IAM-07	組織の情報システム及びデータへの第三者のアクセスを必要とする業務プロセスで発生するリスクを特定、評価、優先順位付けした後、権限のないまたは不適切なアクセスの発生可能性及び影響度を最小限に抑え、監視し、測定するために、それに対応できるリソースを投入しなければならない。リスク分析に基づく管理策の手直しは（第三者に）アクセスを提供する前に実装されなければならない。

日本語訳は、日本クラウドセキュリティアライアンス（CSAJC）による日本語版の標準ドキュメント（CCM日本語版）より引用。[※1]
http://www.cloudsecurityalliance.jp/WG_PUB/CCM_WG/CSA_CCM_V3.0_J_final.pdf

2.8　リスクの許容

　本書の初めの方で、リスク認識は何を守るか決定する際にリスク管理が大きな役割を果たすと説明しました。リスク管理のすべての面について詳説することは、本書の対象範囲から大きく外れます。ですが、リスク管理はネットワークやその守り方に対する理解と密接に結びついているため、概要に触れる

※1　訳注：刊行時点の最新版はV3.0.1となっている。日本語版は以下で公開されている。
　　　https://cloudsecurityalliance.jp/WG_PUB/CCM_WG/CSA_CCM_v.3.0.1-03-18-2016_ISO_J_Pub.pdf

ことは避けられません。基本的には、**失うものは何か**考えるということです。何を守り、何を失うか理解することが、リスク管理への取り組みや効果的なセキュリティ監視およびインシデント対応プログラムの構築における最初のステップとなります。

　回避、移転、軽減、容認などのリスク対処法に詳しく入る前に、まずは重要なシステムや資産がどこにあり、情報セキュリティ侵害の影響を受けた場合に何が起こりうるのか知っておく必要があります。ISO 31000:2009（https://www.iso.org/obp/ui/#iso:std:iso:31000:ed-1:v1:en）は、リスク管理や対応の詳細が記載されています。

　リスク対策には、次が含まれます。

- リスク上昇を招くようなアクティビティを開始または継続しないと決断することで、リスクを回避する
- 機会を得るためにリスクを取る、またはリスクを高める
- リスクの原因を取り除く
- 可能性を削減する
- 求める結果を変更する
- 別の団体とリスクを共有する（そのための契約やリスクファイナンスの検討を含む）
- 十分な情報に基づく判断からリスクを残す

　インターネットにコンピュータを接続すれば、リスクが生まれます。つまり、攻撃者が到達可能であれば攻撃される可能性が生まれるということです。誰かひとりにでもコンピュータシステムへのアクセスを提供すれば悪いことが起こるリスクは高まり、アカウントを付与された人が多いほどリスクも上昇します。リスクは、提供するアクセスの数やレベルに比例するわけです。これは最小権限の原則（http://web.mit.edu/Saltzer/www/publications/protection/）の話で、（チームや部門ごとに大量の権限を付与するのではなく）業務遂行に必要なデータやツールにのみユーザーのアクセスを許可すればよいということです。

　ISO 31000:2009を例に倣えば、アクセス制御を厳重にすることで問題の発生する「可能性を変える」ことができます。厳重なアクセス制御をするには、いつ、誰が、どこから、どのくらいの期間、どのような理由でログインしている（ログインした）のかを把握している必要があります。そもそも重要なシステムがどこにあり、誰がログインしてきたのか分からない段階で、リスクはすでに甚大です。ここで述べたことはISO 31000の範囲をやや超えますが、リスクの可能性や予防に取り組むだけでなく、組織に内在するリスクを認識することは大切です。

2.9　プレイブックのコピーをいただけますか

　ここで言いたいことは、何かを守るための必要事項がすべて定義された、網羅的かつ形式的なアプローチなど存在しないということです。手元にある情報で最善の努力を尽くすこと。それが監視戦略を向上させる最も効果的な方法です。繰り返しますが、最も守るべきものは何か明確に把握するまでは、

プレイブックの戦略を定義し始めてはいけません。私たちのプレイブックは私たちの組織のために仕立てられたもので、あなたのプレイブックも同様になるはずです。**守りたいものは何か**という質問への答えはそれぞれ違います。本書は読者が自分だけのプレイブックを作成できるよう支援するために書かれたもので、中核となる4つの質問に答えられるのはあなただけです。私たちのものと同様、あなたのプレイブックに記載された対応手順は、あなたが監視を任せられている組織固有の環境を守る助けとなるでしょう。

2.10　本章のまとめ

- 守るものが何か分からなければ、ネットワークを適切に守れません。
- 重要な資産は何か、あなたの組織にとって何が重要かを定義し、把握しましょう。
- ネットワーク上の全システムの所有権や責任の所在をはっきりさせましょう。
- ホストの所有者を特定するためのログデータを把握し、活用しましょう。
- 十分な理解ができなければ、複雑なネットワークを守ることは難しいでしょう。

3章
脅威は何か

"By heaven, I'll make a ghost of him that lets me."
（えぇい、その手を離さなければ殺すぞ）
― 『ハムレット』 William Shakespeare

　金曜日の午後5時。インシデント調査員のあなたは交代制のオンコール対応にあたっており、今夜は最終日です。週末を楽しもうとPCを落としてオフィスを出ようとしたちょうどそのとき、携帯電話が鳴ってテキストメッセージが届きました。「IT-OPS：Sev5本番FTPサーバに侵害の可能性。電話会議が現在進行中」。慌てて電話会議のブリッジをオンにしたあなたは、システム管理者の誰かが外部公開しているホストの1つに実装されたFTPの障害に対応していることを知ります。サーバをリモートから再起動してみたものの、今度はホストにログインできなくなったそうです。そして、データセンターのシステム管理者がホストのローカルコンソールに接続してみたところ、図3-1のような大きなテキストボックスに遭遇しました。

　そこには、暗号は解読不可能で指示に従わなければデータの保証はないという素人のような文言とともに、Western Union、MoneyGram、または今は存在しないLiberty Reserve経由で5,000ドルの身代金を支払うよう指示が詳しく書かれていました。あなたは即座にインシデント対応の流れに沿って頭をフル回転させます。どうやってホストはランサムウェアに感染したのか。顧客データは暗号化されたのか。他にも感染したホストはあるのか、または同様の脆弱性を抱えているホストはあるのか。該当ホストが機能停止したことでオフラインになった顧客向けサービスはどれか。せめてあと10分早く退社していれば（こんな面倒に巻き込まれずに済んだものの…）。

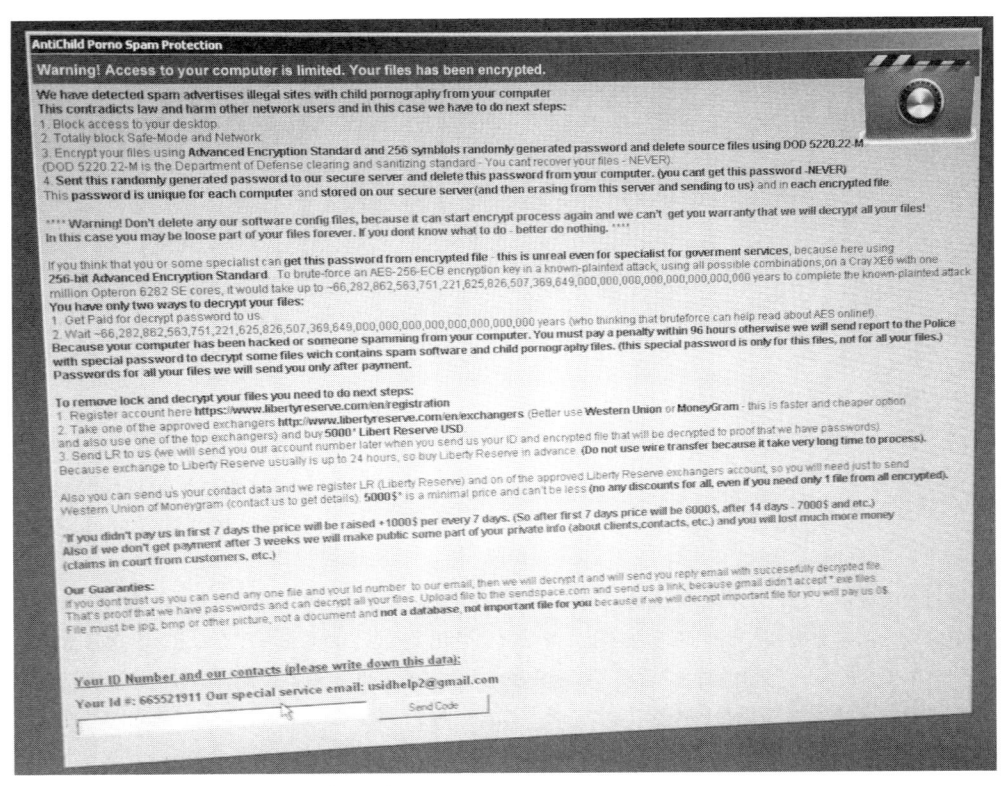

図3-1. ランサムウェアのスクリーンショット

　ようやく帰宅が許されたあなたはホストをシャットダウンするようシステム管理者に伝え（どっちみち、すでに再起動されていましたし）、調査のためのハードディスクを送るようお願いしてから退社しました。ディスクを受け取ってフォレンジックしたところ、攻撃者は数ヶ月前からこの侵害ホストを悪用しており、その仕上げに身代金を要求していることが判明しました。ランサムウェアのインストールまでのアクティビティは、次のとおりです。

- ローカルのパスワードファイルを盗む
- その他インターネットホストを攻撃
- このマシンを使用したプロキシサービスを販売
- スパム送信（Webサービス経由でメールおよびSMSの両方で送信）
- 顧客データを含む、サーバ上のファイルすべてをダウンロード
- 新しいソフトウェアをインストール
- オンライン販売の商品を、おそらく盗んだクレジットカード情報を使って購入
- 盗んだクレデンシャルで個人ローンを申し込む
- 東欧で休暇を過ごすための宿泊施設の支払い

　調査の結果、攻撃者はまずホストのFTPに設定された弱い管理者用パスワードを推測し、リモートデスクトッププロトコル（RDP）接続でそのパスワードをそのまま使って（信じられないことに）認証に成功し、管理者としてそのホストにログインしました。

　このFTPサーバのインシデントは、攻撃者が場当たり的に行動し、特定の脆弱性を悪用し、暴れ回るという事例です。こうした脅威（やその他の脅威）から組織を守るには、あなたのネットワーク、システム、データの侵害で得られる利益に対する攻撃者の動機と目的を理解する必要があります。

　本章では、攻撃や攻撃者の性質を理解することの必要性を取り上げ、なぜコンピュータやサービスが狙われるのかを解説します。取り上げる内容は、次のとおりです。

攻撃者の手口

　収益性と抵抗力を維持するために、攻撃者は常に状況に合わせて戦術を変えてきます。

攻撃者の動機

　あなたが失うもので、犯罪者や熱心な攻撃者が欲しいもの。

　財務上の被害か、それとも信用に関わる問題か、もしくは物理的な被害なのか。それが何であれ、組織に深刻な被害をもたらす攻撃者の手口が分かれば、攻撃に備えて検知や防御方法を向上させることができるはずです。このとき、攻撃の技術的な手口にとどまらず、状況認識や非技術系の脅威についても必ず考慮してください。高精度で包括的、かつ最新の検知方法を構築することで、監視能力は改善し、より良い結果を出せるでしょう。

3.1　「犯罪者は創造的な芸術家だが、探偵はただの批評家に過ぎない」

　2000年に流行った「I Love You」ワームを覚えていますか。LOVE-LETTER-FOR-YOU.txtというファイルを添付したメールを何十万も送りつけ、世界中に拡散されたワームです。宛先は、アドレス帳から拝借したと言われています。知り合いから直接送られてきたラブレターをむげに扱うなんて、なかなかできません。こうして同ワームキャンペーンは大成功を収めることとなったわけですが、手口は「ラブレター」を読もうとファイルを開くとVisual Basicスクリプト（VBS）が実行され、ワームがインストールされるというものでした。攻撃があまりにもうまく運ぶため、さらなる拡散を防ごうとメールサービスを（一時的に）停止する組織が続出したほどです。その後数年にわたり、システム管理者やソフトウェアベンダーは特にこのワームの成功の原因となった主要な問題に取り組んできました。具体的には、VBSをメール添付の形式として信頼しないとし、警告またはプロンプトなしにこれらファイル形式を開くことができないようメールクライアントに確認機能を追加しました。これで攻撃者は撃退されたかのように見えました。別のファイル形式や他の効果的なソーシャルエンジニアリング手法に切り替えて戻ってくるまでは。

　攻撃者は、Windows XPが大好きです。というのも、XPがバッファオーバーフロー攻撃に弱いからです。標的のPCのメモリ領域は簡単に書き換えることができ、しかも大抵はデフォルトで設定された

管理者権限を使ってコードを実行できてしまいます。とりわけこれらの問題は破壊活動を行うワームの連鎖を招きました。実際、SQL Slammer、Blaster、Nachi、Gaobot、Sasserなどのワームが矢継ぎ早に登場しましたが、いずれもマイクロソフトの脆弱性を不正利用したものでした。これら一連のワームにより、マイクロソフト（Windows XP SP2）ではリッスン状態のネットワークサービスのパーミッションを制限し、デフォルトでファイアウォールを有効にする措置をとりました。さらに、マイクロソフトは一般ユーザーのシステムディレクトリへのアクセスを制限し、OSの堅牢化を図りました。最終的には、Windows 7でデータ実行防止（DEP）を、最新のWindows OSにはアドレス空間配置のランダム化（ASLR）を実装するなど、メモリの上書き防止機能を追加しました。さすがに攻撃者もこれで諦めるだろう。誰もがそう思ったのですが、攻撃者はReturn-Oriented Programming（ROP）などの別のメモリ上書き方法に切り替え、パッチが適用される前にできるかぎり速やかにハッキングしようと、セキュリティの初期設定の欠陥を探し回るようになったのです。

　マイクロソフトが対策を強化し、簡単に攻撃できそうな穴をことごとく潰していった結果、攻撃者はAcrobat、Flash、Javaなどのプラグインソフトウェアに目を向け始めました。これらはWindowsほどの厳しいセキュリティ対策がされていませんでした。たとえば、オラクルのJava実行環境（JRE）プラグイン。これはブラウザからJavaアプリケーションを実行し、ローカルシステムで実行できるようにするプラグインですが、インストール数は膨大で、まるであらゆる場所に存在しているのではないかと思うほどです。広く普及しているだけでなく、脆弱性を無限にばらまく、そんなJavaに目を付けた攻撃者は無数のエクスプロイトでJavaを標的にするようになりました。オラクルがJREの新バージョンをリリースするたびに、攻撃者はこれまで公開されてこなかった脆弱性を突く。繰り返されるこのサイクルに対して多くの犯罪組織が非常に高い収益性を見出した結果、定評のあるエクスプロイトキットには必ずJavaへの攻撃機能が実装されるまでになりました。事実、シスコシステムズの「グローバル脅威レポート」によると、2013年にはWeb上で遭遇するエクスプロイトのうち95%がJavaを狙ったものでした。脆弱性が頻発するJavaに対して、オラクルはようやくサンドボックスやその他の保護機能を追加し、対応しました。しかしその頃には、多くのOSベンダーやブラウザベンダーはクライアント側で有効にしていないかぎりJavaプラグインを切り離すか無効にする措置を講じていました。こうしてJavaに起因するマルウェア感染は世界中で劇的に減少しました。今度こそ攻撃者は撃退されたのではないだろうか。しかし、攻撃者はAdobe Flash、Adobe Reader、Microsoft Silverlightなどの別のブラウザプラグインに標的を切り替えて帰ってきました。

　敵の邪魔をする、または全体を混乱に陥れることを目的とした破壊工作は、やがて標的を機能停止に追い込むDDoS攻撃へと発展しました。今や標的のネットワークリソースを消費し尽くすVolumetric DDoS（VDDoS）は、標準的な攻撃方法と言えます。VDDoSを効率的かつ効果的に実施する方法に、ユーザーデータグラムプロトコル（UDP）増幅攻撃があります。増幅は、なりすましの送信元アドレスから特定のサービスに比較的小さなリクエストを送信し、過度に大きいレスポンスを生成させることで起こります。増幅という意味で、一番有用と利用されているのは設定に不備のあるNTPサーバです。流行りとしては、広く普及し利用可能な状態にあることから、ドメイン名サービス（DNS）をVDDoS攻撃で悪用するケースが多く見られます。この方法では、攻撃者が（IPアドレスのスプーフィングで）

標的になりすまし、ゾーン転送など比較的小さなリクエストを送信する仕組みを利用して、公開されている多くのリカーシブDNSサーバに非常に大きなDNSレスポンスを生成させることで、標的に膨大なUDP DNSトラフィックを送りつけます。1990年代にスパムメールのオープンリレーを閉鎖するよう世界中のメール管理者に呼びかけた事例のときと同じように、リフレクションDDoS攻撃が広まり被害が発生していることを受けて、世界中のDNS管理者に対してインターネットからアクセスできるDNSサーバのうち設定不備があるものを特定、修正するよう呼びかけが行われました。これに応じたDNS管理者は、設定を堅牢化し、再帰問い合わせを無効化、サービスへのアクセスをフィルタリングするなど対策を講じています。重要なのは、攻撃者が常に戦略を変えてくるということです。あなたが最新のキャンペーンに対策を講じる頃には、攻撃者は次のキャンペーンに着手しているでしょう。

3.2　何事にも屈しない

　幸いにも、ネットワーク防御は多くの組織の優先課題となり、セキュリティ業界も、攻撃を防ぐための能力を向上させてきました。シスコシステムズでは侵入検知、NetFlow、DNSクエリログなどのネットワーク監視を導入していますが、これらを使うことで、攻撃者のホスト名やIPアドレスを突き止めることができます。IPやホスト名が分かれば、BGPブラックホール、応答ポリシーゾーン（RPZ）、ACL、SDNによって、攻撃を簡単にブロックすることが可能です。それでも攻撃者は、たとえどんなに攻撃をブロックされても、十分な装備と情報を整え、手を緩めることなく、その抵抗力の高い攻撃用インフラを運用し続けるでしょう。

　お分かりのとおり、ネットワークセキュリティと防御は、狙えそうなものはすべて侵害してくる攻撃者とそれを防ごうと試みる防御者による、永遠に続く軍拡競争です。防御が進化すれば、攻撃も対抗すべく進化します。信じられないことに、比較的古いワームが未だ大量に存在し、今でも世界中のネットワークを探索し続けています。しかし、Microsoft RPCサービスやその他サービスのハッキングを楽に実行できた脆弱性は、本気の攻撃者にとってはもはや実行可能な選択肢ではありません。防御と統制側の対策が進んだことで、攻撃者はシステム侵害を成功させるための別の手段を模索せざるを得なくなっています。攻撃者は検知を回避するだけでなく、不正なサービスを稼働させ続けなければならないのが現状です。

　これまで攻撃者は防御の網をかい潜る際に、人気も効果も高い「Fast-Flux DNS」と呼ばれる手法を採用していました。これは、1つのホスト名を多数の任意のIPアドレスと結びつけて、各DNSレコードを短い生存時間（TTL）にすることで、攻撃者のIPアドレスを頻繁にローテーションさせる仕組みです。大抵の場合、IPアドレスは不正侵入されたホストのもので、攻撃者は抵抗力を高めるために、コマンド＆コントロール（C2）トラフィックを実際の自身のインフラへ中継するように、そのホストを設定します。攻撃者によるこうした自衛の仕組みは、DNS名でトラフィックをブロックすれば無効化できます。

　図3-2を見ると、左側の単一ホスト名が合計14個の自律システム（ASN）に属する16個のユニーク

なIPアドレスで解決されていることが分かります。[1] コンテンツ配信システムが運用する人気のホスト名でも、IPアドレスを数個以上持っているものは通常ありません。このパターンはとても奇妙で怪しいと見抜くことができます。

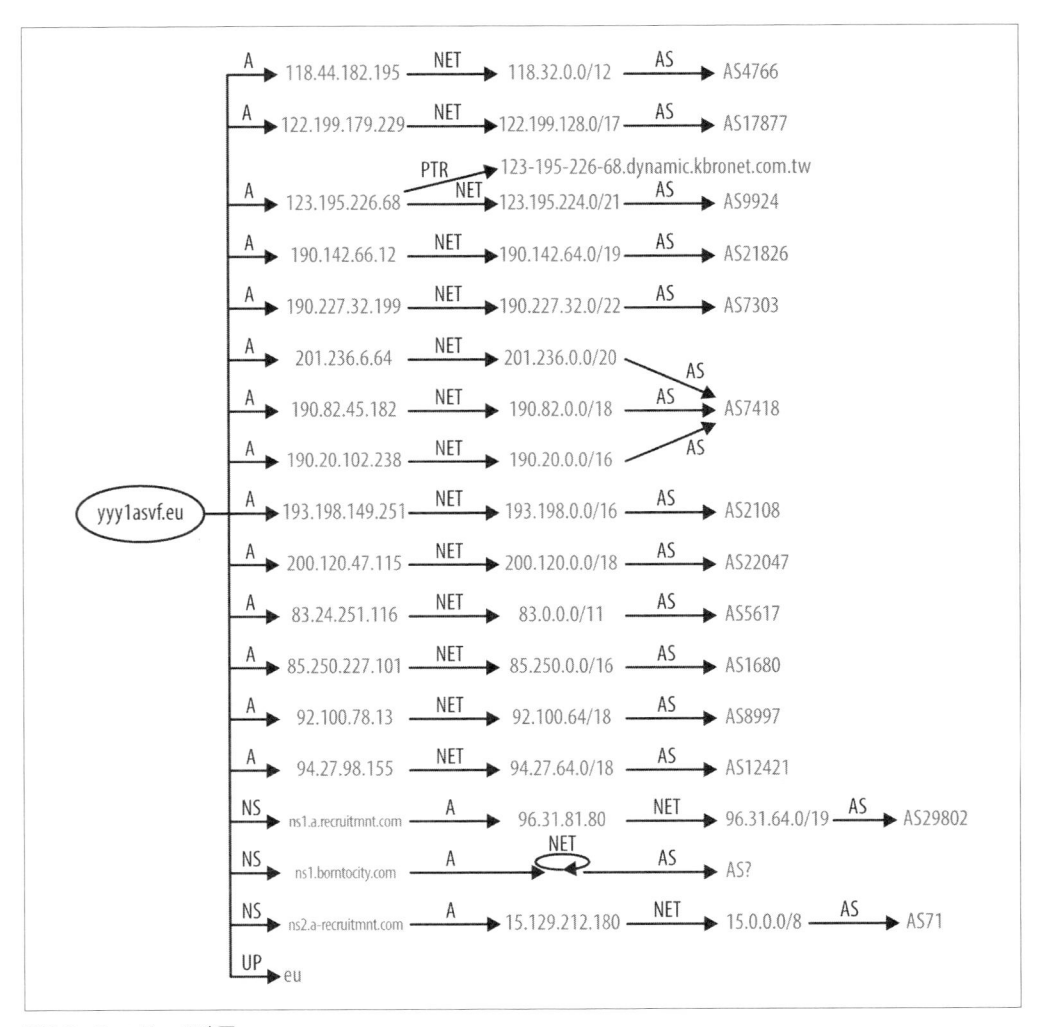

図3-2. Fast-Fluxの略図

　防御側が攻撃を防ぐ能力を向上させたのと併せて、攻撃者もオンライン状態のまま存在するための強化を図ってきました。DNSを騙すもう1つの方法に、ドメイン生成アルゴリズム（DGA）を利用するも

のがあります。DGAは、たとえば次のような（標的にとって）予測不能かつ不可解なホスト名レコードを大量に生成する仕組みです。

```
d3d3aW4uY2lzY28uY29t.co.cc
r8jsf872hasklzY28sfa7.org
dfhdfihasascmfnd.com
rdfhnaiudyaspcm.ru
```

　攻撃者はこれらドメインを、ときには利用する数時間前に登録し、その中の一部のホストを使用してC2インフラを立ち上げます。そして、翌日にドメインが遮断されたら別のドメインを生成し、このプロセスを繰り返します。防御側がマルウェアのC2チャネルを完全に排除するには、生成されるドメインを毎日見つけてブロックし続けなければなりません。毎日50,000のドメインを生成するConfickerなどのマルウェアを考えると、かなり厳しい目標です。このように、この攻撃手法を防ぐことは困難であるため、攻撃者は、検知回避のために毎日C2ホストを変えることで、より小規模ながら身軽な攻撃用インフラを維持することができます。

　また、抵抗力を維持するために、攻撃者はセキュリティ研究者よりも一歩先んじようと試みます。たとえば研究者がマルウェアキャンペーンの詳細や構成要素をすべて公表してしまうと、アナリストやCSIRTは感染の手がかりとなるさまざまな情報を直接自分たちの監視システムに適用してしまいます。これを防ぐため、創造力の高いマルウェア作者はリバースエンジニアリングの時間をかけさせる多種多様な技術をマルウェア自体に組み込みます。たとえば、マルウェア作者はよくコードの多数の箇所を暗号化します。リバースエンジニアリングを試みる研究者にとって、暗号鍵は新たな課題です。C2サーバとの通信で、特にC2サーバから送信されるコマンドや指示を暗号化するのは、マルウェアでよくあることです。不正なコードをブロックし、または対策できる人たちに詳細を公表する研究者に秘密鍵やアプリケーションプログラミングインターフェイス（API）、コマンドや機能を知られたくないからです。暗号化はその他の攻撃でも利用されています。たとえばランサムウェアは標的のファイルを強力な公開鍵で暗号化し、秘密鍵は渡さないことで大金をせしめます。

　あるケースでは、（脆弱なIRC以外の）オンラインサービスを使ってC2インフラを運用する賢い攻撃者もいました。また、いくつかのマルウェアキャンペーンでは、カスタマイズされたTwitterフィードを使ってボットに指示を出していました。その他の攻撃には、多くの組織で通常はブロックされていないような、GmailやYahoo!などのメールサービスを使って不正侵入したホストを制御するものがあります。中には、code.google.com、ブログのXMLフィード、さらにはDropboxなどのクラウドストレージサービスなど、広く利用される公開サイトやコードのリポジトリに置かれたファイルのコマンド文字列をエンコードするケースも見られます。こうしたサービスの人気や評判を悪用すれば、防御側は完全にブロックしづらくなります。Twitterアカウントの1つがたまたまC2だったからといって、Twitterの通信をすべてブロックする合理的な理由はありません。著名なサービスやアプリケーションを不正に使用することで、マルウェアはこれらサービスの正規のトラフィックに身を隠しやすくなります。

3.3　すべてはカネがものを言う

　インターネットは間違いなくノイズだらけです。ノイズの正体は、事前に定義された一連のタスクを規則正しく実行する自動化プロセスです（大抵の場合はポートスキャンや脆弱性スキャン）。典型的な路上犯罪と同様、ホストやアプリケーションは、盗むことのできる貴重品や悪用できるものはないか、最適な侵入経路はどこかを品定めされます。ワームは、追加のペイロードをダウンロードする以外にも、他のホストへ自己拡散するために特定の脆弱性をスキャンします。スパム業者は、TCPポート25番と587番を常時スキャンし、メールリレーに使える設定不備または放置されたメールサーバがないか探しています。研究者、スクリプトキディ、ペネトレーションテスターはネットワークやシステムに脆弱性がないか探し、リッスン状態のサービスにバックドアや脆弱性がないか調査しています。少しインターネット検索をするか、基礎的な知識があれば、NMAPやNMAP Scripting Engine（NSE）などのツールを使用して、UDP増幅の脆弱性、デフォルトのクレデンシャルが設定されたままのサービス、設定不備のあるWebサーバなど、無数の脆弱性がないかホストをスキャンするためのスクリプトを作成することができます。また、Low Orbit Ion Cannon（LOIC）などのツールの登場で、頭を使わずにDoS攻撃を簡単に実行できるようになりました。偵察、侵入、攻撃に必要なスキルは誰でも使えるレベルに達したわけです。広く注目される脅威は、インターネットアクセスの代償と考えるべきです。

　防御側がどんなに対策を講じても、攻撃者は別の脆弱性を狙う攻撃へと移行してしまいます。ただし、犯罪者にとってはタイミングが大事で、攻撃用インフラの保持期間が長いほど、マルウェアの餌食になった被害者から奪う金額は増える傾向にあります。つまり、マルウェアキャンペーンを初期の段階で潰せば犯罪者の収益を制限でき、検知を避けるために攻撃者はもっと独自性のあるアプローチへ移らざるを得なくなるわけです。それでも、サイバー犯罪は儲かります。マネーロンダリングされた何百万ドルという金銭を稼ぐことができ、起訴や身柄引き渡しに目をつぶる国で贅沢な暮らしをする犯罪者もいます。多くの場合、彼らは複雑な組織を運用しており、カスタマーサービス、テクニカルサービス、経理、マーケティング部門を一通り揃え、他の反道徳的な業界の同業者と張り合っています。成功する企業同様、犯罪「ビジネス」は利益を出すために市況に適応しなければなりません。そんな中で、こうした活動が実施しづらくなるよう防御側は共闘するのですが、攻撃者はというとエンドユーザーに自分たちのソフトウェアを実行させる方向へと難なくシフトしただけでした。ウイルス感染したリムーバブルメディアが出回るのを待つのではなく、ネットワークにマルウェアを置いておけばいい。マルウェアを添付したフィッシングメールをばらまいても会社のフィルタリングで破棄されるのであれば、インターネットのWebサイトや広告ネットワークに侵入してマルウェアのダウンローダを置くだけでいい。それだけです。

　セキュリティ対策がしっかりされているほど、攻撃者はより革新的に、ときには大胆に振る舞わなければなりません。検知を避けるために複雑なマルウェアの開発に注力するくらいなら、信頼あるベンダーからコード署名証明書を盗んで不正コードを普通に実行させれば、監視の目を逃れられるのではないだろうか。SSHパスワード認証のハッシュを解読するくらいなら、SSHの秘密鍵を盗めばいいじゃないか。アンチウイルスやホスト型侵入防止システム（HIPS）が動いているシステムでマルウェアを使っ

てファイルをダウンロードさせて検査に引っかかるくらいなら、レジストリキーでしか制御できないメモリ内でマルウェアを実行させればいいじゃないか。フィッシングメールの添付ファイルがメールゲートウェイで削除または排除されているなら、リンクを送ればいい。

標的にリンクをクリックさせたいなら、標的が関心を持つような内容にすればいいだけです。たとえば過去には、最近のイベント、甚大な被害をもたらした暴風雨、政治的または軍事的な衝突、セレブのゴシップ、楽に稼ぐ話、お世辞、セックスの話題が使われており、標的にリンクをクリックさせるネタとして今でも有効です。

一般的に、人はとんでもなく簡単に騙され、利用されます。どんなに幅広い技術的制御をかけても、エンドユーザーはしばしばセキュリティ対策における最弱のポイントになります。マジック、スリ、宝くじが成功するのは、そのためです。人は自分が信じたいことを信じようとし、連想する力が弱く、希望や先入観に対して常にリスク測定できるわけではありません。人の騙されやすさと、非常に多様で脆弱なクライアントソフトウェアのエコシステム（OS、クライアントアプリケーション、Webブラウザ、ブラウザのプラグイン）が組み合わされば、短絡的な攻撃者でも楽に仕事ができるでしょう。

3.4　欲望と価値観は人それぞれ

デジタル犯罪者は多様です。スパム業者、ボットマスター、ID窃盗犯、マネーミュール、アカウント収集業、カーダー（クレジットカード犯罪者）、その他悪党は絶えずデータや金銭をあちこちに移動させ、自分たちの目的のために地球上の何百万台もの脆弱なコンピュータを不法占有しようとします。動機や手口はそれぞれ異なるものの、いずれも（日和見型、標的型にかかわらず）セキュリティ対策の不備を狙って利益を得ようと行動し、また活動を遂行するためのインフラを必要とします。拡張性の高い、使えるインフラを構築するには、資産が必要です。そう、**彼らが求めているのはあなたの資産です**。

フリージャーナリストのブライアン・クレブス氏はサイバー犯罪や犯罪者、その標的をテーマにさまざまな記事を書いています。その中で最も興味深い記事に「The Scrap Value of a Hacked PC」（ハッキングされたPCのスクラップ価格）があります。「私のPCに価値のあるものは一切入ってないから、攻撃の心配はしていない」「失うものや隠しているものは何もないよ」という、よく耳にする台詞への反論記事です。多くの人は、攻撃者にとって侵入したホストがどれだけ利益になるのか分かっていないのです。

次に挙げるとおり、ハッキングしたコンピュータを収益化する、または不正利用する方法はいくつもあります。

- ボットソフトウェアを入れたPCで他の組織を攻撃する、またはPC所有者のアカウント／システムから不正に商品などを購入する
- 違法なコンテンツをホストするファイル／Webサーバに変え、発信元として侵害したPCの所有

　者にたどり着くようにしておく

- 攻撃を中継するプロキシサーバにする
- クレジットカード情報を盗んで、クレジットカードの限度額まで使って盗品を購入する
- Torの出口ノードとして運営し、児童ポルノなどの犯罪に関与させる
- メールのクレデンシャルを盗み、アドレス帳の連絡先を収集し、これら宛先にフィッシング攻撃をしかける、またはメールベースの詐欺や悪徳商法などを行う
- DDoS攻撃に利用する
- 暗号通貨の生成、CAPTCHAの突破、クリック詐欺で広告収入を得るためにリソースを不正使用する
- Skype、Twitter、Gmail、Netflixなど、オンラインで販売できるアカウントのクレデンシャルを盗む
- クレデンシャルを盗んで、iTunes、Amazon、モバイルサービスなどのアカウントから金銭やギフトカードを吸い上げる
- 銀行口座やその他金融サービスのログイン情報を盗み、送金する
- PC所有者の情報と紐付けられたIDを盗み、新規にクレジットカードを作る、または個人ローンを申請する
- PC所有者が購入したソフトウェアのプロダクトキーやシリアル番号を盗む
- PC内のデータを利用して強要や恐喝をする
  - Webカメラで写真を撮る
  - 気付かれないようにマイクの音声をキャプチャする
  - 保存されている写真
  - メール
  - 財務記録
  - 法的記録

　驚くべきは、これらは攻撃者がPCを不正利用して実施できることのほんの一部だということです。もちろん、攻撃して収益化できるものは他にもあり、重要な情報、貿易情報、軍事機密などさまざまなものが考えられます。攻撃者が創造力を発揮するほど、不正（や収益性の）目的でコンピュータを利用する方法も増え続けます。

　このほか、特定の攻撃者が抽出できる価値は、不正侵入されたホストのリソースや場所によって変わってきます。たとえば「ブーター」（DoSをサービスとして提供する人）にとって、大企業や研究ネットワーク上にある高速ネットワーク接続されたホストと比べて自宅ネットワーク内の個人PCにはあまり価値を感じないかもしれません。ただし、何百件ものインシデントに対応してきましたが、多くの犯罪者はハッキングしたホストにどんな価値があるかまったく知りません。なかなか興味深いところです。

 攻撃者の狙いがピンポイントであることを考えると、自分の手にあるものが何か分かっていないのもうなずけます。

　とある組織で、機密性も価値も高い情報を格納したサーバがクリック詐欺マルウェアに感染したのですが、攻撃者は広告アフィリエイトネットワークで収益を出すのが目的であったことから、ただクリックを繰り返すだけで終わったという事例を扱ったことがあります。こうしたケースでは、ドライブバイダウンロード攻撃が仕掛けられたWebページを標的のホストが（ポリシーに違反して）表示、気付かないうちに侵害されるというのがほとんどです。そのため、数え切れないほどのボットを運営するボット管理者がボット化したPCの価値を実はまったく理解していないというのも、それほど驚くことではないかもしれません。ある事例では、ラボのドメインコントローラでクリック詐欺ソフトウェアが発見されたのですが、もしも攻撃者がそれに気付いていれば、管理者を含むドメイン内のユーザー全員のログインクレデンシャルを盗んでいたはずです。ドメインコントローラの価値は非常に高いにもかかわらず、攻撃者の動機がクリック詐欺で収益を生成することにあったため、システムの掌握というさらなるチャンスをみすみす逃したわけです。

　一方で、インターネットに直接接続されている公開FTPサーバ関連のインシデントでは異なる状況が見られました。FTPサーバのクレデンシャルを不正取得した攻撃者は、州発行のID、国民ID、軍人ID、国際IDなど（パスポート、運転免許証、軍人身分証明書、その他有益な文書）、高解像度のIDテンプレート画像を何GBもアップロードしました。これらテンプレートファイルを使えば、誰でも写真を挿入し、望む個人情報に合わせてIDを作成できる状態にしたのです。攻撃者は脆弱なサーバとそのストレージ容量、高速インターネット回線、そして組織の信頼されるIPアドレス空間を利用したわけです。

3.5　財布はいらない、電話をよこせ

　スマートフォンにはパスワードやPINを設定できますが、誰もが設定しているわけではありません。ロックしていない方がすぐにスマートフォン内のデータやアプリを利用できるからです。でもそれでは泥棒が盗めるよう（あなたの私生活の詳細などの）データを大公開しているようなものです。スマートフォンが普及する前、インターネットを利用することがまだ一般的ではなかった時代、個人情報を盗むのはそれほど簡単ではありませんでした。財務表をゴミ箱で漁る、詐欺的なテレマーケティングを実施する、自宅やオフィス、郵便受けから文書を盗むなど、その他ローテクな手法は有効と実証されながらも、手軽に実施できるものではありません。法人、個人ともに大きな問題となるのはID窃取です。人生は簡単に狂わされ、個人資産は消えて自己破産に追い込まれ、好ましくない人物にプライベートなデータを奪われて信頼も失ってしまいます。現代の犯罪者は、まあまあ効果的なフィッシング方法や盗んだパスワードさえあれば、可能な限り多くの個人情報を奪うことができます。さらに高度な技術を有する犯罪者であれば、磁気ストライプリーダーを使ってクレジットカードやデビットカードの情報を盗み取り、あとで利用するなんてことも可能です。面倒が嫌いな犯罪者でも、情報の窃取、有効性の確認、ロ

ンダリングなど大変な仕事をすでにこなしてくれたブラックマーケットのカーダーからIDを購入すれば終わりです。

盗んだ個人情報は、ID窃取やなりすまし以外にも恐喝目的で利用できます。使い方の一例には、PC内に保存された私的な会話、文書、画像を公衆やメディアに公開されたくなければ身代金を支払うよう脅迫するなどがあります。脆弱なシステムにばらかまれたマルウェアは、利益目的でデータやコンピューティング資源を盗む可能性があります。実際、標的のPCのCPUを使ってビットコインを生成する、または詐欺メールをさらに送信するマルウェアファミリーは数多く存在します。

ハッキング行為の最終的な動機は、クライムウェアから、金銭目的、国家支援による軍事的または政治的な目的、イデオロギーが異なる敵の事業を潰すための「ハクティビスト」キャンペーンまで、さまざまです。政治的なシンパが外国政府や外資企業への攻撃に参加することもあります。国家支援グループは資金が豊富でよく訓練されており、組織力も高く、指揮系統が統一されています。また、犯罪組織も資金および訓練が充実しており、より利潤追求型です。どのグループも利用する攻撃方法は同じ基本テクニックに由来しますが、クライムウェアのグループは国家支援グループとは異なり、標的のデータの内容にほとんど関心を示しません。クライムウェアのグループは場当たり的に恐喝、詐欺、その他手法で標的から利益を引き出そうとしますが、諜報活動をメインとする国家支援グループは情報収集やシステム破壊が目的です。

こうした脅威の実行者の中には、他の業界よりもあなたの所属する業界にとって関連性のあるグループが存在します。あなたが金融業界で働いているのであれば、バンキング型トロイの木馬のことは詳しく知っていても、患者の医療記録のプライバシーについてまで気遣うことはないでしょう。勤務先が送電サービスなどの社会インフラに関連するものであれば、クリック詐欺やアドウェアは気に留めないかもしれませんんが、敵国を混乱させたいテロリストや国家支援グループの格好の標的であることは間違いありません。どのケースであっても、あなたのPCがインターネットに接続されている、またはリムーバブルメディアを挿入できる状態であれば、攻撃者は目的達成のためにそれを利用し、あなたのネットワークや組織に望まない注目を浴びせたり、可能ならば破壊を招こうとするでしょう。

3.6　127.0.0.1に勝るものはなし

設定ミス、運用上のエラー、思いがけないデータ公開、または基本的なミスに伴うリスクは、悪人による攻撃と同等の損害があり、しかもはるかに恥ずかしいものです。その例として、メンテナンス期間にデータベースのパッチ当てを実施したところ、決済システムに大きな問題が生じたインシデントを紹介します。単純なルーティン作業のはずが、ある顧客宛ての送り状が間違って別の顧客に届く結果となりました。必然的に関係者はみな大いに混乱、いらだちました。しかも送り状には、本来の宛先である顧客のみに宛てられた内部情報が含まれていたことが、とりわけ問題となりました。顧客への通知には多くの日数が割かれました。しかし、本件で最大の影響があったのは該当の顧客全員に対する金銭的な補償です。その会社は外部からの脅威ではなく、ソフトウェア更新後に全プロセスを検証しなかったがために損失を出したわけです。

　外部からの影響や攻撃が原因でなかったにせよ、結果として原因につながる誘因は存在しました。一度理解し対処すれば、今後似たようなインシデントが発生しても防ぐことができるでしょう。こうしたケースや、設定ミスまたはIT関連の問題により発生した多くのインシデントの要因は、時間短縮を優先させる考え方にあります。IT部門は厳しいタイムスケジュールのもと、アプリケーションへのパッチ適用、新規サービスの立ち上げ、古いホストの廃棄を実施しなければなりません。新規に導入されたサービスやアプリケーションを十分テストしないといった時間短縮は、前述の送り状の発行ミスのような、予期せぬインシデントを招く可能性があります。以上のことから、情報漏えいで予期せぬ影響が発生しうることを理解し、発生時の対応プランを用意することが大切です。そうすることで、関係者全員の負担は軽減され、速やかな対応が実現するでしょう。

3.7　世界戦争を始めようじゃないか

　誰もが実行できる攻撃と明確な意図を持った攻撃者との違いは、目的達成にかける労力と攻撃範囲の絞り方にあります。国家、ペネトレーションテスター、軍、強い関心をもったグループまたは個人など、動機をもった組織はあなたの組織を入念に偵察し、脆弱性を特定およびエクスプロイトしてから、標的になりそうなものを見つけ出し、目的を完遂するための足がかりを確保します。こうした攻撃者を検知することは、ポートスキャンや脆弱性スキャンといった悪意ある一般的なインターネットのノイズを検知するよりもはるかに難題です。明確な意図を持った攻撃者は、資金、スキル、欲望があり、検知を回避するために努力します。

　2013年、マンディアント[※1]は『APT1レポート』を公開しました。レポートには、中国軍が支援する攻撃者グループがどのようにしてアメリカやヨーロッパの大手企業に侵入し、ネットワーク内に潜みながら機密情報を窃取したか、その詳細が書かれています。APT1グループ（技術レベルの異なる少数のチームで構成）やその他「Comment Crew」と呼ばれる人たちは軍の指揮下で活動し、いくつもの攻撃を成功させています。特筆すべきは、Googleの社員がInternet Explorerを起動したところ、同ブラウザのゼロデイ脆弱性を突いて同社に不正侵入した件でしょう。攻撃の表向きの目的は、GoogleのGmailサービスにコードを挿入し、反体制派と思われる人物や中国政府にとって脅威と見なされる人物を同政府が追跡できるようにすることでした。このほか、攻撃者はGoogleの社内向けソフトウェア構成管理（SCM）アプリケーションにも狙いを定めました。攻撃者は、Googleのソースコードのリポジトリを自身のコードで改変したいと考えたのです。

　「オーロラ作戦」としても知られるGoogleへの一連の攻撃は、高い注目を浴びました。しかし、国家支援グループによる攻撃は他にも数え切れないほど発生しており、滅多に報道されないばかりか未だ安全を脅かし続けています。攻撃者は多くの場合、フィッシング攻撃に利用するための連絡先情報を求め、Webを徘徊し、標的を決定します。彼らの行動でよく知られているのが、偽物または盗んだプロフィールを使ってLinkedInでメールアドレスやその他の連絡先情報を検索することや、仕事用ではないプラ

※1　訳注：セキュリティソリューション企業。2014年、ファイア・アイに買収された。

イベート用アカウントを奪って攻撃に利用することなどです。狙う相手が講演に登壇した、または参加したカンファレンスの発行物からも連絡先情報を入手し、悪用することもあります。

　オーロラ作戦の例では、攻撃者の動機は自国の安全保障を脅かすと見なされる人物の偵察でした。注目を浴びたその他の事件としては、数年前に発生した国家支援グループによるイランの核濃縮施設への攻撃が挙げられます。使われたのは「Stuxnet」と呼ばれるマルウェアです。ワームのように施設内のWindowsマシンや機械制御システムを狙って感染を拡大させたStuxnetは、機器に深刻な誤動作を引き起こし、最後は完全停止まで追い込みました。Stuxnetワームの開発元がどこかは未だ完全に解明されていませんが、おそらくアメリカとイスラエルだろうと言われています。攻撃の動機は、イランの核精製機能の破壊との推測もあります。

　もう1つ、イスラエルで2011年から2012年の間に起こった国家支援のマルウェア攻撃があります。中国軍の指揮のもと、Comment Crewが実行したのではないかと見られるこの攻撃では、イスラエルのミサイル防衛システムであるアイアンドームが侵害され、イスラエル軍のネットワークから膨大な文書が持ち出されました。最も成功した他の多くの攻撃と同様、すべては侵入の足がかりを得るための、巧みに作られたフィッシングメールから始まりました。侵入に成功すると、Comment Crewは（存在し続けるための）独自のツールキットをインストールし、目的の文書や研究情報がどこにあるか探し、すべてネットワークからエクスポートしました。

3.8　闇の芸術への防御策

　犯罪者の動機は通常、1つ。それは、利益です。一方で、国家支援の攻撃者は上層部の命令に従って行動します。動機についても、一般的には政治的、軍事的、諜報活動の遂行と、犯罪者とは完全に異なります。ロシアとウクライナによる対立が発生していた2013年の初め頃、DDoS攻撃を行ったとして両国は互いに相手を責めました。早くも2007年には、異なる地域間の対立が原因でエストニアのインターネットインフラの大半がDDoS攻撃されました。重要かつ機密性の高いネットワークが続々インターネットに接続される現在、情報戦による攻撃は激化の一途を辿っており、有能な軍隊の新たなツールとなり始めています。クライムウェアも大きな問題です。どの組織も、こうした種類の攻撃に備えてリスク対策を検討しなければならないでしょう。また、業界にもよりますが、高度に洗練された攻撃者の標的になる可能性について、どの組織も検討すべきです。もしかすると攻撃者はあなたの組織が保有する機密情報、インフラ、他組織との関係を狙っているかもしれません。

　内部の問題、クライムウェア、意欲的な攻撃者など、脅威の原因が何であれ、防御を成功させるには攻撃の裏に隠された理由や動機を理解しなければならないことは明白です。敵が裏口から入ってこられるのに、素敵な城門にリソースすべてを費やすなんてことはしたくないはずです。さらに、時間や予算を節約するべく基本的なシステム管理のベストプラクティスを無視することも、大惨事を引き起こすかもしれないため、あまりよろしくありません。脅威の実行者は攻撃を開始する段階で、すでに何が欲しいかを決めています。それが何かが分かれば、防御のどこに投資すべきかの合理的な判断ができるでしょう。DDoSやその他ノイズの多い攻撃は、より対象を絞った精度の高い攻撃を仕掛けるための隠れ

糞だったというインシデントもありますので、最も価値あるものから決して目を離さないことが重要です。守るもの（や失うもの）が何か、さらにはどんな攻撃が可能か知ることは、インシデント対応プログラムの基礎を作ります。

攻撃の手口や何が起きているかが分からないと、攻撃を検知するための効果的かつ効率的な対策を開発することは難しいでしょう。攻撃の種類や手口を理解することで、プレイブックに盛り込めるような独自のインシデント検知方法を開発できます。プレイブックの中核にあるのは、インシデント検知のプロセスを分類し、定期的に繰り返すという考え方です。攻撃者の手口や動機を把握し続けることができれば、最適なセキュリティ対策に関する全体的な洞察は改善され、問題解決に必要な背景情報も提供できるでしょう。

3.9　本章のまとめ

- 組織を守るには、直面する脅威への理解が必須です。
- 失うものなどないと思うのであれば、それは十分検討していない証拠です。
- 犯罪は文化や社会とともに進化します。さらに多くの価値あるものがデジタル保存され、世界中からアクセスできるようになるほど、オンライン犯罪も増加します。
- 悪意あるアクティビティの源はいくつか考えられますが、最も一般的なのは組織犯罪で、次に標的を絞っている攻撃者と信頼されている内部者が続きます。
- 組織が直面する脅威は、それぞれの組織によって異なります。価値の高い資産を守ることに注力し、厳密な監視を怠らないでください。

4章

セキュリティ監視における
データセントリックなアプローチ

"Quickest way to find the needle... burn the haystack"
(最も早く針を見つける方法は…干し草を燃やすこと)
— Kareem Said

セキュリティアラームは、効率的かつ正確、そして可能であればデータ分析の自動化が導入されている場合にのみ効果を発揮します。本章では、カスタマイズされたセキュリティ監視や対応の手法を開発、導入するための基本的な構成要素を解説します。内容は、次のとおりです。

- データの準備と保存方法
- 操作権限を付与する方法と明確なロギングポリシーを定義する方法
- メタデータの概要と、それを意識すべき理由
- インシデント検知ロジックを開発、体系化し、独自のプレイブックに組み込む方法

インシデント対応の手法を正しく開発し、実践するには、セキュリティインシデント対応チームのための明確なプランや基盤となるフレームワークが必要です。セキュリティインシデントやその他の不正な振る舞いの手がかりは、見つけることが困難な場合もあります。プランやフレームワークがなければ、インシデント対応チームはたちまちデータの海に溺れ、分析できるデータ（または使えるデータ）すらないまま行き詰まってしまうでしょう。

高価な製品を数多く購入し、そのすべてのデータをログ管理システムやセキュリティ情報イベント管理（SIEM）システムに送信することで、自動分析の結果を教えてもらうということも可能です。このような方法から始めるインシデント対応チームもあると思いますが、残念ながらこれではチームは進化できません。コンテキストデータに基づいた分析結果を教えてくれるような設定は行わず、ただSIEMが分析する結果のみに頼っているばかりでは必ず失敗します。セキュリティ監視やインシデント対応の真の価値を実証するには、相当な努力が必要です。どのプロジェクトにも言えることですが、最も重要なフェーズは計画にあります。自分にとってベストなアプローチを設計するには、前段階でかなりの作業が必要になります。ですが、のちに意義のあるインシデント対応やセキュリティ全体の向上という素晴

らしい対価が待っています。

　Cisco CSIRTは初期の段階で、一度設定すれば後はうまく回せる体制を整えました。そこで得た知見から、実効性の高いデータセントリックなインシデント対応プランを組み立てるための基本事項を抽出しました。何よりも重要な点は、データに関して検討することです。正規化、フィールドの切り出しおよび抽出、メタデータ、コンテキストの充実、データ編成など、これらすべては持続可能なインシデント検知アーキテクチャにおいて効果的なクエリやレポートを実現する上で必須です。

4.1　データを取得する

　データの準備は、他のデータ収集プロセスと比べて事前に考慮すべき内容や実施すべきことがはるかに多くあります。怠れば、予期せぬ結果をもたらし、調査が行き詰まる要因にもなるでしょう。セキュリティ業務に従事する私たちは、データソースの準備と整理段階においていかに整合性をとることが重要かを忘れがちです。法令順守の観点では、1つのシステムにログを集約するだけでも規則は満たされることになります。では、なぜそれではダメなのでしょうか。法令順守ではデータの一元管理を必須としますが、監視やフォレンジックへの対応として、データを効果的に活用できるように準備しておくことについては一切規定をしていません。データの準備は、一般的には後からの思い付きで始められることが多いですが、法の精神を満たし、セキュリティ監視インフラの成功を支える必須のプロセスです。

　　分析用にログを準備するときは、従来のデータベースモデルである抽出、変換、およびロード（ETL：Extract, Transform, and Load）を思い出してください。ログの準備や分析の考え方と大枠で似ていますが、消費するデータの種類によって構造化の強弱を変えるとよいでしょう。

　1999年、米航空宇宙局（NASA）のジェット推進研究所はデータソース全体の整合性をとることの重要性を嫌と言うほど理解しました。NASAと契約したロッキード・マーティン社は、火星探査機マーズ・クライメイト・オービターのスラスタを制御するアプリケーションを開発しました。その際に、そのアプリケーションはスラスタの推力の計算にヤード・ポンド法の単位である重量ポンドを採用したのですが、NASA側が航行システムにデータを入力するときには、推力はメートル法の単位であるニュートンで指定されることを想定していたため、実際に必要な計算と処理されたデータに食い違いが発生し、オービターの航行システムは火星の軌道に乗るための正しい姿勢を取ることに失敗しました。こうして探査機は宇宙に消え、NASAは1億ドル以上の損害を被ったのです。高く付いたアクシデントは、データを処理する前に、測定単位の変換による適切な正規化をしていなかったことが原因です。

　インシデント対応でログに記録されたイベントをデータから調査するときには、NASAとロッキードが実施を怠ったような準備を分析前に行う必要があります。NASAの事例ではヤード・ポンド法の重量ポンドからニュートンへ単位の変換が必要でしたが、セキュリティログを保存するリポジトリの場合には、タイムスタンプをあるタイムゾーンから別のタイムゾーンに変換することやホストをIPアドレスとNetBIOS名で関連付けること、Webプロキシで隠された本当の送信元IPアドレスをインデックス化す

ること、セキュリティ機器が供給するフィールド名を組織において標準的に使用しているフィールド名に変更すること（"dst IP" を "dest_IP" に変更する）などが必要になります。イベントフィールドの名前を標準化し、整合性を保つことによって、適切なデータ整理を実施しなければ、まったく異なるデータソース間でイベントを正確に比較またはリンクさせることはできません。

　新しいデータソースを統合するときは、イベント内にまったく異なる種類のデータが含まれるだけでなく、手元のその他データソースとは異なるフォーマットである可能性も想定しましょう。そして、のちのデータ管理や分析を楽にするためにも、イベントデータを整理するための正式なログ収集基準を作成してください。その基準はできるかぎり早くインポートされたデータに適用します。成熟した組織であれば、元のデータにもその基準を適用し、組織全体に渡ってデータの価値を向上させるでしょう。

　ログ収集や検索を実施するインフラによっては、データをインデックス化する際にフィールドの解析が必要になることもあります（データ検索時は解析できません）。異なるログソースから出力されたイベントデータは、それぞれ独自の構造を持つ可能性がある一方で、その多くには送信元IPアドレスや宛先IPアドレスなどの似たようなデータが含まれています。どんなログも、最低限でもタイムスタンプを含めるべきです。それぞれのデータソースで共通のフィールドを特定、解析し、そのフィールドに一貫したラベルを付けることが、検索時に異なるデータを相関付けるための基礎となります。

　この考え方を示す最適な例は、Dublin Core（DC）です。基本的に、DCは標準化された記述子の総称（メタデータ）で、図書館ではアーカイブの検索で採用されています（図4-1を参照）。DCに準拠することで、図書館システムはその他図書館のアーカイブシステムと互換性を持って簡単に情報交換できるようになるわけです。

　セキュリティチームも同様の考え方を採用し、理解しやすくクエリ可能なログデータが共通のフィールド名で標準化されていれば、クエリやレポートだけではなく、導入された多様なセキュリティ監視技術の間でも相互運用性を保つことが叶うでしょう。

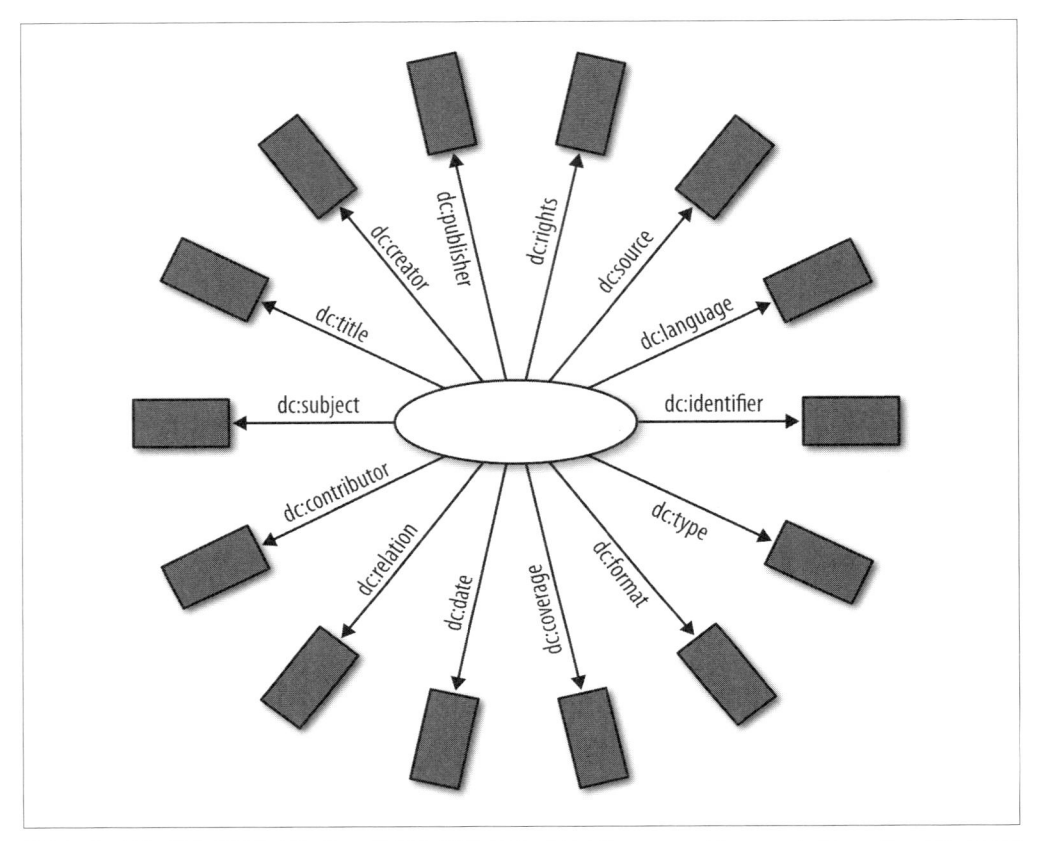

図4-1. "ハリネズミ"型のDublin Coreグラフ（出典：http://dublincore.org/documents/dcq-rdf-xml/images/hedgehog.gif）

4.1.1　ロギング要件

　ログ管理プロジェクトへ入る前に、適切な導入計画の手順を理解し、構築することが大切です。対象範囲、ビジネス要件、イベント量、アクセス判断、保存方針、多様なエクスポートプラットフォーム、エンジニアリング仕様など、これらすべては長期的な成功を決定付ける重要な要素です。まずは、次の質問に答えられるようにしましょう。

- 検知の対象はネットワークセキュリティ機器のみに限定されますか。それともホストのログやアプリケーションのデータも収集しますか？

- 他のチームと連携し、トラブルシューティングをするとき、またはパフォーマンスやセキュリティに関する調査をするときに、ログデータへの適切なアクセス権を共有することができますか？

- たとえば本番環境のメールサーバ、ディレクトリサーバ、財務システム、SCADAシステムなどの重要なサービスにおいて、どのようなプロセスに従ってエージェントベースのツールをインス

トールしますか？　安定性や可用性のリスクはログデータの価値に相当しますか？

- ログの収集ツールやエクスポートツールを使用する場合には、どのようなネットワーク変更が必要になるでしょうか（ACL、ルートの追加、アカウント権限など）？　もしくは、ログデータ量が急増したとき、トラフィックのレート制限はログの転送や保存にどのような影響を与えるでしょうか？

- 必要なストレージ容量は？　維持するにはどのくらいのリソースが必要ですか？

- IT部門の人材以外に、実際にアラートデータを検査するアナリストは何人必要ですか？

- システム全体に適用されている実施可能なログ収集ポリシーはありますか？　システム管理者は十分なロギングを実施できていますか？

- 予想されるイベント量とサーバ負荷は？

- イベントやインシデントの調査において、データの長期保存に対する要件にはどのようなものがありますか？　いつ、どのような方法でシステムからデータを破棄しますか？

- 独自のツールセットに起因する問題や、委託先が提供するサービスの問題によって、データフィードの可用性が失われないようにするには？

　私たちが期待するのは、すべてのホストやIT部門が管理するサービスから可読性の高い適切なログを取得できることです。組織のITインフラ内に、明確で統合されたログ収集の基準があることは必須です（Windows、ネットワーク、Unix、モバイルなど）。Cisco CSIRTは自分たちのチームが策定した社内の厳しいセキュリティログ収集の基準に従いながら、ログの収集や管理においては項目を追加して、次のようなポリシーを適用しました。

- システムはユーザー属性、監査、インシデント対応、業務支援、イベント監視、法令順守の要件を満たすためにシステムイベントをロギングしなければならない。単純に言い換えれば、誰がいつ、どこから、どのくらいの期間、何を実施したかを記録すること。

- システムは、ログの保存、整合性、アクセスの容易性、可用性の要件を満たすために、情報セキュリティ部門が承認したログ一元管理システムにログをリアルタイムで転送しなければならない。ログデータのリアルタイム転送が実施できない場合は、スクリプトによるログデータのプルまたはプッシュなどを使って、送信元の機器からログ管理システムへログ転送するのでも構わない。こうしたケースでは、ロギングポリシーにおいてデータ同期の頻度を規定するとよい。ログ生成からログ管理システムで受信するまでの時間は、15分を超えないのが理想的。

 組織のポリシーでは、ログが生成されてからログ管理システムで利用可能となるまでに、最大でどの程度の遅延を許容するのか規定すべきです。

前述の要件を満たすことができないデータ所有者やシステムも一部あると思いますが、ポイントはポ

リシーに明記し、必要に応じて例外を受け入れるようにすることです。

- ログを生成するシステムは、NTPによる時刻同期を行い、(オフセット付きの) 協定世界時 (UTC) やISO 8601のデータフォーマットを設定すること。
- ログを生成するシステムは、ログの完全性を保証し、エンタープライズレベルのイベント相関付け、分析、レポート作成に対応できるようログの形式を整え保存すること。
- システムは、次の質問に十分答えられるよう、監査ログ情報を記録、保持すること。
    ○ どのようなアクティビティが行われたか？
    ○ アクティビティを行ったのは誰、または何か？（行われた場所やシステムも含む）
    ○ いつアクティビティが行われたか？
    ○ アクティビティを行うのに使われたツールは？
    ○ アクティビティの状態（成功または失敗など）、結果、結末は？
- 次のイベントがリクエストされた、または実行されたときにシステムログが生成されること。
    ○ "極秘" または "部外秘情報" に分類されるドキュメントが作成、読み込み、更新、削除される。
    ○ ネットワーク接続が開始または確立される。
    ○ 新規ユーザーまたはグループの追加、ユーザー権限レベルの変更、ファイル権限の変更、データベースオブジェクトのパーミッション変更、ファイアウォールのルール変更、ユーザーパスワードの変更を含むアクセス権限が許可、変更、無効化される。
    ○ ソフトウェアパッチのインストールおよび更新、その他インストール済みソフトウェアの変更を含む、システム、ネットワーク、アプリケーション、またはサービスの設定が変更される。
    ○ アプリケーションまたはプロセスが開始、停止、再起動される。
    ○ アプリケーションまたはプロセスが停止、失敗、異常停止する。
    ○ 侵入検知システム (IDS)、アンチウイルスシステム、アンチスパイウェアシステムなどで不審または悪意あるアクティビティが検知された。

4.1.2　事実のみ扱う

　分析に使用するデータを準備する前に、準備する価値のあるデータが必要です。セキュリティ監視のコンテキストでは、収集するデータとは調査する価値のあるデータ、または悪意もしくは異常な振る舞いを特定するのに役立つデータを意味します。生成される可能性があるイベントの数は、イベントソースの数と組み合わせれば圧倒的な量になります。あらゆるところのログをすべて保持するのは最も簡単な戦略ですが、大きな欠点がいくつか存在します。いつか、誰かにとってこのログは役立つかもしれない。そう思ってついついログを貯め込んでしまうチームは、あまりに多く存在します。ログ収集とインシデント対応のパラドックスは、コンピュータやネットワークシステムのほぼすべての側面を網羅しながら調査を進める中で、どのログファイルが本当に役立つのか分からないことです。

　セキュリティ関連の内容やコンテキストが含まれないログはストレージ容量やインデックス処理のムダになり、検索時間に影響を与えます。コンパイラのデバッグログや、ネットワークのトラブルシュー

ティングをするなかでsyslogに記録されたログも、そうしたムダに含まれます。このような無関係なイベントは分析作業を難しくするほか、核心に迫ろうとしているときの情報整理の邪魔になります。セキュリティ監視やインシデント対応を理解できれば、追跡中のイベントを含むログが存在するよう働きかけることもできます。では、大量のメッセージがあふれかえる中で、価値あるイベントを持定するにはどうすればよいのでしょうか。

　よくある間違いは、(以前私たちも同様のミスを犯しましたが) すべてのデバイスから上がってくるアラームすべてをログ管理システムに投げることです。これは、長期間に渡るインシデントの発見を難しくするだけです。大量のアラームが上がってきても、それは十中八九、最もよく見かける典型的なマルウェアに感染したことを示しているだけです。しかし、これらの問題が収まっても、残りのアラームから意味あるものを見つけるのは難しいでしょう。何も設定を調整していなければ、何ら意味の無い、または単なる情報に過ぎないアラームが何百、何千もあなたを待ち受けています。稼働中のモニターの1つが検出しているping sweepに、あなたは注意を払いますか。長時間継続しているフローを示すアラームは、大規模データベースのレプリケーションによるものだったでしょうか。他にもアラームを監視するときには、次のようなことを考慮する必要があります。

- 許可されている脆弱性スキャナ
- 通常のバックアップのトラフィックやレプリケーション
- 定期的な保守期間中のシステム再起動やサービス変更
- メールに添付された安全な実行ファイル
- URL内の正当なSQL (SQLインジェクションのように見えるもの)
- 暗号化トラフィック
- Nagiosなどの稼働状況監視システム

　これらは、アナリストのインシデント検知能力を鈍らせる、数ある不要なアラームのほんの一部です。情報通知レベルのアラームは、特に一定期間のトレンドや異常値を検証するという点では確かに有用です。たとえば、社内のソースコードリポジトリからのダウンロードを追跡するとします。ダウンロードの標準偏差が劇的に上昇した場合、権限のないスパイダリング/クローリング、またはデータ損失インシデントの可能性が想定されます。雑然とアラームのデータが貯まるのは、アナリストの負担になり、そもそも価値があると思われる通知が重要ではないアラームの海に埋もれてしまう時点でセットアップの失敗です (図4-2参照)。

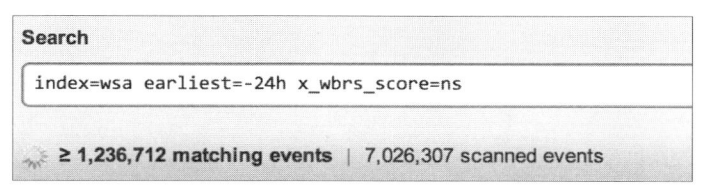

図4-2. 大量のWebプロキシのイベント。レピュテーションスコアのないイベントが24時間で100万以上発生 (x_wbrs_score)

セキュリティ中心ではないデータソースからは、ブートログやディスプレイ／ドライバのメッセージ（dmesg）など、情報セキュリティにとって有益な情報を含むログイベントは全体のほんの一部しか生成されません。想定外の新しいサービスが開始されている、またはローカルでルートキットが組み込まれたUSBドライバをロードしているなどは、セキュリティ的に知っておく価値のある情報です。しかし、ファイルシステムの整合性チェックの情報は、それほど価値はありません。また、アプリケーションエラー、詳細なトラブルシューティングログ、サービスのヘルスチェックなどのログイベントも、システム管理者にとっては役立つかもしれませんが、より広範に状況を俯瞰したいセキュリティアナリストにはさほど価値はありません。その意味で、セキュリティに役立つイベントログを日々の運用において生成されるログデータから切り離すことが最も効率的な方法と言うことができます。Cisco ASA Virtual Private Network（VPN）のsyslogデータを例に考えてみます。ASAは、約2,000の異なるsyslogメッセージを生成します。これらのログに、VPNに関する属性情報を提供する3つのsyslogメッセージが埋もれていたとします（Syslog ID: 713228、722051、113019）。

 使えないログデータを取り除くには、調査でどうデータを扱うかを考えると良いでしょう。いつ、誰が、どこで、何をしたかを判断するには、属性、攻撃の詳細、不自然なシステムの挙動、アクティビティなどが分かるログが必要です。

このとき、リモートVPNのコネクションにIPアドレスとユーザーの属性情報を紐付けようとしたら、約2,000の他メッセージタイプをフィルタリングすることになり、その結果、インフラに過剰なオーバーヘッドがかかってしまい、ログの分析も煩雑になってしまうことがあります。

セキュリティ中心ではないデータソースからセキュリティに役立つイベントログデータを見つけるには、次のアクティビティを確認してください。

- 機密情報へのアクセス、認証、変更
- ネットワーク接続の開始または確立
- アクセス権限に対する操作
- システムまたはネットワークの設定変更
- プロセス状態の変更（開始、終了、HUP、失敗など）
- 新規サービス

前述のアクティビティで生成されるイベントには、それぞれ次の情報が含まれます。

- 実行されたアクションのタイプ
- アクションを実行したサブシステム
- アクションをリクエストしたオブジェクトの識別子
- アクションを提供したオブジェクトの識別子
- 日付と時間
- アクションのステータスと結果

　セキュリティイベントのデータソースがすでに存在していれば、前述のアクティビティを特定することはそれほど懸念はありません。むしろデータの準備に気を遣ってください。結局のところ、IDSやアンチウイルス製品の主な役割はネットワーク、OS、アプリケーションの何であれ、そのセキュリティのステータスに関する情報を提供することです。これらのタイプのイベントが特徴的なものだったとしても、イベントの量が膨大であったり、環境に適していない場合、または精度を保証するためのチューニングが必要な場合には、追加のフィルタリングが必要になります。たとえば、TCPノーマライゼーションに関連するIDSシグネチャは、ネットワークの輻輳など、シグネチャ開発者が攻撃や不正利用の証拠と信じるものとは別の動作によって大量のアラームを生成することを、私たちは経験上知っています。

　関連するデータのみ収集することは、コスト削減に直接的な効果をもたらします。

> ログ収集のインフラを計画するにあたり、セキュリティ監視だけではなく、開発やシステム管理、利用状況の記録、トラブルシューティングなどの目的で他のチームからもアクセスできるよう共有すれば、追加コストを補うことができます。

　その効果によって、大容量のHDDやバックアップシステムを購入する必要がなくなります。ライセンスのインデックス化、システムCPUのサイクル、増大するデータセットの分析サイクルはすべて、保存しているデータ量の影響を受けます。組織のセキュリティやログ管理のポリシーには、理想的には顧問弁護士の監修のもと、義務づけられたデータ保持期間を明記します。予算が厳しい組織であれば、何を収集し、どれくらいの期間保存するのか正確に決定することが重要です。不要なデータをフィルタリングすることで、ライセンスのコストやCPUのサイクルが抑えられ、物理ストレージ容量も少なく済みます。システム管理者やアプリケーション管理者と連携し、彼らが何を怪しいと考えるかを知り、彼ら独自のデータ保存期間を理解することで、どのデータを保持し、どのデータを破棄するのか判断するための時間と労力は軽減されます。収集の都度、データに関する合理的な判断を行うことに時間とリソースを割けば、毎回のログ検索にかかる時間とリソースを削減することができます。以上、どのデータを収集するか決まったら、収集および分析システムを使用するためのデータの準備開始です。

4.1.3　正規化

　ログをフィルタリングしたら、抽出されたセキュリティイベントデータの整理および区分を始めましょう。NASAの大失敗の教訓から、次の手順がいかに重要かはかなり明白だと思います。ログマイニングを目的としたデータの正規化は、ログイベントの一部またはフィールドを標準フォーマットに変換するプロセスを指します。データを使いこなす組織は、ログを正規化するための標準フォーマットを作成し、常時使用することが求められます。ときには同じタイプのデータが複数のフォーマットで表記されることがあります。よくある例として、タイムスタンプを考えてみます。C言語の関数`strftime()`（http://en.cppreference.com/w/c/chrono/strftime）には約40のフォーマット指定子がありますが、これは日付や時間についての表示可能なフォーマットの数を示しています。ISO 8601（https://www.iso.org/standard/40874.html）では、国際的に認められたタイムスタンプの標準フォーマットを策

定しようと取り組んでいますが、大抵は無視されています。一方で、大半のプログラミング言語のライブラリは`strftime()`の変換指定を実装しており（https://docs.python.org/2/library/datetime.html#strftime-strptime-behavior）、アプリケーション開発者は適切と思うタイムスタンプのフォーマットを自由に定義しています。ですが、調査時のクエリで日付や時間を一致させるとき、さまざまなロギングシステムに多様なタイムスタンプが存在するのは面倒なことです。タイムスタンプを含むデータを使いこなすには、異なるフォーマットを認識し、正規の標準フォーマットへ正規化しなければなりません。

　タイムスタンプ以外にも、MACアドレス、電話番号、ユーザーID、IPアドレス、サブネットマスク、DNS名など、正規化が必要なデータ要素は他にもあります。特にIPv6アドレスは複数の方法で表記されることがあります。規則では、先頭が0の並びは省略でき、0のフィールドが連続している場合は二重コロンに置き換えることが可能、またアルファベットは大文字と小文字のいずれかを使用できます（ただし、RFC 5952では小文字だけ使用することを推奨しています：https://tools.ietf.org/html/rfc5952）。たとえば、次のIPv6アドレスの表記方法を見てみましょう。

- 2001:420:1101:1::a
- 2001:420:1101:1::A
- 2001:420:1101:1:0:0:0:a
- 2001:0420:1101:0001:0000:0000:0000:000a
- 2607:f8b0:0000:0000:000d:0000:0000:005d
- 2607:f8b0::d:0:0:5d
- 2607:f8b0:0:0:d::5d
- ::ffff:132.239.1.114
- ::132.239.1.114
- 2002:84ef:172::

　圧縮されたAAAAレコード（ゼロなし）のホストからのリクエストをWebプロキシのログで確認、DHCPログにはゼロを含むAAAAアドレスがリースされたホストが存在する場合、これらをうまく相関付けるには、どこかの段階でどちらかのAAAAレコードを変換し、両方のデータソースの結果を紐付ける必要があります。ここで重要なのは、業務の効率化を図るためにも、分析の時点ではなく、**ログをインポート、インデックス化する前に**、正規化が必要なデータのタイプを定義することです。たとえば検索時に正規表現を適用することを想像してみてください。すべてのログで正規表現が適用されるには、データに規則性が必要ですよね。

4.1.4　フィールドを知る

　正規化とフィルタリングでログデータがきれいになったら、次は最適な検索方法を検討します。ログが直感的かつ人間の読みやすい形になっていれば、セキュリティイベントの検索ははるかに楽になります。ログを区分するベストな方法は、フィールドを作成することです。フィールドは、固有のデータタ

イプを示すログファイル内の要素です。すべてのログファイルにはフィールドが存在し、たとえば次の
DHCPログのように、一部のログファイルにはすでにフィールドが埋め込まれているものもあります。

```
time="2014-01-09 16:25:01 UTC" hn="USER-PC" mac="60:67:40:dc:71:38"
  ip="10.1.56.107" exp="2014-01-09 18:54:52 UTC"
time="2014-01-09 16:25:01 UTC" hn="USER-PC" mac="60:67:40:dc:71:38"
  gw="10.1.56.1" action="DHCPREQUEST"
```

これはDHCPサーバが生成したログで、分かりやすく読みやすいフィールド（time、hn、mac、
ip、exp）がキーと値のペアの順に配置され、区切り文字にはスペースが使われています。

　標準的なフィールド名を一貫して使うことで、ログデータの取り扱いは非常に楽になります。たとえ
ば、監視対象インフラにおいてsourceのIPアドレスを含むイベントが出力されていれば、そのフィー
ルド名をsource_hostに標準化するなどです。ユーザー名を含む認証ログでは、特定の属性フィー
ルドにuserのラベルを付けるとよいでしょう。フィールド名が何であれ、同じフィールドタイプを持つ
データソースを新規に追加した際は同じラベルを毎回付与するようにしてください。ほどんどの形式の
ログにはタイムスタンプが付きます。また、ネットワークイベントのデータソースにも送信元IPアドレ
スや宛先IPアドレスが含まれています。このほか、中核となるセキュリティイベントのデータソースに
は、次のような共通のフィールドタイプが含まれています。

- timestamp（date、または_time）
- source IP（host）
- source port
- destination IP（s_ip）
- destination port
- hostname
- nbtname
- sourcetype
- eventsource
- alerttype
- event action

　この一覧は、私たちがどのイベントソースにも最小限設定している共通のフィールドです。検索時に
追加のログソースをインデックス化するかどうか決定する際の、最低限必須のフィールドとなります。
ログを収集し、その後使えないデータやフィールドをインデックス化しないで済むよう、メタデータは
できるだけ説明的なものにしましょう。いつ、誰が、どこで何をしたかが示されていなければ、あるイベ
ントを特定のセキュリティインシデントと紐付けることなど不可能です。一覧にあるすべてのフィール
ドがどのイベントソースにも存在するわけではありませんが、利用できれば、アラート対応で必要な、
最も基本的な情報となります。alerttypeやevent actionはざっくり説明すると、セキュリティア
ラームのタイプとイベントソースの詳細情報を示します。

少なくともセキュリティイベントのデータにおいて、情報は少ないよりも多い方が役立ちます。また、イベントソース固有の情報も取り入れたい場合は、追加の解析をすることで、より多くのフィールドを抽出し、活用するとよいでしょう。こうした基本的なメタデータ以外にも、一部のセキュリティイベントのソースは豊富な情報を持つ追加フィールドとして利用できるものがあります。たとえば、IDSのアラームには、alerttypeやevent actionに記録される情報よりも、通知情報に関するより多くのコンテキストが含まれていることがあります。または、ASCIIでデコードされたIPパケットペイロードの一部からも、詳しい情報を取得できる可能性があります。フィールドが多いほど検索を微調整でき、インシデントデータをクエリする際の統計的なソートや比較のオプションが増えます。IDSシグネチャのようなルールIDも、データソースでよく見られ、これらフィールドについては事前定義されたラベルを使用しましょう。

アプリケーションのドキュメントの多くには、アプリケーションがログに出力する可能性のあるイベントやフォーマットについて記載されています。こうしたドキュメントは、ログソースがどのようなデータを提供するか理解する際の、主な参照先となります。ドキュメントがないと、データソース自体から判別できるコンテキストと生成されるメッセージのタイプを使って、ログデータの紐付けを行わなければなりません。たとえば、認証サーバのようなデータソースから取得できる属性情報からは、ホストやユーザーとアクションを関連付けるなどです。

一方で、IDSのような従来のセキュリティイベントのデータソースには情報資産や検出されたアクションに関するアラートが含まれている可能性があります。CSIRTでログのエクスポートオプションを管理できない、またはカスタマイズできるだけの十分な柔軟性がない場合は、事後にフィルタリングするしかありません。

4.1.5　フィールド実践

山のようなログデータを扱ってきた経験の中で、私たちはある結論に達しました。それは、役立つログにはどれも必ず似たようなフィールドがあるということです。しかも、名前は違いながら、意味は同じだったりします。もう1つは、フィールドを分割して希望する形に変える必要性がある点です。これは必ずしも自動的に実施できるわけではありません。クエリを作成し、データソース全体から一貫してフィールドを抽出するための最適な方法を見つけるには、どのフィールドが役立つか知ることが必要です。そうすることで、いずれは有用な検知ロジックの開発へとつながるでしょう。

異なる環境にある類似のアプリケーションは、異なるフォーマットで似たようなログイベントを生成する可能性があります。次に挙げるのは、私たちが持っている実際のデータソースの1つです。1つめのイベントは、ホスト型侵入検知システム（HIDS）のログのローデータです。

```
2015-09-21 14:40:02 -0700|mypc-WIN7|10.10.10.50|4437|The process
'C:\Users\mypc\Downloads\FontPack11000_XtdAlf_Lang.msi' (as user DOMAIN\mypc)
attempted to initiate a connection as a client on TCP port 80 to 199.7.54.72
using interface Virtual\Cisco Systems VPN Adapter for 64-bit Windows.
The operation was allowed by default (rule defaults).
```

　この単一のログイベントを役立つフィールドへ分割するには、どこから始めればよいのでしょうか。まず最初にメッセージを定性的に判断すると、| がフィールドの区切り文字として使われていることが分かります（親切にも5つのフィールドに区切られています！）。他にもよく見る区切り文字には、スペース、引用符、タブがあります。残念ながら、多くのイベントでは解析可能な区切り文字が完全に抜け落ちていることがあります。これについては、区切り文字がメッセージ固有のものであると仮定し（イベントメッセージ内のどこにも存在しないなど）、Perlのようなsplit()関数でフィールドを切り出すとよいでしょう。

　これ以外にも、イベントにはいくつか注目すべき情報が隠されています。何よりもまず重要なのは、最も推奨されるISO 8601標準のタイムスタンプです。日付は、year-month-dayのフォーマットで記載されており、24時間表記は秒単位まで指定、太平洋標準時刻はUTCの時差表記で補正されています。

```
2015-09-21 14:40:02 -0700
```

　この時点ですでに疑問が沸いてきます。このタイムスタンプをどうやってログ収集システムにあるその他ログと一致させればよいのでしょうか。このケースでは望ましいISO 8601のフォーマットを使うことですが、このタイムスタンプを生成しているのが何（誰）かを知るにはどうすればよいのでしょうか。クライアントアプリケーションか、収集ツールがメッセージを受信した時間か、それともまったく異なるものか、一体どれでしょう。

　また、区切られたフィールドにはIPアドレス（10.10.10.50）、ホスト名（mypc-WIN7）、数字のルールID（4437）があり、残りは長いイベントアクションのフィールドで占められています。前述のとおり、送信元IPアドレスとホスト名は比較的標準的なログ属性であるべきです。つまり、重要なのはこれらフィールドを正規化し、その他イベントソースと一致させることです。1つのフィールドとタイムスタンプでいくつものクエリを発行できれば、インシデントを理解するための情報がより多く生成できます。

　最後は、ログメッセージにイベントアクションが含まれるケースです。ログには、WindowsによるVPNインターフェイスを使用してネットワーク接続に成功したとあります。このフィールド自体は、少なくともEvent Actionとラベル付けすることができます。覚えておいていただきたいのは、同じログフィードにはさまざまなアクションが含まれている可能性があることです。たった1つのフィールドにもたくさんの情報が隠れています。より柔軟にクエリするためにも、フィールドを追加で抽出する価値はあります。

　イベントデータからフィールドを適切に抽出するには、次の項目を検討してください。

- そのログ内のフィールドは有限で可算のものか？
- 類似イベントで生成されたログメッセージは、以前発生した同じタイプのイベントと一致しているか？ たとえば、異なるOSまたはエージェントのバージョンでは、同じアクションでも類似性はありながら異なるメッセージを生成することがあります。
- 一貫性のないフォーマットのイベントアクションをパーサーが適切に扱うことができるか？

イベントアクション内で一貫性を持たせることは重要です。アクション自体に、解析の価値があるその他の属性が含まれている可能性があるからです。

では、別ソースのログをHIDSのデータと比較した場合にはどうでしょうか。次に示すのは、Webプロキシのイベントです。

```
1381888686.410 - 10.10.10.50 63549 255.255.255.255 80 - -6.9
http://servicemap.conduit-services.com/Toolbar/?ownerId=CT3311834
- 0 309 0 "Mozilla/5.0 (compatible; MSIE 9.0; Windows NT 6.1; WOW64;
Trident/5.0)" - 403 TCP_DENIED - "adware" "Domain reported and verified as
serving malware.Identified malicious behavior on domain or URI."- - - - GET
```

この例には、明らかに固有であると分かる区切り文字がありません。フィールドはスペースで区切られていますが、フィールド値自体にもスペースが存在します。前の例では、フィールドの値にスペースがある場合、スペースをエスケープするためにフィールド値全体を二重引用符で囲んでいました。それがされていない曖昧な状態の今回の例では、フィールドの区切り文字がフィールド内でも正規に使用されている場合に、どうやって解析をするかが問題です。単純なsplit()でも、イベントをフィールドに区切ることができません。このログイベントでは、区切り文字がエスケープされている、または引用符で囲まれている場合には区切らないというロジックをパーサーに教える必要があります。

区切り文字の違い以上に、タイムスタンプはHIDSのデータと異なるフォーマットで記述されています。ここでは、WebプロキシがUnixエポック時刻のフォーマットを採用しています。最低でもHIDSのデータとWebプロキシのデータのみが手元にある場合、分析時にデータを簡単に理解し、相関付けできるよう、時間の値のうち少なくとも1つは正規化するべきです。ログのタイムスタンプの不一致は横行しています。CSIRTはデータソースに新しいタイプのフォーマットやデータソースのインスタンスが出てくるたびに、組織の内部標準時間フォーマットに合わせてデータを変換し、フォーマット化する心構えでいましょう。

HIDSのデータと同様、WebプロキシはクライアントのIPアドレスを10.10.10.50で認識しています。プロキシのログでも、送信元IPアドレスで使用するものと同じ標準化されたフィールド名を採用してください。これはWebプロキシのログであることから、HTTPの基本的な情報が存在し、次のようなHTTPに特有の代表的フィールドに区分することができます。

- URL
- ブラウザのユーザーエージェント
- HTTPサーバのレスポンス
- HTTPメソッド
- リファラ

さて、最後のデータソースです。DHCPのログをHIDSやWebプロキシのイベントと比較してみましょう。この例には、複数のイベントが存在します。

```
10/08/2013 20:10:29 hn="mypc-WS" mac="e4:cd:8f:05:2b:ac" gw="10.10.10.1"
```

```
action="DHCPREQUEST"
10/08/2013 20:10:29 hn="mypc-WS" mac="e4:cd:8f:05:2b:ac" ip="10.10.10.50"
  exp="10/09/2013 22:11:34 UTC"
10/08/2013 22:11:34 hn="mypc-WS" mac="e4:cd:8f:05:2b:ac" gw="10.10.10.1"
  action="DHCPREQUEST"
10/08/2013 22:11:34 hn="mypc-WS" mac="e4:cd:8f:05:2b:ac" ip="10.10.10.50"
  exp="10/09/2013 2:11:33 UTC"
10/09/2013 02:11:37 hn="mypc-WS" mac="e4:cd:8f:05:2b:ac" ip="10.10.10.50"
  exp="10/09/2013 02:11:33 UTC"
10/09/2013 02:11:38 hn="mypc-WS" mac="e4:cd:8f:05:2b:ac" ip="10.10.10.50"
  action="EXPIRED"
```

ここでもフィールドがスペースで区切られており、キーと値のペアによってフィールドが明確になっていることが初見でも分かります。キーは、次のとおりです。

- hn（ホスト名）
- mac（MACアドレス）
- ip（送信元IPアドレス）
- gw（ゲートウェイ）
- action（DHCPサーバのアクション）
- exp（DHCPリース有効期限のタイムスタンプ）

キーの構成要素となる各値も二重引用符で囲まれています。これは重要な点で、これによりデータソースにおけるデータの区切りが、間違って解釈されることを防ぐことができます。各フィールドを確認するためのドキュメントがなくても、十分大きなログデータのサンプルセットから手作業で各フィールドを列挙することができるはずです。

　このようなときは、反復的にデータを解析するアプローチを使うことで、まれな条件を見つけることが可能になります。過度に多くを一致させようとしたり、絞り込み過ぎるケースは考えられないでしょうか。適切な分析を行うには、すでに特定されている条件とのみ一致するような非常に厳密なデータ解析が必要ですが、このような解析を実施する場合、どのメッセージにも一致しないという結果になることはないでしょうか。たとえば、macフィールドが小文字のa～f、0～9、コロン（:）を使用しているときは、**これらの文字のみ一致するよう正規表現を記述する**ところから始めます。それからログの解析を実行し、取得すべきイベントで取り逃したものがないかを確認します。大文字のA～Fが使われているMACアドレスを含むイベントなどがあるかもしれません。この手順は、解析が必要などのフィールドにも適用できます。

　VPNやWebプロキシのログと同様に、DHCPのデータもmonth/day/yearのフォーマットで24時間表記という、別のタイムスタンプ形式を使用しています。ですが、タイムゾーンが見当たりません。DHCPの管理者は、タイムゾーン情報をログメッセージに付け加える設定を忘れていたのでしょうか。それとも、DHCPサーバがタイムゾーンの付与に対応していなかったのでしょうか。いずれにせよ、イベントにおけるタイムゾーンの判別と正規化はログアナリストではなく管理者の責任で、収集ツールにイベントデータを書き込む前に実施すべきことです。不正確または真偽が疑われるタイムスタンプは、

あっという間に調査を混乱に陥れます。

　ここまでHIDSやWebプロキシそれぞれのログメッセージを見てきましたが、DHCPに関するイベントを示すログメッセージもいくつか含まれていました。イベントにはそれぞれ意味や値が含まれていますが、イベントを統合することで、あるホストの6時間分のDHCPセッションが見えてきます。そこで、1つのイベントの異なるフェーズをすべてトランザクションとして認識できるよう、複数のログにラベルを付与してみましょう。引き続きDHCPの例で見ていきます。DHCPセッションのよくあるフェーズには次のようなものがあります。

- DISCOVER
- OFFER
- REQUEST
- ACKNOWLEDGEMENT
- RENEW
- RELEASE

DISCOVER、OFFER、REQUEST、ACKの最初の4つのフェーズは、いずれも個々のイベント（ログメッセージ）で、DHCPのリース処理を構成するものです。成功したDHCPリースのトランザクションを特定することで、DHCPプール内のホストの属性が分かります。つまり、DHCPリースのフェーズをグループにまとめて、個々のメッセージではなくトランザクション全体として検索できるようにすれば、特定の時間に端末へ割り当てられたIPを簡単に確認でき、アナリストの手間を減らすことができます。

```
10/08/2013 20:10:29 hn="mypc-WS" mac="e4:cd:8f:05:2b:ac" gw="10.10.10.1"
  action="DHCPREQUEST"
10/08/2013 20:10:29 hn="mypc-WS" mac="e4:cd:8f:05:2b:ac" ip="10.10.10.50"
  exp="10/09/2013 22:11:34 UTC"
```

　他にも、複数のイベントにまたがる可能性のあるトランザクションをログデータの中から特定することが望ましい場合があります。VPNセッションのデータ、認証の試行、Webセッションなどがそれです。イベントを統合できれば、トランザクションをもとに全体のタイムラインを把握したり、異常な振る舞いを特定したりすることができます。たとえば、VPNの通常の使用方法を識別するトランザクションを考えてみます。同一のユーザーが以前のVPN接続を終了させる前に新規のVPN接続を開始した場合、ポリシー違反やVPNクレデンシャルの共有を示す可能性があります。これらはいずれも、CSIRTに確認の責任があります。

4.1.6　フィールド内のフィールド

　前述のとおり、解析する価値のあるその他の属性が個々のフィールド内に存在することがあります。HIDSのアラートに表示されているアクションと、WebプロキシのログにあるリクエストURLを見てみましょう。

```
HIDs 'Event Action' field:

The process 'C:\Users\mypc\Downloads\FontPack11000_XtdAlf_Lang.msi' (as user
  DOMAIN\mypc) attempted to initiate a connection as a client on TCP port 80 to
  199.7.54.72 using interface Virtual\Cisco Systems VPN Adapter for 64-bit Windows.
  The operation was allowed by default (rule defaults).

Web Proxy 'Requested URL' field:

http://servicemap.conduit-services.com/Toolbar/?ownerId=CT33118
```

いずれのフィールドにも、それ自体で十分フィールドになり得るデータが含まれており、別のデータソースのフィールドである可能性も高そうです。HIDSのログでは、次のような追加のフィールドが確認できます。

- パス (C:\Users\mypc\Downloads)
- ファイル名 (FontPack11000_XtdAlf_Lang.msi)
- Active Directoryドメイン (DOMAIN\mypc)
- 宛先IPアドレス (199.7.54.72)
- ポート (80)
- プロトコル (TCP)
- 判定 (operation was allowed)

WebプロキシのURLには、次のフィールドもありました。

- ドメイン (conduit-services.com)
- サブドメイン (servicemap)
- URLパス (Toolbar/)
- URLパラメータ (?ownerId=CT331183)

この例には挙げられていませんが、WebプロキシのURLにファイル名が含まれている場合もあります。これらのフィールドはそれぞれ、HIDSやWebプロキシのイベントを別のデータソースと相関付ける、または紐付けるメタデータ属性としても利用できます。たとえば、HIDSのイベントに記録されたIPアドレスの80番ポートにアクセスした別のホストを、NetFlowデータの検索から探すこともできます。もしくは、Webプロキシのログから特定できるファイル名をHIDSのデータと相関付けて、同じファイルが同じホストまたは別のホストで実行されたのかどうかを見ることもできます。

NASAは一部のデータでも正規化していれば、単位の違いを区別でき、意図したとおりに探査機を制御できたでしょう。計算値はタイムスタンプと同じで、複数のフォーマットで表記できます。表記方法は、使用時に一貫性を持たせること、組織にとって意味のあるデータの表記方法を選ぶこと、標準フォーマットからのずれは分析前に調整し、文書化することを守りさえすれば、組織の好きなものを選ぶことができます。ただし、データの重要性を理解するにはコンテキストが必要で、これはメタデータを使って集めてください。

4.2　メタデータ：データについてのデータ

　メタデータは、バイアスのかかった用語です。データ構造とデータ要素の両方をざっくり説明しよう
とする曖昧な単語で、言い換えればカテゴリと値の両方を持っています。比喩的に、メタデータは封筒
で、中に入っている手紙がデータです。ただし、手紙を受け取ること自体もデータと言えます。実際の
ところ、メタデータ自体がデータなのです。そして、このトートロジー(類語の重複) はインシデント対
応やセキュリティ監視の概念に適用されるとき、はっきりと見えてきます。メタデータはセキュリティイ
ンシデントの調査にどう利用されるかによって、ログファイル内のフィールド記述子のような単一のコ
ンポーネントを指す場合もあれば (送信元IPアドレスなど)、ログファイル自体を指すこともあります。
それがメタデータかどうか判断するには、「状況による」と「見れば分かる」という昔からある2つの行
動原則を適用すればよいでしょう。

4.2.1　セキュリティにおけるメタデータ

　セキュリティ監視のコンテキストでは、私たちはメタデータをログやイベントデータに利用するデー
タとみなしています。メタデータは属性の集合体で、インシデントを示唆する振る舞いを説明するもの
です。メタデータは、属性を総合したもの以上の意味を持ちます。たとえば、NetFlowのログはそれ自
体がメタデータであり、同時に値を含むメタデータの要素から構成されています。典型的なNetFlowの
ログ (バージョン5) には、次の標準的なフィールドが含まれています。

- 送信元および宛先IPアドレスとポート
- IPプロトコル
- ネットワークインターフェイスデータ
- フローのサイズ
- フローの期間
- タイムスタンプ

　これらの要素は、ネットワークイベントそれぞれに対する基本的なコンテキスト情報を提供します。
このコンテキスト情報は、イベントを一般的な表現で表したメタデータです。たとえば、NetFlowレ
コードから次のような情報が得られたとします。内容は、内部ホストから外部ホストに対し、送信元
ポート30928番から宛先TCPポート22番に向けて15GBのデータが送信されるという2日分のフロー
です。

　このトラフィックの性質 (異常に大容量で、暗号化されたアウトバウンドのファイル転送であること)
から、データの持ち出しが発生したというコンテキストに基づいた状況判断を行うことができます。
もっとも、ただの大容量の (そして無害な) SCP/SFTPファイルの転送である可能性もあり、まったく
分からないまま終わることもあるでしょう。調査で決定的な結論に至るためにも、仮定は検証されるべ
きで、またログデータが不完全である可能性があることも必ず考慮してください。

　ログデータは、それ自体にはあまり意味がありません。最も意味があるのは、ログデータから組み立

てられたコンテキストです。メタデータは、ログが示すイベントの理解を一歩進めてくれます。私たちはローデータをメタデータまたはメタデータのグループに整理、分類し、そのコンテキストに対して知見や分析を適用します。膨大なログデータはメタデータの要素へ落とし込み、検索できるようにすることで、理解と処理のしやすい情報へと変わります。そうすれば、最も重要な情報へ素早く切り込むことができるようになり、検索も効率化します。

4.2.2　データサイエンスに幻惑!

　2013年、New York Timesは米国家安全保障局（NSA）の内部告発者、エドワード・スノーデン氏が暴露した、NSAによるメタデータ収集と分析プログラムに関する記事を公開しました。内部告発された機密文書には、NSAが「非常に膨大な量の通信メタデータに関する大規模グラフ解析を、メールアドレスや電話番号など個人を特定できる情報に対して、それが外国人の情報かチェックすることもなく実施していた」（http://www.nytimes.com/2013/09/29/us/nsa-examines-social-networks-of-us-citizens.html?smid=pl-share）とあります。この事件は米国民に対する憲法上の問題が存在するにもかかわらず、表面上は無害な業務との印象操作が行われました。これについてNSAは、テロリスト組織やテロ計画を特定するために、さまざまな電話番号やメールアドレス間のつながりやパターンのみを見ていたと弁明しています。収集したデータには通話やメールの記録が含まれ、これらの記録から発信元の電話番号、発信先の電話番号、通話の日付、通話の長さといったメタデータが抽出されていました。それだけでも、ログデータに関する統計モデルを構築し、推測を立てるだけの十分な情報と言えるでしょう。捜査員は、未知の人物Aが怪しい人物のB、C、Dに電話をかけたことを確認し、これらを関連付けることでAも怪しいと推測します。さらに大規模な捜査の対象として追うこともできます。もっとも、焦点はNSAが追加の構成要素を使ってどのように監視を"強化"したか（およびこれら構成要素をどのように入手したか）であり、議論の大部分を占めるところでもあります。

　前述のとおり、データやメタデータ関連のコンテキストにはすべてを一変させる力があります。たとえば誰もいないビルで「撃て」と叫んでも、何も意味はありません。ですが、将校が兵士に叫んだ場合、それはまったく違う意味になります。人の多い公共の場で叫べば、犯罪と見なされる可能性もあります。データの一片（「撃て」という単語）は、同一です。しかし、使われるコンテキストによって意味はまったく異なり、与える影響も大きく変わります。NSAは分析能力を強化するために、公開されているデータと私的なデータの両方を活用しました。New York Timesによれば、公開情報には資産税の記録、保険契約の詳細、飛行機の乗客名簿などが含まれていました。電話番号はFacebookのプロフィールと関連付けることができ、その人物がFacebookで積極的に公開している豊富なその他のデータと組み合わせれば、電話番号の所有者本人を推測することも可能性です。こうしたその他のデータソースを使うことで、NSAは通話記録の基本的なリスト以上のプロフィールを構築することができます。無害に見える通話記録データをその他の属性データと組み合わせて相関付けると、コンテキストが生まれます。コンテキストはプロファイリングや捜査に役立ち、ただの統計グラフを作成するよりも容疑者に関するさらに多くの情報を得ることができます。

　異論の多い倫理や法的な問題はさておき、プレイブックに話を戻すと、セキュリティインシデント対

応でも同様のアプローチが利用できます。私たちはメタデータを抽出してデータが何であるかを説明し、ログファイルの内容を分類、論理的な条件や計算を適用して情報を引き出します。そして、そこで得られた新しい情報を分析し、インシデント対応のプロセスを進めるための知識を作るのです。

4.2.3　メタデータを実践する

あるインシデントで、私たちは内部クライアントが異常な外部ホスト名の解決を試みていることを検知しました。ドメインはランダムな性質を持っており、怪しく見えました（たくさんのASCII文字が非言語的なパターンで並んでいるなど）。私たちは以前対応したケースで、あるダイナミックDNSサービスプロバイダが多数の不正サイトをホスティングしており、その中に該当のドメインが含まれていたことを思い出しました。表面的に分かっていることは、内部クライアントが不審な外部ホスト名を解決しようとしているということだけです。私たちには内部クライアントがインターネットのホストに接続できたのかどうか、なぜホスト名を解決しようとしているのか分かりませんでした。名前解決がクライアントの意図する振る舞いなのか、それともリモートで読み込まれたWebコンテンツのせいなのか、予期せぬ悪意あるものなのかも分かりません。ただし、いくつかのメタデータはすでに入手していました。判明していたことは、次のとおりです。

メタデータ	メタカテゴリ：データ
リモートのホスト名はランダムに生成されているように見える。	Hostname: dgf7adfnkjhh.com（ホスト名：dgf7adfnkjhh.com）
外部ホストはダイナミックDNSサービスプロバイダにホスティングされている。	Network: Shady DDnS Provider Inc.（ネットワーク：Shady DDnS Provider Inc.）

このメタデータだけでは、インシデントを正しく判断することはできません。しかし、これらの要素を他のメタデータと組み合わせたところ、何が起きており、なぜ注視すべきかが見えてきました。このメタデータと、これまでの経験や過去に遭遇した同じタイプの接続から、該当のアクティビティは怪しく、さらなる調査が必要と私たちは判断しました。これは重要な考え方です。過去に似た特性を持つインシデント（メタデータの特定の組み合わせなど）に対応していたことで、新たなセキュリティインシデントである可能性が高いと推論できたわけです。より具体的に、私たちは過去の経験から引き出した知識をこれらメタデータの要素に適用したということです。

最初のメタデータに続き、判明した内容は次のとおりです。

メタデータ	メタカテゴリ：データ
DNSルックアップがある時間に発生。	Timestamp: 278621182（タイムスタンプ：278621182）
内 部 ホ ス ト がDNS PTRリクエストを送信。	Network protocol: DNS PTR（ネットワークプロトコル：DNS PTR）
内部ホストにはホスト名がある。	Location: Desktop subnet（場所：デスクトップサブネット）
	Source IP Address: 1.1.1.2（送信元IPアドレス：1.1.1.2）
	Hostname: windowspc22.company.com（ホスト名：windowspc22.company.com）
内部ホストは外部ホストを名前解決。	Location: External（場所：外部）
	Destination IP Address: 255.123.215.3（宛先IPアドレス：255.123.215.3）
	Hostname: dgf7adfnkjhh.com（ホスト名：dgf7adfnkjhh.com）
外部ホストはダイナミックDNSサービスプロバイダにホスティングされている。	Network: Shady DDnS Provider Inc.（ネットワーク：Shady DDnS Provider Inc.）
	ASN: SHADY232（ASN：SHADY232）
	Reputation: Historically risky network（レピュテーション：過去にリスクのあるネットワーク）
リモートのホスト名はランダムに生成されているように見える。	Hostname: dgf7adfnkjhh.com（ホスト名：dgf7adfnkjhh.com）
	Category: Unusual, nonlinguistic（カテゴリ：普通ではない、非言語的）

　しかし、コンテキスト情報が不足しているため、私たちは行き詰まってしまいます。ある電話番号が不審な電話番号にかけたという事実のみ知っているようなもので、私たちには統計モデル、以前の調査に基づくバイアス、その接続が確かに予期せぬものだという勘しかありませんでした。

4.2.4　コンテキストがすべてを支配する

　これがマルウェアを示唆する不正なイベントなのか、それとも他のタイプの攻撃による要求なのか判断するため、私たちはさらにコンテキストを追加することにしました。DNSルックアップの前後や最中のNetFlowデータを見て、私たちはフローの記録から抽出されたメタデータに基づき、その他の接続や推測を検証しました。フローデータでは、不審なDNSリクエストの送信に至るインターネットホストへの多数のHTTP接続を見つけました。DNSリクエスト後、標準以外のポート番号を使って別のリモートホストへHTTP接続をしていることも分かりました。それでも、この時点で私たちの手元には調査をさらに進めるための確定的な証拠がほとんどない状態でした。NetFlowは、このイベントの調査を続行するために役立つコンテキストを十分提供することができません。ですが、NetFlowがそのイベントに関する他のメタデータと関連付けされていれば、詳細情報がさらに得られる可能性があります。接続が発生したことを確認できたのは素晴らしいことなのですが、さらなるコンテキストやパケットコンテンツがないために、感染やセキュリティインシデントを裏付けるまでに至りません。判明しているのは、内部クライアントが何らかの不審な接続を行ったという情報だけです。そのホストを調査対象にした唯

一の理由は通信先が不審であるという、この種の接続に関する知見があったからです（経験則に基づき開発、実践に適用したコンテキストなど）。

　ここまで、私たちはこのホストで実際に何が起きたのか推測する上で十分なメタデータが得られました。これは不正な接続でしょうか。それとも、ただの変わったDNSリクエストでしょうか。データは大量にあり、メタデータもいくつか手に入れました。しかし、まだ実際にアクションを起こせるような情報はありません。前述しましたが、このイベントを不審とした理由は類似の脅威から得られた経験があるからです。その経験に基づき知識を蓄積し、収集した情報へ適用したわけです。

　知識の進化は、データ→情報→知識の順に起こります。

　ランダムに見えるホスト名（ドメイン生成アルゴリズム）への接続は一般的に悪性であるという知見をデータ（パッシブDNSのログ）に適用し、内部クライアントにマルウェア感染のリスクがあるという情報を抽出しました。この最後に出た情報が、必要に応じてセキュリティインシデントとして通知される内容です。ただ、もっと他のコンテキストがないと本当に"悪性"なのか判断できません。アルゴリズムを使ってドメイン生成アルゴリズムを予測、検出することはできますが、トランザクション内のコンテキストを理解することはできません。

　コンテキストが豊富になると現行のデータセットは強化され、より多くのコンテキストが得られるようになります。さまざまなメタデータのピースをピボットし、理解しやすい範囲にまで焦点を絞り込んだら、続いてインシデントの立件作業を行います。メタデータのタイムスタンプや送信元IPは、クエリに追加する値となります。Webプロキシのログデータは多くの場合、コンテキスト情報にあふれています。そして、Webブラウザのアクティビティを線形で捉えると、通常ではないアクティビティが見えてきます。今回のケースでは、不審なDNSルックアップが実行された期間に対して送信元IPフィールドをピボットしました。プロキシのログデータを見ると、地域ニュースサイトの閲覧という、よくあるブラウジング行動が認められました。しかし、ブラウジングのいくつかのHTTP接続は、明らかにニュースサイトではないドメインにアクセスしていました。

　Webには、さまざまな組織やネットワークをつなげる力があります。同時にその力があることによって、ニュースをオンラインで見るというアクションだけで、クライアントのブラウザには非常に多くのリモートオブジェクトが読み込まれます。参照されたドメインは、パッシブDNSのログ収集システムに記録されているドメインと一致しました。そして、リモートオブジェクトが不審なドメインから取得された直後、主に「Java/1.7.0_25」という別のUser-Agentがさらに別の怪しいドメインからJava Archive（JAR）ファイルを取得しようとしていることに気付きました。

```
278621192.022 - 1.1.1.2 62461 255.123.215.3 80 -
  http://dgf7adfnkjhh.com/wp-content/9zncn.jar -
  http://www.newsofeastsouthwest.com/ 344 215 295
  "Java/1.7.0_25" - 200 TCP_MISS
```

　ホスト型侵入防止システム（HIPS）のログを見ると、同じJava JARファイルが自身の解凍を試み、別のリモートドメインにDOSの実行ファイルを要求する新たなHTTPリクエストを出しているとありました。実行ファイルを取得したのはJavaクライアントです。HIPSのログには、新規にダウンロードされたその実行ファイルがシステムレベルの変更を加えようとしていることも記載されています。幸いなことに、HIPSは損害が生じる前に実行ファイルをブロックしました。ようやくここで、メタデータが提供したすべてのコンテキストに基づき、これは明らかにエクスプロイトの試行と多段式のマルウェアドロッパーであると断言することができました。

メタデータ	メタカテゴリ：データ
既知の脆弱なJavaプラグインが、別の不審なドメインから新たなJARファイルをダウンロードしようと試みた。	User-Agent: Java1.7.0_25（ユーザーエージェント：Java1.7.0_25）
	Hostname: dgf7adfnkjhh.com（ホスト名：dgf7adfnkjhh.com）
	Category: Unusual, nonlinguistic（カテゴリ：普通ではない、非言語的）
	Vulnerability: Java1.7.0_25 Plugin（脆弱性：Java 1.7.0_25プラグイン）
	Filetype: JAR（ファイルタイプ：JAR）
JAR解凍後にHIPSが実行をブロック。	Filetypes: JAR, EXE, INI（ファイルタイプ：JAR、EXE、INI）
	Filenames: 9zncn.jar, svchost.exe, winini.ini（ファイル名：9Zncn.jar、svchost.exe、winini.ini）
	Path: \Users\temp\33973950835-1353\.tmp（パス：\Users\temp\33973950835-1353\.tmp）
	HIPS action: Block（HIPSのアクション：ブロック）

　パッシブDNSで取得したログのローデータからセキュリティインシデントの対応にたどり着くまで、私たちは複数回の変更と追加の手順を踏みました。まず、追加のデータソースを組み合わせて得られたコンテキスト情報とメタデータを用いて、使いやすい情報にローデータを整形しました。その後、ログのクエリから得られた情報に対して不審な振る舞いの指標に関する既知のナレッジを適用し、実際のセキュリティインシデントの詳細を引き出しました。なお、ここまでの調査は5分もかかっていません。

　一歩進めて、今後は同様のまたは類似の振る舞いを発見できるようクエリを最適化し、信頼度が高いクエリを集めている定期のレポートへ組み入れることにします。キーと値のペアは、架空のフィールド名を使用して表記すると次のようになります。

```
external_hostname=DDNS, AND
http_action=GET, AND
remote_filetype=JAR, AND
local_filetype=REG, AND
local_path="\windows\sysWOW64" OR "\windows\system32", AND
HIPS_action=block
```

　このコンテキストに基づいて結果を引き出すクエリは、調査に多くの詳細情報を提供することがで

き、定期レポートに組み入れることも可能です。メタデータやコンテキストは、異常な振る舞いを見つけるための経験則とともに、怪しいイベントを調査する際に必要な新しいレポートの素材となります。

　メタデータは、ローデータを情報に変換するための役割を担います。メタカテゴリなしではデータを詳細に整理することはできず、効率的なクエリも実行できません。メタデータに頼る最大の理由の1つは、再利用が可能な点です。前述の調査では、取り上げたデータソースのすべてに共通するフィールドが多く存在しました。タイムスタンプ、IPアドレス、ホスト名などの基本情報はどのイベントソースにも存在します。ポイントは、どうやってこれらのイベントソースと利用可能なメタデータのフィールドとを相関付けるかです。最終的に、ローデータから定期的にセキュリティインシデントを検出する良い手法が見つかれば、レポートは仕上がります。繰り返し実行可能なレポートが集まれば、インシデント対応プレイブックのできあがりです。

4.3　本章のまとめ

- セキュリティ監視やインシデント対応を実現する方法はさまざまですが、最善のアプローチは、組織の文化、リスク許容度、ビジネス上の慣習、IT部門の能力に関する知識を活用することです。
- ログデータはセキュリティ調査に利用できる重要な情報を記録し、セキュリティ監視プログラム全体の基本となるデータを提供します。
- 十分に準備され正規化されたログデータは、効率的な業務に必須です。
- メタデータは、ログデータや分析を簡素化する強力な概念です。
- データや情報資産に関するコンテキストは、監視戦略を成功させる上で不可欠な要素です。

5章
プレイブックを作成する

"Computers are useless. They can only give you answers."
（コンピュータは役に立たない。答えしか返せないから）
— Pablo Picasso

　大規模な組織の多くは、ネットワークやその組織構造の複雑さが常軌を逸したレベルに達しています。重複するIPアドレス空間、買収、エクストラネットのパートナー、その他組織や政治問題も絡み、複雑なIT要件が生み出されています。ネットワークセキュリティは異なるデータソース、セキュリティログやイベントが多いと、本質的に複雑になります。ですが、IDSからのアラーム、アンチウイルスのログ、NetFlowのレコードや通知、クライアントのHTTPリクエスト、サーバのsyslog、認証ログ、その他重要なデータソースなどからセキュリティイベントのデータを収集しなければなりません。これら以外にも、より幅広いセキュリティコミュニティからの脅威インテリジェンス、さらには組織内で蓄積されたセキュリティ情報の知見、ハッキングや不正侵入などからの気付きもあります。これだけ幅広いセキュリティ関連のデータソースや知識がある状況では、監視システムが複雑化するのは自然な流れです。

　複雑さは信頼性や保守性を阻害する要因となるため、何らかの強固な対策を講じる必要があります。そんな複雑さへの対抗手段が、プレイブックです。プレイブックの中核は、"対応手順"を集めたもので構成されます。対応手順とは、一連のデータソースから生成された、効果が確認されたカスタムレポートのことを指します。対応手順が役立つ理由は、"悪質な何か"を見つけるための複雑なクエリやコードが記載されているというだけでなく、**好ましくないアクティビティを検知し、それに対応するための、自己完結型で完全に文書化された規範的な手順だからです。**

　ドキュメントや指示を対応手順としてまとめることで、なぜその手順が必要なのか、どのように分析するのか、その手順で使われるクエリは何か、対応手順を実施するために必要な情報や、レポート結果に基づいたアクションなど、関連情報の組み合わせが得られます。ただし覚えておきたいのは、プレイブックがただのレポート集ではないことです。プレイブックは、イベントやインシデントに対する具体的な対応を導き出すための、反復可能で予測可能な手法を集めたものです。

　私たちの設計するフレームワークでは、すべての対応手順には必ず、次の大項目が基本セットとして含まれます。

- レポートID
- 実施目的
- 結果分析
- データクエリ／コード
- アナリストによるコメント／メモ

　次に挙げる項目は、新たにプレイブックのレポートを作成するアナリストのために、要件や定義を詳細に説明したものです。最終目標に応じて他にも項目を追加することがあると思いますが、私たちのインシデント対応の目的では、余計な情報は収集せず、ここに記載する項目が、最も正確かつ効果的なものと判断します。

5.1　レポートID

　レポートは、短い形式であれば固有ID、長い形式の場合はインジケータを組み合わせた形式により、そのレポートが何を実施するものなのかを示します。

```
{$UNIQUE_ID}-{HF,INV}-{$EVENTSOURCE}-{$REPORT_CATEGORY}: $DESCRIPTION
```

5.1.1　{$UNIQUE_ID}

　レポートID番号はデューイ10進法のような番号方式を採用しています。先頭の数字は、データソースを表しています（表5-1）。

表5-1. プレイブックのレポートID番号

固有IDの範囲	イベントソース	略称
0 〜 99999	予約	N/A
100,000 〜 199,999	IPS	IPS
200,000 〜 299,999	NetFlow	FLOW
300,000 〜 399,999	Webプロキシ	HTTP
400,000 〜 499,999	アンチウイルス	AV
500,000 〜 599,999	ホストIPS	HIPS
600,000 〜 699,999	DNSシンクホールとRPZ	RPZ
700,000 〜 799,999	Syslog	SYSLOG
800,000 〜 899,999	複数のイベントソース	MULTI

　各対応手順には、グループ分けやソート、可読性を考え、イベントソースタグとイベントソース番号を含めています。数字のIDがあることで、指標となるクエリを特定のイベントに対して実行しやすくなります。先頭の数字に続く0は、今後データソースやフィードが増えた場合に備え、サブカテゴリが使えるよう拡張性を持たせるために付加しています。レポートIDの残りの部分は固有のレポート番号のインクリメントです。各レポートに番号を与え、クラスを割り当てることで結果を整理できます。よく整理されたレポートは視覚的にも把握しやすく、分析もしやすいです。レポートは簡単にソートでき、インシデント対応プロセスの後半でレポート作成や指標作成など別途作業が発生したときに番号があると便利です。たとえば、検知ツールにホスト型の製品を追加するときは、500,000以降の範囲、たとえば501,000シリーズなどとして簡単に追加することができます。1つのイベントソースから1,000のレポートが出る可能性は低いため、レポートIDの範囲は適切です。

5.1.2　{HF,INV}

　レポートIDのもう1つの要素に、**type**があります。これは現行では"調査対象（INV）"または"高信頼度（HF）"のいずれかに設定されています。

　高信頼度とは、**レポートのすべてのイベント**が次に該当する場合を指します。

- 自動処理が可能
- 通常または無害なアクティビティではトリガーされない
- 修復が必要な感染を示唆し、ポリシー違反とは限らない

　調査対象は、レポートの中で次のいずれかに該当する場合を指します。

- ホスト感染の詳細が記載
- ポリシー違反の詳細が記載
- 通常のアクティビティでトリガーした（要チューニング）
- アクティビティの確定のため、他イベントソースにて追加のクエリが必要
- より信頼度の高いレポートの開発につながる

　私たちの分析レベルは、非常に単純なルールに応じて変わります。そのルールとは、レポートの信頼度が高いか否かです。

　高信頼度とは、レポートまたはクエリのすべてのイベントが明確なインジケータであることを意味します。つまり、セキュリティインシデントの"動かぬ証拠"になるということです。これは（状況証拠を含む）有力な証拠であり、合理的な疑い以上の証拠となります。私たちのシステムにおいて、信頼度の高いインシデントは自動的にインシデント処理プロセスの修復ステップへ移行されます。ハードコードされた文字列、既知のホスト名またはIP、特定のエクスプロイトと一致する正規表現は、信頼度の高いレポートに含めるとよい事項です。ただし、プレイブックにある大半のレポートは信頼度の高いものではありません。私たちの場合、高信頼度のレポートは全体のわずか15%となり、これらのレポートは典型的なマルウェア感染の検出が大部分（90%）を占めます。

不正であると100%の確証がないものは、"調査対象" と見なします。それが本当にセキュリティイン
シデントなのか、それとも調整可能なフォルスポジティブ（偽陽性）の誤検知なのかを判断するには、
さらなる調査が必要です。調査は、トゥルーポジティブ（真陽性）かフォルスポジティブか、または結
論の出ない行き止まりで幕を閉じることもあれば、調査を進展させるために追加の調査レポートを作成
するまで発展する場合もあります。調整や分析によって改善された調査対象のレポートを使って不要な
イベントを取り除くことができれば、最終的には高信頼度のレポートが作成できます。

5.1.3　{$EVENTSOURCE}

イベントソースは、レポートがどのソースに対してクエリを実施するかを識別します。レポートIDの
先頭の数字は表5-1にあるように、常にイベントソースと相関付けられます。

5.1.4　{$REPORT_CATEGORY}

私たちは、作成したレポートのタイプに当てはまるレポートカテゴリを作りました（表5-2）。他組
織が作成したカテゴリに沿って類似のカテゴリを用意する、またはそのまま利用することを検討しても
よいでしょう。Verizon Vocabulary for Event Recording and Incident Sharing（VERIS）のほか、
United States Computer Emergency Readiness Team（US-CERT）などは指標を比較するときに使
えるインシデントカテゴリの標準を作成しています。

表5-2. プレイブックのレポートのカテゴリ

カテゴリ	説明
TREND	通常のアラートパターンやフローにおける、時間や異常値に基づく不正または不審なアクティビティの痕跡
TARGET	論理的に分けられたネットワークや従業員などの対象グループ（エクストラネットのパートナー、VIP、業務部門など）
MALWARE	システムまたはネットワーク上の不正なアクティビティ、またはそれを示すインジケータ
SUSPECT_EVENT	さらなる調査や分析が必要な不正または不審なアクティビティのインジケータ
HOT_THREAT	新規アクティビティ、蔓延したアクティビティ、または損害を与える可能性のあるアクティビティを検知するための、高頻度かつ高優先度で実行される一時レポート
POLICY	CSIRTによる対応が必要なポリシー違反を検知（IP、PIIなど）
APT	特殊なインシデント対応が必要な、高度な攻撃
SPECIAL_EVENT	CSIRTによる特殊なイベント（会議、シンボジウムなど）監視のために実行される、高頻度かつ高優先度な一時レポート

5.1.5　{$DESCRIPTION}

レポート内の自由形式の**説明**（DESCRIPTION）項目では、レポートで検知しようとしている内容に
ついて簡単に触れています。たとえば、次のとおりです。

```
500002-INV-HIPS-MALWARE: Detect surreptitious / malicious use of
  machines for Bitcoin mining
```

このレポート名から、アナリストは固有のレポートIDが500002であると分かります。レポートIDの先頭の5は、HIPSのデータを調査したレポートであることを示しています。これは調査対象のレポートで、該当のホストには承認されないビットコインのマイニングソフトウェアがインストールされていることを検出したため、アナリストの確認が必要と書かれています。

5.1.6　実施目的

　実施目的は、対応手順の"何"と"なぜ"を説明するものです。クエリは、明確な実施目的を記載していなければ、その内容が更新されるたびに、もともとの意図からかけ離れたものになる可能性があることを私たちは経験上知っています。実施目的は、セキュリティエンジニアのために記載するのではありません。背景を説明し、なぜ対応手順が存在するのか合理的な理由を説明するためのものです。最終的に、実施目的を明示することは、その手順がネットワーク上の何を探すものなのか専門家以外の人に説明し、なぜその手順を実施する価値があるのか、基本的な理解をしてもらうことが目的です。このレポートがなぜ必要かはアナリストであれば明白でしょう。レポートは、次の条件のうち少なくとも1つを満たしている必要があります。

- 感染したシステムに関する説明（ボット、トロイの木馬、ワームなど）
- 不審なネットワークのアクティビティに関する説明（スキャン、怪しいネットワークトラフィック）
- マシンに対する予期せぬ／認可されていない認証施行の検知
- 傾向、統計情報、回数を含む概要の提供
- 特定の環境に対するカスタムビューの提供（対象を絞ったレポート、重要な情報資産、最新の脅威、特殊なイベントなど）

　実施目的はつまるところ、**これは情報を探す最善の方法か、そうであれば最善の提示方法は何か**、です。

　次に示す実施目的のサンプルは、レポートの計画や分析が必要とされる問題について、その概要を記載したものです。

目的のサンプル

　今やマルウェアはビジネスです。感染マシンは大抵の場合、金銭目的を満たすためのただの道具です。一部のマルウェアはスパムを送信し、あるものはクレジットカード情報を盗み、またあるものはただ広告を表示させます。最終的に、マルウェア作者は金銭を得る方法を求めてシステムを侵害します。

　ビットコインの登場により、マルウェア作者は直接的かつ匿名で感染マシンの処理能力を利

用し、利益を得るための簡単な方法を手に入れました。

　当社のHIPSのログに、不審なネットワーク接続が確認されました。これを調査することで、ホスト上でのビットコインP2Pのアクティビティを検知することができます。本レポートでは、ビットコインのマイナー（採掘者）と明確に名乗ることなくビットコインネットワークへ参加していると思われるプロセスについて調査しました。

5.1.7　結果分析

　結果分析のセクションは、若手のセキュリティエンジニア向けに書きます。データクエリの仕組み、記述方法の理由、そして何よりも重要な、クエリ結果の解釈方法と対応について理解するためのドキュメントやトレーニング資料を大量に提供します。ここでは、クエリの信頼度、期待されるトゥルーポジティブの結果がどう表示されるか、フォルスポジティブの可能性があるソース、分析の優先順位の付け方、フォルスポジティブの無視の仕方について説明します。このセクションは対応手順によってまったく異なる場合があります。というのも、データソースやクエリの仕組み、レポートで何を探しているかは対応手順ごとに異なるからです。

　結果分析セクションの主要な目的は、セキュリティエンジニアが対応手順を実行し、レポート結果から得られたデータに基づき対応するのを支援することです。実行可能な結果が見つかり、スムーズにエスカレーションできるよう、結果分析セクションではできるかぎり記述的で洞察力に富んだ内容にするべきです。たとえば、何をすべきか、エスカレーションにかかわるすべての関係者や利害関係団体、その他特殊な取り扱い手順については必ず記載します。

　信頼度の高い対応手順については、すべての結果がトゥルーポジティブであることが保証されているため、結果分析セクションでは分析よりも結果に対して何をすべきかにフォーカスします。前述のとおり、大半のレポートは調査対象のレポートです。そのため、適切な分析が行われるようにするには、かなりの作業が必要です。次の囲み部分から、結果分析セクションがどれだけ詳細に書かれているかが分かると思います。

分析のサンプル

　本レポートは、極めて正確です。ビットコインの管理者は比較的珍しいポート3333番を使用しています。レポートでは、TCPポート3333番に対するアウトバウンド通信を実行するプロセスを調査しました。ポート3333番を使うことで知られているホストサービスのうちいくつかのIPや、フォルスポジティブを引き起こす可能性がある"uTorrent"などの一部プロセス名は除外しました。

　このクエリで生成された結果のほとんどは、明らかに悪性でした。たとえば、次のとおりです。

```
2013-08-09 11:30:01 -0700|mypc-WS|10.10.10.50|
 The process 'C:\AMD\lsass\WmiPrvCv.exe' (as user DOMAIN\mypc) attempted
 to initiate a connection as a client on TCP port 3333 to 144.76.52.43
 using interface Wifi. The operation was allowed by default (rule defaults).
```

また、次のようなものもありました。

```
2013-08-07 22:10:01 -0700|yourpc-WS|10.10.10.59|
 The process 'C:\Users\yourpc\AppData\Local\Temp\iswizard\dwm.exe' (as user
 DOMAIN\yourpc) attempted to initiate a connection as a client on TCP port
 3333 to 50.31.189.46 using interface Wifi.The operation was allowed by
 default (rule defaults).
```

このほか、該当サービスへの決済方法としてビットコインを利用するプログラムもありました。

```
2013-08-08 01:10:01 -0700|theirpc-WS|10.10.10.53|
 The process 'C:\Program Files (x86)\Smart Compute\Researcher\scbc.exe'
 (as user DOMAIN\theirpc) attempted to initiate a connection as a client
 on TCP port 3333 to 54.225.74.16 using interface Wifi.The operation was
 allowed by default (rule defaults).
```

分析結果は、次のとおりです。

- 通信したIPがビットコインのトランザクションに関連しているか確認するには、IPと"bitcoin"を合わせてGoogle検索するだけです。ビットコインのノードやトランザクションをすべて一覧表示できるサービスは多く存在します。
- 内部で誰かがTCPポート3333番を選んでサービスを実行した場合、それでトリガーされるアラームの大半はフォルスポジティブです。実際のビットコインのアクティビティが発生するのは、必ずTCPポート3333番を使用する内部から外部へのトラフィックが発生したときです。
- 悪性と判断できるプロセスの場合は、修復（イメージ再適用）のため、そのホストをIT部門に送ります。
- 認可されていないプロセスの場合（たとえば、"Smart Compute\Researcher\scbc.exe"など）は、ユーザーに問い合わせてソフトウェアのアンインストールを指示します。詳細は、組織内の利用規定を参照してください。
- ソフトウェアの詳細は、http://www.smartcompute.com/about-us/を参照してください。
- TCPポート3333番のトラフィックがビットコインと関連しないまれなケースの場合、またはマイニングが不正なものかどうか簡単に分からない場合は、本分析結果を無視してください。

5.1.8　データクエリ／コード

　対応手順のクエリ部分は、スタンドアロン環境での動作や移植を考えて作成されるわけではありません。クエリは目的を実行に移し、レポート結果を生成するものですが、どう実現するかはあまり関係ありません。結果を理解する上で必要なクエリの詳細は、結果分析セクションに記載しています。その他の内容については、対応手順やレポート結果を処理するアナリストにとって重要ではありません。クエリは、データが格納されているシステム特有の事情から、やや複雑になることもあります。

　クエリ作成の詳細は、8章と9章で触れます。レポート内でクエリについて記載する主な理由は、そのクエリの使用が明らかに必要であるということ以外では、対応手順の開発やトラッキングを行うシステムがログ管理やクエリのシステムと同期が取れるようにしたり、創造的なクエリ開発の手法についてお互いが学び合えるようにしたりするためです。そうすることで、アナリストはすでに対応手順として実績のあるクエリのロジックや技法をしばしば再利用できるようになります。

5.1.9　アナリストによるコメント／メモ

　プレイブックは、Bugzillaを使って管理しています。Bugzillaのようなバグトラッキングシステムを使うことで、変更を追跡し、その変更の意図を文書化することができます。対応手順に関する役立つ情報で前述のセクションに当てはまらないものは、コメントセクションに記載します。ある目的を達成するためのデータクエリの表現方法はいくつもあります。コメントのセクションでは、セキュリティエンジニア同士がこうしたクエリのオプションや対応手順に関する最適なアプローチについて協議することができます。また、クエリの課題に関する説明や感想を記載したり、承知した旨を書いたりすることもできます。

　ほとんどの対応手順では、定期的なメンテナンスを行う必要があります。また、判断の難しいケースをより適切に処理し、ノイズやフォルスポジティブを排除するようなチューニングを行うことも必要です。コメントのセクションがあることで、レポートを処理するアナリストがチューニングに関する議論をし、レポートについて何か効果的だったか、あるいはそうでなかったかを記述することができます。対応手順に関するメモを追記しながらすべて残すことで、対応手順の改善の経緯を知ることができるでしょう。これにより、プレイブックを長期間、適切に維持することができます。このほか、メモはレポートの廃止や再開など管理上の取り扱いに関する情報を提供することもできます。

5.1.10　フレームワーク完成─次のステップは？

　私たちは世界中のさまざまな業界に所属する数多くのセキュリティチームと対話してきました。多くのチームは、自分たちのネットワークを安全に守るための成熟した手法を編み出していましたが、それ以上に多くのチームからは、あたかも即席ソリューションのようなプレイブックが欲しいと言われてきました。**今まさに定義したフレームワークこそが、プレイブックです。**私たちはインシデント検知の経験、現行のツールや能力、私たちのチームの構造や専門性、管理指示に基づき、分かりやすいフレームワークを構築したのです。

　フレームワークはそれ自体でも自立して機能しますが、どこかの時点で計画を実行に移す必要があり

ます。データ整理の計画を見直してデータを検索可能にし、現在および未来の脅威を検知するための民主的な方法を開発したら、次はその手法を実践に移すときです。セキュリティ業務は、プロセスの確実性に左右されます。優れたセキュリティ業務は、効果的かつ持続性のある脅威検知ができるかどうかにかかってきます。分析、対応手順の見直し、脅威の調査といった運用フェーズに入ったら、プレイブックは定期的にメンテナンスしてください。

5.2　本章のまとめ

- プレイブックのフレームワークを構築することにより、今後の分析作業をモジュール式で拡張可能なものにします。
- 完全なプレイブックには、最低でも次の項目が含まれます。
  - レポート ID
  - 実施目的
  - 結果分析
  - データクエリ／コード
  - アナリストによるコメント／メモ
- プレイブックは、適切で効果的な状態を維持することにより、長期に渡る大きなメリットをもたらします。そのためには、フレームワークに基づく体系化や明確化が重要になります。

6章

運用展開

"Everybody has a plan until they get punched in the face."
（誰しもプランを用意している。顔を殴られるまでは）
—Mike Tyson

　この章に至る最初の5章で取り上げた考え方や課題を通じて、使えるプレイブックを作成するための準備を行いました。プレイブックには、あなたの組織やその組織の資産に合った独自の計画や対応手順が反映されているはずです。また、探るべき脅威、保護する資産や情報、アーキテクチャの設計方法、データの準備方法、ログの出力方法も明確になっていることでしょう。つまり、運用展開の準備が整ったということです！ 本章では、プランを実行に移す方法、運用上のトラブルを避ける方法、円滑に運用し続ける方法について、例を交えながら解説します。

　プレイブックをセキュリティ運用の実務で使えるようにするため、本章を通して次に挙げるいくつかの重要な課題について議論します。これらの課題は、プレイブックがいつの時代でも通じるようにするための中核的な部分となります。

- プレイブック全体を分析する上で、どの程度のリソースが必要となるか？
- 計画を実行するために必要なシステムは？
- プレイブックがいつの時代も通じるようにするには？
- 運用上のトラブルを回避するには？
- レポートや通知をより効率化するには？

　プレイブックと検知ロジックがあるだけでは、十分と言えません。対応手順を実行して結果を出し、その結果を分析して、悪意あるイベントがあれば是正措置を施す必要があります。セキュリティ監視を運用展開するには、アイディアや要件を、計測可能かつ信頼性と持続性の高い実用的なシステムへ移行させる、しっかりとした計画が必要です。

　アニメ「サウスパーク」のエピソードで、営利組織がビジネスプランを実行する際に、いかに重要かつ主要な手順を無視するか描いた秀逸な回があります。その「ノーム（妖精）」（http://www.

southparkstudios.se/full-episodes/s02e17-gnomes）というエピソードでは、不完全なビジネスプランによって問題が発生する様子が、独特の切り口で描かれています。

- フェーズ1：下着を集める
- フェーズ2：？
- フェーズ3：利益

　プレイブックは、ビジネスプランのフェーズ1に当てはまります。もっとも、下着集めのノームとは違い、フェーズ2では監視プログラムを成功させるための、インシデント対応チーム向けの戦略を立てることになります。ログ管理システムから上がってくるセキュリティイベントレポートを定期的にレビュー、分析することはインシデントの検知につながります。プレイブックの本質は、実データに適用できるフレームワークを作ることです。実行に当たるフェーズ2では、対応手順に書かれたインテリジェンスや分析結果を活用してセキュリティインシデントを正確に検知、対応します。トラッキングケースをオープンしたり、システム管理者に連絡したり、エスカレーションチームに通知したりするなど、分析チームにとって、検知に関する情報を実行可能なアイテムに置き換えることができます。そしてようやくフェーズ3で、きちんと文書化、計画、吟味されたインシデント検知データという形で利益を享受できるようになります。これにより、インシデント対応チームの能力と効果が証明され、組織を守る上で投資価値がある存在と示すことができます。

　そして、ここでもブラックボックス化された汎用のセキュリティ監視製品について触れたいと思います。これ1つで何でも対応できるというセキュリティ製品ベンダーの主張には注意してください。特に中身の分からない、ロジックも不透明なサードパーティ製品は信用できないと思ってください。レポートでイベントデータが返ってきたら、**原因は何か、どう対処すべきか**判断できなければなりません。プレイブックの成功をどう解釈するかは、直面する脅威の種類、環境によって異なる傾向、経営陣からのプレッシャーによって決まります。優先すべきは、検知率の向上、より効率的なレポートおよびクエリの作成、IT関連支出の正当化です。また、アナリストには結果を分析する上で適切なリソースを十分与えるようにしましょう。

プレイブックだけでインシデント対応はできません

　プレイブックは、あくまでも計画です。それだけでインシデントを発見できるわけではなく、実行に移したからといって問題が予測できるようになるわけでもありません。現実的な課題に取り組む必要があります。

　以下は、対応手順に対して幾度となく問いかけている質問です。これらの問いを念頭に置きつつ、プレイブックを運用展開する方法について考えてみましょう。

- スケジュール設定（リアルタイムは必須か？　イベントフローを追い続けられるだけのアナリストは在籍しているか？）

- 表示させるべき検知メトリックは何か？
- 検知の考え方から問題修復まで、適切な対応につながる手順を用意しているか？
- 同じアラームでトラッキングケースが重複しないようにするには？
- エスカレーションパスの変更、社員の離職、アナリストの責務の変更によりプレイブックのプロセスに調整が必要な場合、どう対処するか？
- 検知した悪意あるイベントに対し、どのような軽減策が考えられるか。また、対応手順の実行を支えるポリシーは何か？

これらの問いの答えは次のセクションで考察しますが、まずは新しいシステムやプロセスを構築する前にビジネス要件を十分理解し、将来の要件を予測することが重要であることを覚えておいてください。

6.1　あなたはコンピュータより賢い

　検知および対応システムが完全に自動化された夢のような世界でも、どこかの時点で人の手を必要とする場面が必ず出てきます。検知内容の検証、インシデントへの対応、顧客への連絡、修復対応など何であれ、人間のセキュリティアナリストの出番は必ずあります。自動化は対応プロセスの高速化やアナリストの業務負担を軽減します。しかしながら、まれに発生するイベントを調査する際には手当たり次第ログデータをクエリするため、自動化が必ずしも良いとは限りません。高い信頼性（とそれに伴う効率化）を確実なものとするには、悪意ある振る舞いを的確に検知し、すべての結果についてトゥルーポジティブを保証できるくらいにまでレポートのロジックを開発、調査、微調整する、地道な下地作りが必要です。

　悪意ある振る舞いを検知するレポートの作成は、対応手順のライフサイクルの始まりに過ぎず、プレイブックの運用全体を網羅するものではありません。一方で、これらレポートはセキュリティ監視チームの責務の一部として維持する必要があります。脅威の進化に伴い、古いレポートは関連性がなくなり、より新しい、より適切なレポートが作成、採用されるでしょう。アナリストにとって、脅威のトレンドは組織内で保護をより強化すべき箇所の特定、アーキテクチャの見直し、または新規レポートの開発を含む、別の検知戦術の検証などで役立ちます。今現在、システムすべての防御に成功し、直面する脅威すべてを検知できていたとしても、テクノロジーの進化の速度を考えれば、明日また新たな課題と向き合うのは必然です。対応手順の定期的な維持管理をチームにとって不可欠な業務として設定することで、常に新しい脅威検知の方法をもって、新たに登場した脅威に対抗できるでしょう。

6.1.1　人、プロセス、テクノロジー

　セキュリティ監視サービスの一環として策定するプロセスにおいて絶対に欠かせないのが、人です。コンテキストを十分理解した人間のアナリストをコンピュータやプログラムで置き換えることはできません。コンピュータソフトウェアによるフローチャート形式の意思決定とは異なり、人間は論理的な判

断を効率的に下すことができ、コンテキストから得られるインジケータを調査、開発して、人間の動機や行動特性を分析することができます。

　ブルース・シュナイアー氏はこう述べています。「セキュリティはプロセスであり、製品ではない」（https://www.schneier.com/essays/archives/2000/04/the_process_of_secur.html）。監視プロセスを支えるには、アナリスト、データマネージャ、インフラストラクチャ支援担当が必要です。こうしたさまざまな役職において、それぞれ何名必要か、またはすでにある人材をどう有効に活かせるか判断しなければなりません。プレイブックの運用展開に必要な人数を算出するには、システム内のさまざまなステージで測定が必要です。たとえば、次のとおりです。

- 毎日収集されるアラームの数は？
- アラームまたはレポート全体の平均分析時間は？
- どのレポートも常に全体を通して分析しているか？
- 以前のレポートの妥当性について、十分な時間をかけて再検証しているか？
- 今後セキュリティアラームの量はどのくらいになると予想されるか、また大規模な感染が発生したときはどう対処するか？
- 担当者はレポート結果を理解できるだけのスキルを有しているか？
- 是正措置を講じる上でアナリストはどんな役割を果たすのか、また常習的なインシデントはどう対処するか？
- 対応手順は自動化できるか、または結果を得るには人の介入が必要か？

　上記はすべて、計画を実行に移すときに検討すべき項目で、どの程度の分析が必要かを想定する際に役立ちます。私たちも定期的にこれら質問項目を振り返ることで、体制に適切なリソースが割かれているか、適正かつ正確な範囲をカバーできているかを確認しています。実際、プレイブックを展開する上で、これら質問項目がとても役にたっているためここで紹介しました。大規模感染は適切なトリアージや担当配備の観点から、通常の感染とは別の対応が必要です。私たちも、ITチームと十分コミュニケーションが取れなかったために、急場しのぎで対応せざるをえない状況に陥ったことがあります。初期の頃に作成されたレポートは調査を必要とするものがあまりにも多く、業務時間内にレビューを完了させられない事態が発生しました。

　　プレイブックのシステムは自動化し、アナリストにレポート結果が確実に届くようにしましょう。調査プロセスに異なるタイプのデータソースや、互換性のないツール間でのデータが含まれている場合、より複雑な分析ができたとしても自動化との相性は良くありません。保存されたクエリの大半は、個々で活用できるようにするべきです。レポートに対するその場限りの対応は、ちょっとした確認やクエリ開発であれば問題ありません。でも、レポートを自動スケジュール配信できれば一貫性のある対処が実現し、アナリストの作業が軽減することで時間も節約できます。アナリストは、対応手順のロジックに基づいて用意されたレポート結果や多様なイベントソースのデータをレビューするだけでよくなります。

　プレイブックにあるレポートの大半は結局のところ、結果として上がってくるデータを人（チーム）がレビューすることになります。これは他のセキュリティ監視の手法と変わりません。SIEM、ログ管理、マネージドセキュリティソリューションは、いずれも画面を監視する目が必要で、インシデントケースの文書化が必要です。最新のセキュリティ脅威を追い続けて、状況認識を保ち、適切な対応を行うには、ネットワークエンジニアやシステム管理者が「セキュリティ」業務を兼任するようなよくある状況は非合理的です。

 　プレイブックの運用展開では、セキュリティアラームのアイディアからインシデント対応に行き着くための作業が新たに必要となります。

　セキュリティのイベントデータを分析する場合、専任者を少なくとも1人は配置すべきです。

　インシデント対応プロセスの構築／見直しや分析チームとの連携では、見直すべき重要な検討事項がいくつかあります。まず、分析チームには何名必要で、どのようなスキルが求められるかを把握しましょう。脅威情報に関する知識またはセキュリティ知識、コンピュータネットワーキング、アプリケーション層プロトコル、データベースやクエリ言語、Unix、Windows、基本的な構文解析やコマンドラインへの精通度（bash、grep）、セキュリティ監視ツール（IDS）、基本的なトラブルシューティングなど、さまざまなテーマのスキルセットを検討してください。データ、ネットワーク、ポリシー、インシデント対応への期待値の度合いや複雑さに応じて、小さな組織であればアナリストは2名か3名しか雇えず、一方で大規模な組織は十数名を雇用できるかもしれません。

　専任のセキュリティアナリストが少なすぎる組織の場合、毎日または毎週処理できるアラートの量や頻度を実際の人員に基づき定義すると良いでしょう。理想的には、定義されたレポートすべてを実行、処理でき、新たなレポートを作成、分析できるだけの十分な人員の余裕があることです。それでも、人員不足が完全になくなる保証はありません。というのも、インシデントやアウトブレイクの発生、祝日や休暇、担当者の病欠などで人手が足りなくなることはあるからです。こうした事態を予測し、動ける人たちに各レポートの優先度を示すことが大切です。優先度は、最新の脅威の検知、またはイベントの深刻度を把握するために、サービスレベル契約（SLA）や法規制に応じて定義することも可能です。優先度を設定することは、担当者の数が平常時に戻るまで重要度の低いレポートを一時的に無視するといった判断を行う上で必須です。

　シスコでは、多様なイベントソースから上がってくる何百万ものログイベントを毎日処理しています。ですが、すべてのイベントで追跡調査が必要になるわけではありません。アナリストの数が足りないと、プレイブックを持続的に運用できなくなります。つまり、すでにあるレポートを分析できたとしても、対応手順の微調整や修正、新しい対応手順を作成するなどの時間がないということです。それでもプレイブックを作成して実行することはできますが、正式なものをリリースする前に、人員に関する検討を行っておく方が成果の向上を図ることができるでしょう。とはいえ、実際には何名のアナリストが必要か正確に把握することは難しいです。プレイブックがすでに実行に移され、必要なメトリックが測定で

きていない状況では、前述の検討項目すべてに回答できないからです。そこで、プレイブックのプロセスやルーティン業務の負荷を軽減するために、段階的なアプローチを採用してください。これにより、初期段階で指標が得られて、正式な運用プロセスに入る前に作業負荷などの調整を行うことができます。

　さらに、ITシステムの適切な運用は監視業務において必要となるツールやプロセスを支える重要な役割を果たします。もしもクエリの実行や毎日のレポートを頼りに業務を遂行しているのであれば、クエリおよびレポートシステムは毎日利用可能な状態にしなければなりません。ただし、ログ分析は専任で従事する必要があることを考えると、アナリストにシステムの稼働状況の監視や異常の検知を任せきりにするのは賢い選択とは言えません。システム管理や煩雑な作業でアナリストの負担を増やさないためにも、インシデント対応チームは分業体制を敷き、複雑なシステムでも効率的に運用しましょう。アナリストはこれらシステムを理解し、ログやイベントデータの入手方法について把握しておくことが大切ですが、ログ分析やインシデント対応には相応の対処が必要で、それが最大の関心事であるべきです。

　アナリストや人員の配備の観点から、選択肢は基本的に次のとおり絞られます。

- ネットワークの背景知識がないままマネージドセキュリティサービスへ利用料を支払って"セキュリティ対策"をする。ただし、当該サービスはインシデント対応の範囲を超えた幅広いセキュリティに対応可能（脆弱性スキャンなど）
- 非常勤の"セキュリティ担当者"を雇用し、時間があるときにベストエフォート型のセキュリティ監視システム（SIEMなど）の運用を任せる
- 十分な数のセキュリティアナリストを雇用し、ビジネス要件に合ったセキュリティ業務を行う
- 組織内でセキュリティ侵害が発生したとき、緊急対応チームに問い合わせる

　最初の2つはベストエフォート型で、非常に小さなネットワークで同じベンダーのハードウェアやソフトウェアを使用しているような環境ではうまくいきます。ですが、3つめの選択肢であれば誰にとっても最大限の柔軟性を提供し、投資対効果の説明に必要となる多くのオプション（内製、関連指標など）も用意されており、何よりも最大の効果と総合的なセキュリティを確保できます。インシデント発生後、専門性はあっても臨時のインシデント対応チームへの依頼であれば、インシデント自体の収束はできるかもしれませんが、新規に推奨された制御方法を導入したかどうかに関わらず、今後の脅威への不安が払拭されることはありません。自分たち自身でインシデントに対応する能力を持っていることや、インシデント発生前に多くの詳細情報を利用可能な状態にしておくことで、インシデントが発生した際に組織に完全な制御を提供することができます。

　組織がマネージドサービスや外注サービスを求める理由は多々ありますが、とりわけ十分な人員を配備した内部組織の運用にかかるコストや実用性が挙げられます。もっとも、コストは削減できますが、インシデント対応における正確性や精度は失われてしまいます。SIEMの出力結果は誰でも読めますが、重要なのは出力結果が配信されたあとに何を実施できるかです。ネットワークの背景をしっかり把握できていなければ、インシデントの影響や、そもそもエスカレーションすべきかどうかをきちんと理解できない可能性があります。一方で優れたアナリストは、状況判断の枠を超え、組織の構造全体、目標、リスク許容度、文化を把握しています。

6.1.2 信頼できる内部関係者

　大抵のインシデント対応チームでは、より経験豊富なメンバーが必然的にエスカレーションチェーンの上位階層に位置し、より若いメンバーは業務経験の習得に勤しんでいます。シスコでは、チームを調査員とアナリストの2つのグループに分けました。いずれもセキュリティ監視やインシデント対応業務をサポートしますが、職責が異なります。

　調査員は長期的な調査のほか、機密性の高い、もしくは重要なシステムや被害者に関する案件を担当し、アナリストからのエスカレーションを受けます。また、シニアチームとしてインシデント対応の戦略や検知方法の構築にも携わります。一方のアナリストは、多様なデータソースで生成される監視レポートを確認し、セキュリティイベントを分析、検知します。調査員との詳細なやり取りのほか、情報セキュリティチームやITチームと協力してネットワークセキュリティや監視に対する信頼性の向上に努めます。

　優れた防御では、攻撃者がどんな行動をする可能性があるのか把握しておくことが必要です。アナリストは、次のことを把握しておく必要があります。

- 組織の環境
- ソフトウェアやシステムの脆弱性
- 脅威の重要度とその理由
- 攻撃の流れ
- プレイブックのレポートから上がってくるデータの解釈方法
- 新しい脅威の検知方法

　アナリストに与えられた主要な業務がプレイブックのレポート結果を受けて対応することであれば、アナリストは通知の内容と発行された理由を理解し、適宜対応することが求められます。イベントの調査は多くの場合、背景が分からない状態にあります。そのため、論証に向けてクリティカルシンキングやデータの点と線を結ぶ作業が発生し、全体像を把握するためにアナリストが現場へ呼ばれることもしばしばあります。

　シスコでは、学習能力と向学心のある人物をアナリストとして採用しています。セキュリティは考え方であり、スキルセットではありません。

　問題解決、トラブルシューティング、クリティカルシンキングは、技術的に詳しいこと以上に重要です。

　豊富な経験に加えてチーム内の他メンバーからのサポートにより、プレイブックは確固たる基盤をもって開発することができます。アナリストは、新しい対応手順を作成して最新の状態に保つ、既存の対応手順で得た結果を分析する、必要に応じてレポートや手法を微調整するなど、プレイブックを自分自身のものにする責任があります。また、より上位のアナリストは新規の対応手順の開発および編集に対して助言、支援すると同時に、組織の背景知識を提供します。

6.1.3　本業を忘れるべからず

　新しい対応手順を作成することは、間違いなくアナリストの役割において最も重要な側面です。アナリストは不審なイベントを見つけるだけでなく、なぜ見つけることが重要か理解していなければなりません。セキュリティ監視やインシデント対応の必要性を理解するには、まずはセキュリティの基礎知識とITの実務経験を組み合わせることから始めます。また、対応手順を追加で作成するには、セキュリティ界隈で何が起こっているのか知っておく必要があります。最新または最も深刻な脅威の検知方法を学ぶには、最新の攻撃方法を理解し、セキュリティ研究ブログやTwitter/RSSフィード、その他セキュリティ情報を収集できるよう登録し、定期的に内部ログデータに対してサンプルチェックを実行することです。アナリストは、すべての要素、ミューテックス、レジストリの変更、特定のマルウェアオブジェクトが起動したプロセスなどを把握する必要はありませんが、次の質問には答えられるようにしてください。

- 新たな脅威に対するリスクは？
- どのような経路で標的のホストに侵入した？
- 今後検知するためのシグネチャはあるか？
- 侵害を確認する方法は？
- 修復に向けた最善の行動方針は？
- 今後も検知、阻止するには？

　こうした要素が新しい対応手順の大部分を構成し、対応手順の目的、分析、メモで明確に解説することで他のアナリストがロジックを記述した調査員の意図を理解しやすくなります。

　ログ分析において、メンバーはログデータ内にあるアラートを理解し、どのイベントが無関係か判断できなければなりません。もちろん、より経験のあるメンバーにツールや分析手法について相談し頼ることもできますが、アナリストは悪意ある振る舞いを検知する任務の下、最終防衛ラインに立つ存在です。データが流れるかぎり、Tier 1のアナリストは事前定義されたレポートをすべて再考し、適切に対応することになります。何百件もインシデント対応してきた経験から言うと、学ぶことのできる事例は数え切れないほど存在します。アナリストは、どのセキュリティイベントからも学ぶことができる幅広い経験が必要です。何かがおかしいと感じたら、正規のイベントとした場合にどんなものが考えられるか仮説を見つけて、該当イベントや関連する状況に対して検証を実施します。イベントが平常または無害に見える場合は、その逆を実施します。アナリストは、思いつく解釈を両端から理解できるよう常に取り組むべきです。これにより、レポートごとに求められる対応および調査のレベルへと導くことができます。

　たとえば、（正規表現を使って）不審なHTTPのPOSTを検知するレポートを作成したものの、上がってきた結果のいくつかは明らかに悪意のないものであった場合、どうするでしょうか。ログの追加属性（ホスト名、URL、送信元IPなど）を再確認したあとにトゥルーポジティブかどうかを判断するために、Tier 1アナリストは正規表現を完全に理解したり言葉で説明できたりする必要はありません。通知や対応手順の目的に定義されている内容から、アナリストは正規表現が不正確である、またはクライアントが偶然アクセスしたURLが正規表現に完全一致したもののURLは無害なドメインでホスティングされている、といったことを検討します。

　ここで関わってくるのが、対応手順の微調整やアップデートに関するアナリストの役割です。結果を分析したあとは、調査結果をプレイブックのメモに残すことが必須です。クエリ改善方法に関する確認済みのフォルスポジティブやメモは、定期かつ現在進行中の見直し時に対応手順へ追加します。調査結果で得られたデータの証拠に基づき、レポートの微調整を提案、導入すると、今後の業務はより楽に、より効率的になります。考え方の微調整やレポートの強化は、アナリスト間で行われる定期的なミーティングで議論するのがベストです。そうすることで、チーム全体が変更を把握できるだけでなく、その他レポートを最適化する方法を知ることもできます。私たちの経験では、イベントの微調整におけるグループコラボレーションは全員にとってメリットがあり、検知手法の精度も向上します。

6.1.4　クリティカルシンキング

　無視しても構わないイベントを知る以外にも、アナリストは疑わしいイベントがさらに深刻な何かを示唆している場合に気付くことができなければなりません。インターネット上に設置されたホストは、確実に偵察行為の対象となります。実際のWebアプリケーション攻撃の多くは、よくあるWebの脆弱性スキャン行為のように見えます。しかし、実際はカスタマイズされた攻撃の前兆であることがほとんどです。熟練のアナリストであれば、ログデータを見ることで、そのWebアプリケーション攻撃が一般的に利用可能な脆弱性スキャナや商用のペネトレーションテストサービスで使われるパターンや技法と一致している攻撃なのか、それともよりターゲットが絞られた攻撃で、攻撃が成功した結果なのか、またはマイナスの影響が想定されるものなのかを判断できます。同様に、熟練のシステム管理者やWebマスターもアラームの信頼性を判断できますが、優れたアナリストの方がスキルや調査に基づき、大半のログメッセージについて妥当な推測ができると考えます。

　監視の質を維持し、不要なプロセスによる時間の無駄をなくすために、Tier 1アナリストにはこうした分析スキルが求められます。アナリストは、ホストがドメインコントローラに繰り返しログイン失敗のリクエストを送信することや、ブラックリストにあるドメインで名前解決することがなぜ問題かを理解していなければなりません。対応手順の分析セクションで、できるかぎり明確にタスクやワークフローを記載することもできます。それでも、クリティカルシンキング、明確な表現、パターンマッチングや機械学習よりも深い理解は必ず求められるでしょう。

　セキュリティの概念を教えることはできますが、複雑なシステム上で絶え間なく動くピースすべてがどのように組み合わさるのか理解するには、ハンズオンが必須です。若いメンバーの指導、監視設計のサポート、新しい監視ソリューションの設計、脅威検知戦略の策定には経験がいります。より上位のチームにおいては、システムやネットワーク管理、セキュリティ調査、セキュアなアプリケーションの開発に根付く情報セキュリティの（運用経験とは言わないまでも）実践経験があることが理想的です。セキュリティイベントは、ホストやネットワーク、ホスト上で稼働するアプリケーションなどで発生し、製品インフラストラクチャを支えるスタック全体に影響が及ぶことがあります。よりスキルの高いシステムエンジニアやネットワークエンジニアは、エンタープライズシステムやネットワークを正しく構築、維持する方法を理解しています。そして、おそらく、同様のシステムが不適切または安全性の低い状態で構築、もしくは運用されていた場合に気付く方法も分かっています。

以上はすべて、優れた才能に恵まれ、クリティカルシンキングができる、熟練のアナリストが在籍し、こうしたメンバーを迎え入れる余裕や予算があるものと想定した場合の話です。アナリストが1人の場合、大規模なチームと比べてはるかに自動化に頼ることになり、自動化できないイベント調査にほとんどの業務時間が割かれることになります。私たちはしばしば、「短時間でより多くのことをやれ」と言われます。労働費が高いため、熟練のアナリストを擁する大規模チームの採用は夢のまた夢です。よほど小規模なネットワークでなければ、常勤のアナリストが少なくとも1人は必要であるのは避けられない要件ですが、（ITサービスの成熟度や機能によりますが）自動化で人員不足の影響を抑える方法はあります。具体的には、信頼度の高いイベントを自動化し、フィードベースの対応手順（シンクホールサービス、悪性ドメインのリスト、ファイル名のインジケータなど）を活用することで時間が節約でき、調査にかける時間を増やすことができます。

6.1.5　体系的なアプローチ

計画が整い、適切な人員が配備されたら、分析の開始です。分析や「サウスパーク」の「ノーム（妖精）」のエピソードで紹介したフェーズ3（利益）に入るその前に、フレームワークに足りない要素がいくつかあります。データセントリックな監視アプローチを成功させる方法は無数に存在しますが、基本的にプレイブックの戦略では次の要素が必要です。

- プレイブック管理システム
- ログおよびイベントのクエリシステム
- 結果表示システム
- ケース追跡システム
- 修復プロセスシステム

これらシステムを定義、設計するときは、運用負荷を軽減するためにもいくつかの機能を集約することを検討してください。プレイブック管理システムやリポジトリはほぼ独立したシステムですが、検索後のレポート結果がログのクエリシステムで提示されることを考えると、クエリシステムと結果表示システムを統合するのは自然でしょう。これらシステムの詳細は、続くセクションで解説します。主に必要なことは、論理一貫した、繰り返し可能かつ明確なレポートの提示と分析です。

 中核的な指標を最後にはめこむのではなく、開発初期から組み込むことがどれだけ重要か、いくら強調しても足りません。

図6-1は、さまざまなプロセスのステップや、各ステップで収集できる、あるいは収集すべき指標の例を挙げています。

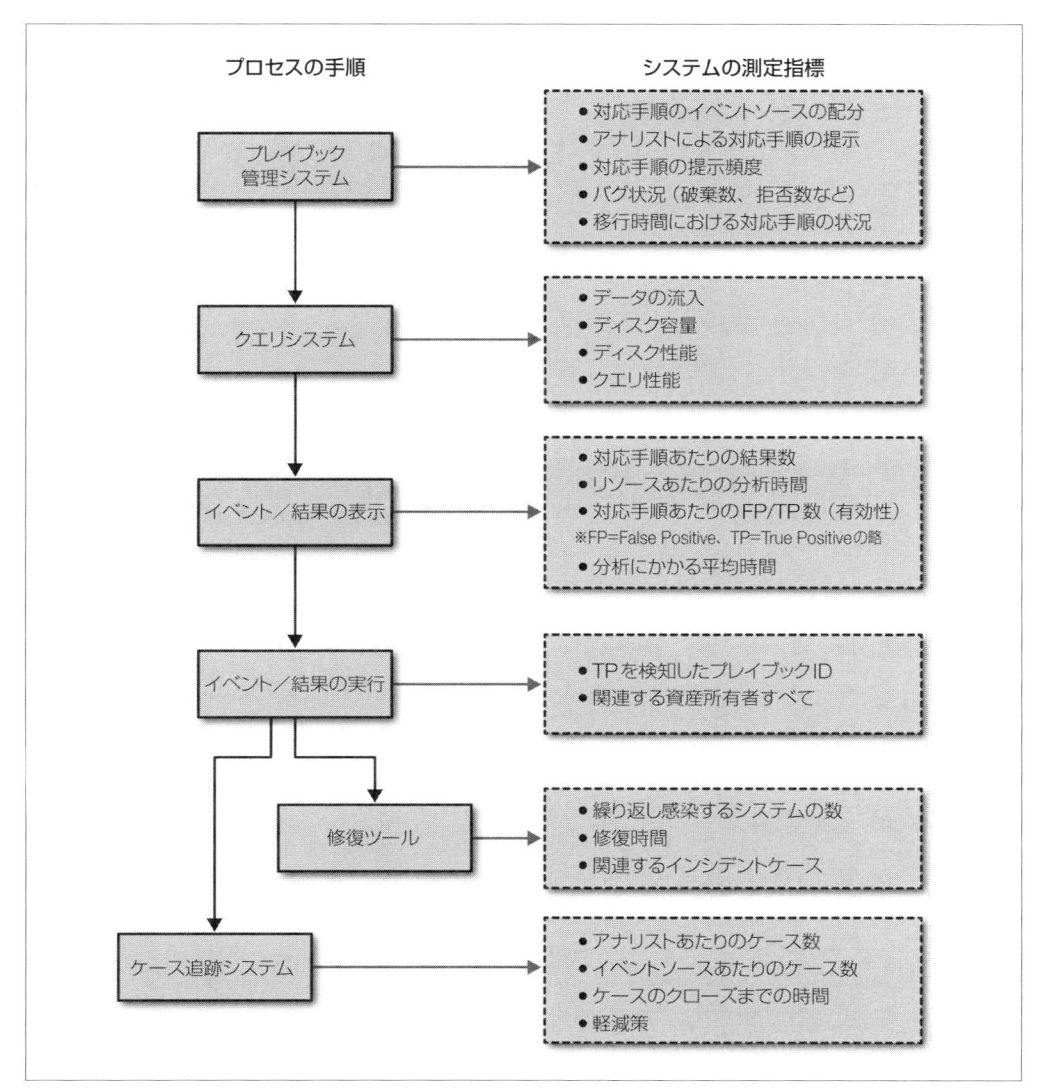

図6-1. セキュリティ監視のプロセスと指標の例

6.2　プレイブック管理システム

　5章で述べましたが、シスコのCSIRTではプレイブック管理ソフトウェアとしてBugzillaを使っています。より正式なプレイブック管理プロセスへと進む前から、アナリストたちはIPSのチューニング調整依頼の処理や報告にBugzillaを使っており、使い慣れていました。豪華なシステムや、大量の機能が実装された高価な商用ツールもいりません。必要なのは、迅速で使い勝手のよい追跡システムでした。

Bugzillaのデザインは必ずしも私たちの目的に合っているわけではありませんでしたが（Bugzillaはソフトウェア開発プロジェクトでバグを追跡するのが目的）、うまく機能しています（図6-2）。プレイブックの維持と管理という私たちの要件を満たしてくれています。主な機能は、次のとおりです。

- カスタムフィールドの作成
- 対応手順の進捗状況やライフサイクルの追跡
- 基本的な通知の配信（メール、RSSなど）
- キュー取得と機能割り当ての実行
- レポートおよび指標の自動化
- ドキュメントおよびログの変更

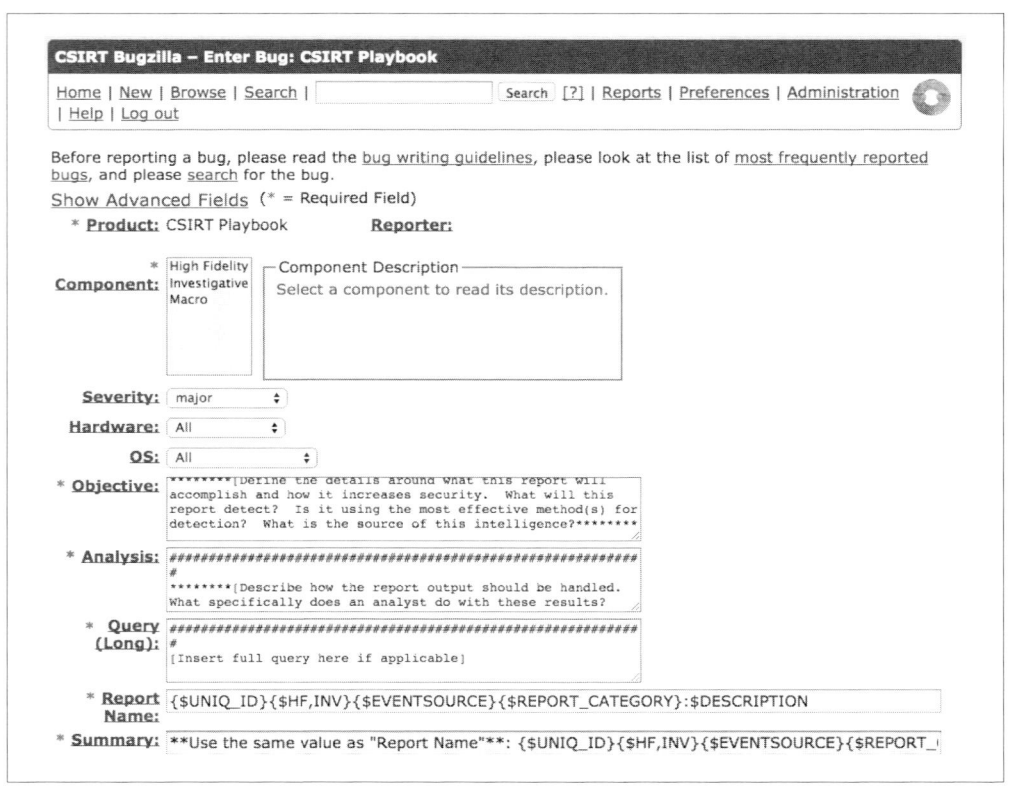

図6-2.　プレイブック管理で使用中のBugzilla

　異なる属性（レポート名、目的、分析、クエリ）を追跡する自由記入のテキストフィールドを追加できるほか、どのアナリストがどのレポートを提出したかも追跡できます。各レポートのステータスは、「提出済み」から「リタイア」、さらには「再オープン」まで切り替えられます。Bugzillaのコメント欄

では、フィードバック、イベントのサンプル、方針の変更、各レポートのチューニングをまとめて追跡できます。いずれはコメント欄を読むだけでレポートの進化や履歴がはっきり分かるようになるでしょう。

これらフィールドはそれぞれ、プレイブックの多様な要素を計測するのに役立ちます。このプロセスの時点では、各レポートがいくつの調査結果を生成したのか、レポートの実行にかかる時間はどれくらいか、どのアナリストがどのレポートを分析したのかを示すものはありません。ですが、取り入れる価値のある指標はいくつかあります。

- 新規レポートの提出頻度
- データソースに対するレポートの提出数
- 新しい対応手順に関する議論や準備の進捗状況
- 展開の期日

見落としがないようにするためにも、検知に利用できるイベントソースはどれも、プレイブック内に対応手順が用意されているようにしましょう。5章で解説したレポート名の命名法で、ある特定の数値範囲は各イベントソースを表わしていると説明しましたが、これはイベントソース全体のレポート提出の数を表わしています。ただし、イベントソース全体で対応手順が均等に配分されるよう努力することを目標にする必要はありません。あるイベントソースで他よりも大量のイベントを検知した場合、または環境内で最も頻発する脅威を検知した場合は、そのイベントソースをベースに可能な限りのロジックを作成しましょう。標的型攻撃についても、同様です。まずは最も効果的なツールに投資するのです。

最大限に効率化するには、最小限のコストと労力で多くの結果を得られるのが理想的です。それを実現するには、適切なデータソースに焦点を当てて、継続的に効果を計測することが大切です。また、できるかぎり多くのツールを合理的に対応手順に組み込み、多層型の監視を実施するほか、どの対応手順でどのツールが使われているかを分かるようにしておけば、新規または特に高価なツールの投資回収率（ROI）の正当化に役立ちます。それでもなお、新しいセキュリティ技術に投資の価値があるか証明しなければならないときは、イベントソースの全レポートに素早くアクセスできるBugzillaのクイック検索が便利です。

セキュリティイベントの監視は、実践方法が常に変化しています。明日の脅威から組織を守るためにも、新しい、適切な対応手順を継続的に開発する必要があります。新たな脅威や異なる脅威への対処がどれだけ成功しているかを示す方法として、レポートの提出率を計測するのも1つの手です。30日以上、新しいレポートが提出されていない場合は、アナリストに負荷がかかりすぎており、新たな対応手順を作成する時間はまったくないのかもしれません。または、チームが時代に乗り遅れているのかもしれません。

6.2.1　計測2回、切り取り1回、再度計測

対応手順をプレイブックへ完全に組み込む前に、品質保証（QA）プロセスにかけましょう。対応手順が提出されると、まずは構成として問題がないか、改善すべき点がないか、チューニングが必要な箇所はないかなどフィードバックの受付を始めます。非公式ながら本番運用する価値があるという合意が

得られた場合は、展開ステータスに移行します。時間が経つとともに、対応手順はさまざまな要因から陳腐化してしまいます。脅威の期間が終了した、ポリシー変更で検知ロジックが不要になった、対応手順の分析に必要なリソースが不足しているなどが挙げられます。陳腐化したら、レポートをリタイアの状態に移しましょう。

　提出済みから展開へステータスが変更されるまでの時間を測定することで、レポートが適切な品質保証（QA）を得られたかどうかが明らかになります。QAがさらに必要なレポートは、何か問題があることを示唆しています。定義が曖昧、QA作業不足、対応手順の目的達成の難易度などがあります。このほか、目的が複雑すぎる、または1つのレポートでは網羅できないほど変数が多すぎることも考えられます。また、展開されるまでの時間を測定することで、検知方法を実行に移すプロセスに何か問題が発生しているかどうかが分かります。対応手順の承認が同じステータス（「進行中」など）で何週間も止まったままであれば、承認を正しく完了できない何らかの問題が存在する可能性があります。レポートや初期のコメントをさらに分析すれば、改善すべきプロセスを見つけることができます。改善すべき点は、教育や増員で対処できるでしょう。

　プレイブックには表6-1で示したステータス一覧が含まれます。これらステータスは、対応手順のライフサイクルを通じて使用されます（Bugzillaのバグ）。

表6-1. レポートのステータス

ステータス	意味
NEW	レビュー向けに提出済み
IN-PROGRESS	QAチームがバグをレビュー
DEPLOYED	QAチームはバグを認め、関連クエリは稼働中のイベントクエリシステムに移動
REJECTED	QAチームは特定のバグが無効である、またはプレイブックへの追加を受理できないと判断
RETIRED	バグや関連するプレイブックの項目をリタイア状態にする
ASSIGNED-TO	バグは検証や長期対応のため、より上位Tierのアナリストに割り当てられた

6.2.2　レポートのガイドライン

　プレイブックのレビュープロセスの実施方法を具体的に定義したら、インシデント対応チームにその内容を伝えましょう。誰の中にも、ベストと思える対応手順や、良い対応手順をさらに良い対応手順へと変える方法が存在します。

　QAプロセスにおいて、チームは表6-2から6-4までのチェックリストをしばし参照し、対応手順の有効性や信頼性に関する基本的な質問に答えられたか確認してください。

表6-2. レポートの正確さに関するチェックリスト

技術的な正確さと有効性	・脅威はまだ残っているのか？ まだ目的の達成に向けて行動すべきか？ ・既存レポートはレポートの目的を正確に示しているか？
目標とクエリの陳腐化	・レポートの条件（ドメイン、IPアドレス、URLなど）は悪意ある行為のインジケータとしてまだ有効か？ ・条件を変更／追加／削除すべき程度に脅威は進化したか？
現在の正確さ	・バグ、ログの欠如、技術的な問題が原因でレポートが悪意あるアクティビティを見逃していると考えられる理由はあるか？ ・問題の軽減策を講じることで、現在のデータソースを使用した悪意ある振る舞いを検知する機能に影響を及ぼすようなことはないか？ ・レポートの分析セクションには、レポート結果の全体を分析する方法がはっきり分かるよう、十分な詳細情報が記載されているか？
今後の有効性と目標範囲	・レポートで将来予測を出すことは可能か？ または使えないレベルまで条件は陳腐化していないか？ ・類似ではなく、更新、新規、または関連する脅威情報に基づき派生レポートを作成することは可能か？

表6-3. レポートのコストおよび品質に関するチェックリスト

レポートの品質とコスト	・レポートを分析する上で専門性や経験は必要か？ その結果、レポートを効果的に分析できる人員の数は制限されているか？
ドキュメントと結果の品質	・フォルスポジティブとトゥルーポジティブを区別することは可能か？ 簡単に判断できない結果は存在するか？ 分析セクションを改善して対応することは可能か？
費用対効果の分析	・トゥルーポジティブに影響を与えることなくフォルスポジティブが削減されるよう、レポートを合理的に調整することは可能か？ ・フォルスポジティブを大幅に増やすことなく、トゥルーポジティブに変換できる検知漏れは存在するか？

表6-4. レポートの表示に関するチェックリスト

効率的かつ完全な結果の表示	・どのフィールドも分析にとって必要か？ 必要でない場合、これらフィールドはイベントの重要なコンテキストを提供するか？ 何か役立つフィールドは追加できるか？ ・結果分析を補足するために、他のデータソースからコンテキストを追加できるか？
フィールドとコンテキスト	・マクロのフォーマットが使われているレポートは、利用するのが最善か？ 違う場合、他に最適なものはあるか？
データの要約と集約	・1つのイベントにまとめられる重複したイベントはあるか？ まとめて分析可能な関連イベントのフィールドなどでイベントを集約する方法はあるか？

6.2.3　高信頼度レポートを理論的にレビューする

　高信頼度レポートは、本質的にはフォルスポジティブを生成しません。フォルスポジティブがないので、レポート実行時に稼働コストがかかるといったマイナス面もほぼありません。高信頼度レポートが技術的に正確で、かつ対象となる脅威が存在するかぎりは、高信頼度レポートをリタイアの状態にする

理由はありません。よくあることですが、高信頼度レポートが古くなると、何週間も、何ヶ月も結果が返されなくなります。ただ、レポートが結果を長らく返さないときは、レポートやデータソースが壊れているのか、それともレポートが検知する特定の脅威がしばらく現れていないのか判断するのは困難です。理由を判断するには、そのレポートが対象としている脅威をより詳細に調査する必要があります。レポートのレビュー実施者にとって役立つ脅威情報はどれも、プレイブック管理システム内で参照されるべきです。その脅威の現状を調査すると同時に、新規レポートの対象にできるような新しい亜種や類似する脅威を探してみてください。

6.2.4　調査対象レポートを理論的にレビューする

　高信頼度レポートとは異なり、調査対象レポートはしばしば複雑で、表示される結果は驚くほどさまざまです。技術的なレポートの条件すべてに加えて、調査対象レポートは主観的な費用対効果の分析によって評価されなければなりません。

　調査対象レポートにかかる稼働コストは主に、実行に移すことが可能なトゥルーポジティブのイベントを見つけるためにアナリストが実施するレポート結果のレビューにかかる時間です。レポート内に多くの結果が含まれるほど（特にフォルスポジティブ）、稼働コストは増加します。費用対効果を客観的に比較する方法は存在しません。そのため、比較する場合は、主観的に推定される組織への脅威とレポートの調査にかかる時間を基準としなければなりません。たとえ調査対象レポートの費用対効果の比率が主観的なものであったとしても、利用可能なレポート結果に影響を与えることなくフォルスポジティブの数を削減できるという評価基準であれば、どれも非常に有益なものです。これは、フォルスポジティブの数を変えずにトゥルーポジティブの数を増加できるという評価基準についても同様です。

　トゥルーポジティブに比べてフォルスポジティブの数が少ないレポートは、保持する価値があります。ただし、フォルスポジティブがトゥルーポジティブを大幅に上回る場合、またはフォルスポジティブによってレポート分析の時間が著しく増加している場合は、レポートの実行にコストがかかりすぎる可能性があるため、リタイア状態にすべきと判断してよいでしょう。レポートの実行に時間がかかり、技術的な対策で改善できる方法がない場合は、レポートをリタイア状態にすることを検討してください。

　いずれにせよ、レポートの有効性に疑問があるときは、アナリストの定期レビューミーティングで議題に取り上げましょう。

6.2.5　レポートのレビュー実践

　レポートのレビュー作業で最初に行うのは、レポートの目的を完全に理解することです。目的が明確でない場合は、見直しが必要です。全員が目的を理解したら、レポートを実行し、分析セクションを通じて結果の処理方法を学びます。結果が何も返ってこない場合は、クエリ期間を長く設定するか以前のレポート出力例を参照するためケース追跡ツールを検索します。

　結果分析の際は、技術的なレポートの評価条件をすべて頭に入れておいてください。レポートのクエリを修正したり改善したりすることはよくあることで、将来的な分析時間の短縮につながることがほとんどです。もし1つのレポートでは対応しきれないほどの検知条件がある場合は、別途レポートを作成

することを常に検討してください。また、あまり多くのフォルスポジティブを生まない程度に具体的な条件を減らすことで、クエリの対象範囲を緩める方法がないか考えてください。そうすることで、現在のクエリでは無視されていますが、レポートの目的に近い正規のアクティビティを捉えることができます。

技術的な条件を使ってレポートをレビューし、そのレポートが調査可能と判断されたら、主観的な費用対効果の分析を行います。ここではレポートの実行にかかった時間をベースに、その実行時の処理に著しく時間がかかる、またはフォルスポジティブの数が多すぎて煩雑と感じた場合、できるかぎり簡潔に問題を記載します。レポートの良い点と悪い点について多くのコメントを残しておくほうが、他の人がのちにレポートを理解したりレビューしたりする際に作業が楽になります。また、レポートの評価や全体的なコストや効率に関する自身の経験や懸念をチーム内で議論するために、プレイブックの定期調整ミーティングを開催するのも良いでしょう。

6.3　イベントクエリシステム

5章で、プレイブックのデータクエリ／コードのセクションについて解説しました。このセクションでは、対応手順の目的を人間が記載した文章から機械が読めるイベントクエリの形式へと変換します。クエリは、クエリシステムが目的に応じた結果を返すための正確な質問でありプログラムの構文です。対応手順の目的は、その対応手順で何を達成しようとしているのか人間に示すのに対し、クエリは結果を取得するためにクエリシステム内で実行されます。イベントクエリシステムは、インターネットの検索エンジンのようなものです。検索エンジンでは、検索したい内容を入力します。希望する結果が得られるよう、コマンドをいくつか追加することもあるでしょう。その結果、希望する結果を得られることもあれば得られないこともあります。

クエリシステムは、組織によって異なります。その構成内容は、オープンソースのログ管理ソリューション、リレーショナルデータベース、SIEM、大規模データウェアハウス、商用アプリケーションなどさまざまです。それがどんなシステムであれ、いずれも検知ロジックに基づきイベントをトリガーする機能を提供します。

セキュリティのイベントログソースなどでは、アラームをエクスポートしてSIEMのようなリモート収集システムへ送信したり、直接アクセスして処理するためにローカルで表示したりします。アラームを収集、ソート、処理、優先順位付け、保存し、アナリストに通知するかどうかはSIEMに依存します。SIEMを選択するにせよ、ログを管理してクエリするソリューションを選択するにせよ、重要なのはその検知手法から、簡潔で説明が分かりやすく、実行に移すことが容易なアラームを定期的に取得できるかです。

SIEMについての注意点

　SIEMの目的は、異なるログソースのイベントデータを「相関付ける」ことで重要なインシデントデータを生成し、問題を解決することです。しかし、この投資を機能させるには途方もない努力が必要なだけでなく、システムのパフォーマンスや適切な設定がされているかどうかという点にも大きく依存します。システムやパフォーマンスの問題はどの種類のインシデント検知システムでも影響を与えるものですが、SIEMの主な問題点はロジックが固定されていて検索のカスタマイズに制約があることです。一方で、セキュリティログ管理システムであれば高い柔軟性と精度の高い検索が実現できます。

　たとえ検索機能やインデックス化機能だけが理由だったとしても、適切に設計、導入、整備することで、セキュリティログ管理システムはインシデント検知ツールキットとして最も効果的かつ高精度なツールとなりえます。もう1つ、すべてをSIEMに放り込んでレポートを分析するよりもセキュリティログ管理システムの方が良い点があります。インシデント検知では基本的に、悪意あるアクティビティを見つける方法が2つあります。アドホックな「ハンティング」とレポートです。ログ管理は、これら2つをすぐに使い始められるベストなソリューションです。

　プレイブックを評価する際には有効性を指標としましたが、クエリシステムを評価するときはログの収集や分析に関わるシステムパフォーマンスに焦点を当てます。結局のところ、データ処理にかかる時間が短いほど、より早く脅威を検知できます。

6.4　結果表示システム

　ここまで、特定の脅威を検知するロジックを構築し、クエリシステムでは定期的な間隔でクエリを実行できるようになりました。次は、ログやイベントデータに対して実行したクエリの結果から悪意ある振る舞いを調査するために、そのクエリ結果をどのように取得するかを考えます。高信頼度レポートの結果の場合、結果を取り扱うための自動化は可能でしょうか。結果の表示方法は、無数にあります。SIEMや多くの製品にはどこからでもアクセスできる「ダッシュボード」がありますが、その多くが役立つか疑問です。アナリストにレポート結果のデータを届ける方法としては他に、メール通知、メール添付、CSV（Comma-Separated Values）ファイル、カスタム作成のダッシュボード、カスタムのWebページ、イベントキューなどが挙げられます。覚えておきたいのは、調査対象レポートは価値あるもの（悪意あるイベント）とそうでないもの（フォルスポジティブ、無害、判定不能のイベント）とを選別するためにさらなる調査が必要なレポートという点です。従業員は、最も高価で重要な資産です。できるかぎり業務時間を有効に使ってもらえるようにしなければなりません。レポートが悪意あるイベントを常に安定してピックアップできるようになれば、レポートの信頼性はより向上し、アナリストの調査時

間も削減できます。

アナリストが調査結果を見るときの最善の方法の1つに、同じデータセットをさまざまな観点で確認する方法があります。たとえば、特定のセンサーが特定の期間に検知したイベントのうち最も頻度の高いイベントを特定する、といったシンプルな対応手順があるとします。データはすでにイベント数でソートされています。でも、ソート結果は多い順でしょうか、それとも少ない順でしょうか（つまり、最も数の多いイベントと最も数の少ないイベントのどちらを見ているか）。どちらの見方でも同等の調査を確約しますが、理由はそれぞれ異なります。大量のイベントは、メールのオープンリレーやUDP増幅攻撃など大規模な脆弱性をついた攻撃を意味しますが、少量のイベントはより巧妙な攻撃の存在を示す可能性があります。9章では、こうした異なるデータの視点を実際に取り込む方法について説明します。現時点では、表示方法を変えるということはトゥルーポジティブのイベントの理解に影響を与えるという点を認識しておいてください。

プレイブック管理およびイベントクエリシステムでは、これらシステムのパフォーマンスを判断するために定量的な測定結果を収集します。結果表示システムを念頭に置いた場合は、システムの有効性をどうやって定量的に測定できるでしょうか。ここで答えるべき質問は、「対応手順の目的を達成し、特定の脅威を検知するために最も理想的な方法でデータを見ているでしょうか」というものです。それぞれのイベント結果を確認するときは、同じ結果でも表示方法を変えることでより分かりやすいビューを作成できる可能性があるため、次のようなポイントを検討しましょう。

- 同一のフィールド値を含む重複イベントの排除
- 必要なイベントフィールドを追加する、または無関係なイベントフィールドを削除する
- 結果のグループ分けまたはソートを変える（前述のような、最も頻度の高いイベントなど）

前述のいずれかを使って結果の表示方法を変更したとします。では、新しい結果の表示方法が以前のよりも優れているかどうかは、どうすれば分かるのでしょうか。アナリストに情報を提示する最善の方法を知るためには、いくつかの追加すべき項目があります。

- クエリ結果ごとのイベント総数
- 各クエリ結果の分析にかかる時間
- クエリ結果の有効性（トゥルーポジティブ、フォルスポジティブ、無害、判定不能）

クエリ結果ごとの分析時間の合計を得ることで、対応手順全体の分析にかかる平均時間が算出できます。この値をレポートごとにまとめれば、プレイブック全体の処理にかかる平均時間が分かります。全レポートを分析するために必要な時間から、それらレポートの処理にどれだけのリソースを割り当てるべきか判断できます。理想は、イベント数が少なく、イベントの分析にかかる時間が短いことです。注意したいのは、表示方法を調整することで、得られる結果の数が異なるという点です。

クエリの実行結果を調査したら、その結果が期待される結果を生みだすことができたか、すなわち**有効性**の観点で分類してください。有効性は、対応手順のロジックの価値を確認する際に役立ちます。対応手順の有効性を示す上では、分析結果を次の4つのカテゴリのいずれかに分類します。

トゥルーポジティブ

システムは意図する検知ロジックのとおり、現存するリスクに対して有効な脅威を正確に検知しました。

フォルスポジティブ

システムは脅威を誤って検知したか、または現存するリスクはありません。

無害

システムは有効な脅威を検知しましたが、想定される状況から、明らかなリスクはありません。

判定不能

判断できるだけの十分な証拠がない、または結論が出ません。

　トゥルーポジティブの結果は、「サウスパーク」でノームたちが常に収集を試みていた下着にあたります。ここで確認された悪意あるイベントが、監視プログラムを構築した理由であり、プレイブック全体の目標となります。つまり、私たちが見つけ出そうとしている「悪いもの」です。トゥルーポジティブの割合が高いほど、対応手順の信頼度は高くなります。一方で、フォルスポジティブは対応手順の検知ロジックの欠陥を示唆し、可能であれば見直しや改善を行ってください。対応手順に常時手直しが入ることを考えれば、対応手順の進捗を追跡するプレイブック管理システムがあるのは良いことです。もちろん、レポート結果からすべてのフォルスポジティブを取り除くことは不可能かもしれませんが、フィルタをすることでレポートの有効性とアナリストのパフォーマンスは向上します。無害なイベントについては、フォルスポジティブまたはトゥルーポジティブの双方のケースに該当しながら、どちらでもない場合を指します。

　たとえば、許可された脆弱性スキャナに起因したイベントがあるとします。検知ロジックでは攻撃を示唆する振る舞いとして検知されましたが、その「攻撃」は悪意を持ったものではありませんでした。この場合、脆弱性スキャナが今後のレポート結果で検知されないよう、レポートを調整する必要があります。この脆弱性スキャナのイベントを無害以外のものにラベル付けしてしまうと、有効性の測定に間違った結果を与えてしまう可能性があります。このほか、トゥルーポジティブ、フォルスポジティブ、無害に該当しないイベントは、判定不能とします。判定不能のイベントは、利用できる情報が不足している場合に発生します。資産の紐付けができない、検知したアクティビティを確認できない、不明瞭なブラックボックス化されたベンダーの検知ロジックはどれも、対応手順の結果の有効性を判断する際に問題となります。こうしたイベントをトゥルーポジティブとラベル付けすると、時間の経過とともに検出された脅威の数がプラスの方向に偏ってしまい、対応手順のイベント検知は実際よりも効果があるという間違った印象を生んでしまいます。逆に、これらのイベントをフォルスポジティブとラベル付けすると、検知システムの有効性がマイナス方向に偏ってしまい、実際よりもパフォーマンスが低いように見えてしまいます。

　目標の1つは、プレイブックを十分に油を差した機械にすることです。プレイブックは、時間の経過に合わせて調整が必要な生きたドキュメントです。任意のレポートに対して検知ロジックがどれだけ効果

があるか測定するには、対応手順の結果の分析にかかる平均時間を、対応手順の実行あたり検知できるトゥルーポジティブの平均数で割ります。1分間であるレポートが検知するトゥルーポジティブの数と他のレポートが検知するトゥルーポジティブの数が同じ値だったと仮定すると、一定の時間でより多くのトゥルーポジティブを検知できるほうが、より価値の高いレポートであることを示すでしょう。ただし、すべての対応手順が同じように作成されているわけではありません。あなたの組織が使用するレポートは、他の組織が使用しているものよりも高い価値を持っている可能性があります。その環境における既知の脆弱性を悪用するエクスプロイトを検知するレポートや、価値の高い資産に対する攻撃を検知するレポートは、P2Pトラフィックによるポリシー違反を検知するレポートよりもおそらく重要でしょう。それでも、対応手順の結果の分析にかかる時間に対して対応手順がどれだけ有効かを知ることは価値のあることだと気付くでしょう。

プレイブックのヒント

覚えておきたいプレイブックのヒントをいくつか紹介します。

スモールスタート

重要なのは、イベントに圧倒されないことです。まずは特定のレポートやネットワークセグメントから始めて、次の項目へ移る前にできるかぎりのチューニングを行いましょう。チューニングは継続的に行うもので、監視システムを役立つものにするための手段です。すべてのレポートのイベントをチューニングしようとすると、ある特定のレポートの進捗が一気に遅くなる可能性もあります。データソースは、新たに追加する前にそれぞれできるかぎりチューニングしてください。このほか、次のレポートへ移る前に、「平常時」のトラフィックがどう表示されるのかを十分知っておきましょう。チューニングプロセスは継続的に行い、そうすることでフォルスポジティブは減り、イベント結果の信頼性も高まります。チューニングを怠れば、監視対象の環境と関連性のないイベントが生成され、監視担当者が辟易させられることは間違いありません。これは、最終的に監視システムが無視されたり無効化されたりする事態を招きかねません。

タイムスタンプ

4章で述べたとおり、すべてのデータソースのタイムスタンプは必ず同期させてください。理想的にはISO 8601形式でUTCに標準化されていることですが、少なくともすべてのデータソースは同じタイムゾーンに設定し、組織全体で標準化してください。タイムゾーンに食い違いがあると手動による対応が発生し、相関プロセスが大幅に遅れる原因となります。

エスカレーションの手順

定義され承認された、簡単にアクセスできるプレイブックとエスカレーション手順を導入

> しましょう。監視チーム外の業務部門と共同で進めるようなアクションや、依頼すべきアクションについては、関連部門と連携して手順を決めてください。そこで決まった手順も関連部門がいつでもアクセスできるようにして、定期的に検証し、インシデント対応ハンドブック内に文書化しておきましょう。
>
> ### サポートチームの仲間
>
> 監視ネットワークが大きいほど、ネットワーク上のイベントに関する知識は分散されます。ITチームのメンバーとの連携体制を構築すれば、インシデント発生時に問い合わせする先が分かるだけでなく、問題を解決する存在として相手からの信用を得ることができ、問題解決の時間を短縮できるでしょう。もしもセキュリティチームが「何でもノーと言う」チーム、またはみんなの行く先をたち塞ぐグループと思われてしまえば、誰も助けてくれなくなります。システム所有者の助けなしでは、何も達成することはできません。

　最終的には、対応手順の目的に関係のない結果は排除しましょう。無関係な結果は、チューニングしてレポートから削除するか、悪意あるものが検知できる場合は新しいレポートとして切り離すべきです。レポートのフィルタリングやチューニングの各サイクルによって、対応手順はより効果的に目的を達成できるようになり、より信頼度の高いレポートになります。

6.5　インシデントの取り扱いと修復システム

　Bugzillaやログのインデックス化をして管理するシステムを導入する必要は必ずしもありませんが、インシデントの取り扱いプロセス全体を完成させるには、追加の必要なプロセスやシステムがまだあります。

　前章で解説したとおり、典型的なインシデント対応ライフサイクルは次の要素で構成されています。

- 準備（調査、得られた教訓の適用）
- 特定（検知）
- 封じ込め（軽減）
- 根絶（修復）
- 復旧（サービスの復元）
- 得られた教訓

　プレイブック内の各対応手順では、短期修復の観点からすぐに封じ込める必要のある脅威を確認できます。この「止血」フェーズは問題の進行を食い止め、調査の時間を稼ぎ、脅威を速やかに排除するための対応を可能にします。最終的には脅威を根絶し、インシデントから得た教訓を元に、今後のインシデントの検知や対応にかかる時間の改善を行います。脅威がいつ、どのくらいの速度で拡散したか計測することは、検知までの速度と同じくらいに重要です。根絶や修復を実施する際には、そのプロセス

のどこかの時点で、被害を受けた資産の所有者の介入が必要となり、その資産を適切に保護された状態へと戻すために合意が得られるようなポリシー再適用の計画が必要となるでしょう。つまり、ポリシーに応じて、ダウンタイムをできるかぎり最小限に抑えながら感染したシステムをオンライン状態に戻すにはどうすれば良いかということです。

　適切に役割分担するためにも、すなわちCSIRTが裁判官、裁判員、死刑執行人になることを避けるためにも、修復などの後半の作業はITチームやサポートチームに任せるのがベストでしょう。では、自分や自分たちのチーム以外の人に修復作業を任せながら、すべての必要事項をタイムリーかつ完全に完了させるにはどうすればよいのでしょうか。たとえば、現地でのITサポートはインシデント対応チーム以外のグループが行う場合があります。またあるケースでは、エンドユーザー自身が私物デバイスをコンプライアンスに沿いながら正常な状態に戻すこともあります。検知の重複を防ぐ（同一の悪意あるアクティビティに対して同一ホストを2回検知するなど）だけでなく、プレイブックの有効性を確認するためにも、修復までの時間を計測することは大切です。言い換えれば、イベントの開始から終了までの正確なタイムラインが分かれば、組織を脅かすリスク（とその継続期間）を明確に示すことができるわけです。

　修復プロセスに対しては、再感染を防ぐ上で効果があることを確認するだけでなく、修復プロセスが正しく実施されていることを保証する必要があります。以前、感染ホストの修復依頼をさまざまな担当チームに任せたことがありますが、まったく同じホストが2度も、さらには3度も感染を繰り返すということが何度もありました。詳しく調査してみたところ、取り決められた修復プロセスが実施されていなかったことが判明しました。特定のトロイの木馬による感染の場合、OSの再インストール（**リイメージ**とも呼ばれる）を必須としていましたが、修復担当のITアナリストは単にウイルススキャンを実行しただけで、何も発見されなかったからケースをクローズしたそうです。これは明らかに大きな問題で、プレイブックを改善したところで必ずしも解決できるものではありませんが、前述したような連携体制を構築し、さらには対応チームの取り組みに対して上級職からのサポートを得られるよう取り付けておくことも大切です。また、大きな組織であれば、100%子会社や外部パートナーも修復対応の範囲に入れることが重要です。

6.6　ケース追跡システム

　私たちが実施しているような完全にカスタマイズしたデータセントリックなモデルであれ、SIEMベースの汎用モデルであれ、インシデント対応プロセスのどこかで、ケースやインシデントの形式で作業内容を追跡、ドキュメント化する必要があります。ケース追跡およびインシデント管理システムは、インシデント発生時の出来事、影響を受ける資産、インシデントの現在の状態を記録します。対応手順による調査で悪意あるイベントが特定できたら、インシデント対応ライフサイクルの次のステップとして、まずはすべての関連情報をケースとしてドキュメント化します。このとき、ケース追跡システムはライフサイクルを回す上で、次に挙げる必須の関連情報をすべて追跡できる必要があります。

- 確認済みのトゥルーポジティブのイベントを生成したプレイブックのIDまたは番号
- インシデントに関係する資産／資産所有者
- 最初に検知した時間
- 送信元および宛先のホスト情報（攻撃者や被害者など）
- 被害を受けた地域、業務部門
- 修復状況
- 軽減方法
- 脅威を軽減するまでの時間
- 短期および長期の修正で必要なエスカレーション情報やリソース

これらデータポイントは、時間を経ることで監視環境のトレンド把握に活用することができます。同じセグメント、同じ所有者、同じ種類のシステムに関する資産で繰り返し問題が発生しているのでしょうか。その悪意ある振る舞いは、どのレポートで検知できたのでしょうか。期待される平均時間内に修復できたでしょうか。常に想定よりも封じ込めに時間をとられている場合、原因はエスカレーションの手順に破綻があるからか、またはリソース不足の問題か、もしくはアナリストの対応が不十分だからでしょうか。問題のあるエリアを特定できれば確実な監査証跡が得られ、プロセス全体を改善することができます。そして、プロセスに関係する誰もが監査証跡をすぐに確認できる状態に置くことで、明白な証拠としてそれを保持し、問題の軽減や修復の要件も満たせます。

ケースを取り扱うのが好きな人などいませんが、必要不可欠な業務の一部です。ケースデータが詳細かつ正確であるほど、監査に合格する可能性は高まり、自分自身のインシデントへの理解も深まるでしょう。また、設計上の問題などを含め、問題を明らかにするチャンスでもあります。たとえば、より良い認証ソリューションや、他のアナリストの調査に役立つコンポーネントを既に実装していたら避けられたインシデントなのか、議論するきっかけになるでしょう。良くできたケース追跡システムであれば、さまざまなキューや個人にケースを割り当てる機能が提供されています。この機能があればエスカレーションはもっと楽に実行でき、支援要請のためエスカレーションしたエンジニアにケースを再割り当てするのも簡単に行えます。シスコではカスタムのケース追跡システムを使っていますが、複数の商用インシデント管理システムと統合してケースデータの交換ができるようにしています。すでに導入していた商用システムを使わなかった理由は、ケース管理システム内の情報は機密性が非常に高く、組織の他の人たちに利用されては困るからです。システム内のデータは厳しく制御し、インシデント対応チームがこれらツールを完全に管理できる体制を組む必要があります。

6.7　運用し続けるには

プレイブックは、アナリストの調査対象になるイベントを生成する対応手順で埋まっています。プロセスを計測するためにデータを記録するシステムも用意できました。データがどのようにアナリストへ表示されるかも分かっています。では、運用がつつがなく行われ、そもそもノームが下着を収集することになった理由が見失われないようにするには、どうすればよいのでしょうか。すべてをうまく回し続

けるには、次のことが必要になります。

- 脅威の調査や発見
- プレイブックの目的／分析セクションの内容と実際の運用結果の間でフィードバックを繰り返すプロセス
- 提出された対応手順に関する実証済みのQAプロセス
- 検知手法の改良や改善をするための指標測定

　監視システムは、処理すべき入力データが継続的に利用可能かという点に依存しています。もしも攻撃者が被害者のホストマシン上のロギングサービスを止めてしまった場合、詳細な調査はできなくなります。サービスの監視やヘルスチェックでは、ログのプロセスを監視することは滅多にありません。攻撃者、ハードドライブ容量、プロセッサのリソース、データフィード、接続性など、システム障害の原因となりうるものは、データの可用性を損なうほか、システム全体に影響を与える可能性があります。可用性を保証するための基本的な手段としては、冗長性をシステムに持たせることと、障害ポイントそれぞれの状態を監視することが挙げられます。冗長化やサービス監視は、セキュリティ監視とは関係のないIT系の機能です。そのため、システムやネットワークの管理経験がある上級技術担当者は、障害の発生する可能性があるさまざまなコンポーネントや、障害時の検知方法、システムの耐障害性を高める方法について知っている必要があります。

　システムの正常稼働を保証するためにも、品質管理テストは定期的に実施してください。インフラストラクチャのサービス監視であっても、環境の変更によって予期せぬ出来事が発生したり、レポートに結果が表示されなかったりすることがあります。ツールやプロセスを定期的に見直す場合は、イベントの検知、分析、エスカレーション、軽減をテストしてください。これらのいずれかで問題が発生すると、さらに大きなインフラストラクチャ内の問題につながる可能性があります。特定の監視対象セグメントでは、法令順守や顧客／クライアント要件から品質管理チェックが要求されることもあります。特にクライアントに対して監視および分析サービスを提供している場合、信頼性を確保する上でこうしたチェックは重要です。簡単なテストでは、機密性の高い環境に設置されたホストからランダムなDNSルックアップやIRC（Internet Relay Choct）チャネル参加を実行し、アナリストチームがどれだけ早くそれに気付き、エスカレーションできるかをチェックします。こうした種類のテストを組織的な机上演習と合わせて行うことで、チームの気を引き締めることができ、ネットワークを常時監視して規定のイベントやまれに発生するイベントに対してすぐに動けるようになるでしょう。

6.8　フレッシュな状態を保つ

　組織が直面する脅威の状況はこれまで以上に激しく変化し、進化しています。セキュリティ監視プログラムを現実に対応させ続けるには、こうした変化に適応し続けるほかありません。組織が直面する脅威を検知する責任は、最終的にはCSIRTにあります。といっても、セキュリティのコミュニティは協力的で、インテリジェンス、調査結果、考え方の共有も行っています。どこから始めるべきか分からない

場合も、思い悩まないでください。ニュース記事、ブログ記事、カンファレンス、特定の技術に関する知識や意見を相互に交換するグループなどは、いずれも業界トレンドを把握できる優れた情報源で、あなたの組織にとっても意義ある情報が見つかるでしょう。さらに、組織内の調査チームで収集した大量のデータと組み合わせることで、コミュニティの情報を補完することもできます。脅威の調査や発見は、優れた検知ロジックを構築する上で必要不可欠な要素です。

　ローカルで得られるインテリジェンスは非常に有効で、巨大な統計的クラウドサービス（https://www.cisco.com/c/en/us/solutions/cloud/overview.html）のデメリットもなく、組織にとっては精度と効果の面で有用です。これは標的型攻撃への対応で特に当てはまります。以前攻撃を受けたときに証拠を収集していれば、今後さらに攻撃を受けたとき、検知に役立てることができます。その攻撃が標的型でユニークなものであれば、脅威を知るためのセキュリティフィードが存在しない可能性も考えられます。もう1つ、内部インテリジェンスにはサードパーティのフィードよりもはるかに状況認識ができているというメリットがあります。CSIRTやIT部門は、（期待を込めて）システムの機能や場所を把握しています。（内部でしか得られない）適切な状況認識は、外部フィードデータを非常に役立つ情報へと変えることができるでしょう。ただし、対応プロセスや能力によっては、まったく無価値な情報に変わることもあります。

　脅威の状況と同様に、組織自体も進化しています。離職、組織の再編、新しいツール、新しい雇用、昇進はいずれも、セキュリティ監視プログラムの円滑な運営を妨げる問題となります。前述したITの運用管理と同じく、セキュリティ監視だけの問題ではありませんが、心に留めておいてください。5章で述べたとおり、プレイブック自体は各対応手順に関連するすべての必須情報で構成されています。新入スタッフは各対応手順が達成しようとしている内容を簡単に理解でき、対応手順から得られた結果を分析する方法を学ぶことができます。

　本章では、作業負荷の相違や知識格差を特定するためのさまざまな指標を取り上げました。これら指標を解釈し、メンバーに適切な教育を提供する、またはアナリストがイベントを調査できるよう責任範囲を調整するための判断を下すのはあなたです。これまでの助言を活かし、できるかぎり最も重要となる指標を予測して始めから適用できるようにしましょう。指標が適切であれば、人員のパフォーマンスだけでなくレポートや運用の有効性も測ることができます。特に、古いシステムを完全に置き換える場合、またはプレイブック関連の取り組みに対する投資対効果を計測するときに当てはまります。

　プレイブックの作成は重要ですが、インシデント対応チームや関連機能の編成／再編成はまったく別の話です。これには才能ある人材や信頼できるプレイブックを有しているだけでなく、組織にとって最も有効なセキュリティ監視を提供する方法について戦略的に考える必要があります。こうやってすべて書き出してみると、過去に私たちのCSIRTがとった保守的なアプローチよりもはるかに道理にかなっています。初めは、インシデント対応がどうあるべきかという私たちの考えに対してツールやテクノロジーをはめ込もうとしました。後から考えれば、もっといいプランやアプローチ、対応策に適したプロセスが必要でした。データの準備や対応手順の構築で体系的なアプローチをとることは、継続的な監視プロセスの基盤となります。組織に合わせたデータの整備、最前線への優秀な人材の配置、最新かつ適切な状態の維持、悪意ある振る舞いの新しい検知方法は、製品やソリューションでは得られない強みと

なっています。

6.9　本章のまとめ

- プレイブックは計画に過ぎず、実行するアクションのリストですが、運用に組み込まれなければただの学術的な研究活動になります。
- 効果的なインシデント対応チームには、適切な人材の配置や教育が必須です。
- 人間のインテリジェンスや過去から積み上げてきた知識（コンテキスト）は、何ものにも置き換えられません。
- プレイブックは常に現状に合わせるためにも、常時チューニングや調整が必要です。
- プレイブックを運用し続けるには、次に挙げるいくつかのシステムやプロセスが必要です。
    - プレイブック管理システム
    - ログおよびイベントのクエリシステム
    - 結果表示システム
    - ケース追跡システム
    - 修復プロセスシステム

7章
商用ツール

"...a vision without the ability to execute it is probably an hallucination."
(…実行の伴わない構想はおそらく幻覚だ)
—Stephen Case

　1990年代後半、セキュリティ業界が急成長を遂げた当時、セキュリティ製品専門のベンダーはごくわずかでした。大半の商用セキュリティツールは大企業から派生した商品か、買収によるもので、ネットワークセキュリティのツールを語るとき、最初に思い浮かぶのは**ファイアウォール**や**アンチウイルス**でした。そして現在、セキュリティ製品やサービスを扱う企業は文字どおり何百社も存在し、情報セキュリティやネットワークセキュリティのほぼすべてを網羅しています。パスワードマネージャからSNSによる情報漏洩の検知、コンテンツアウェア型ファイアウォールや侵害検知システムまで、有り余るほどのセキュリティ技術を利用できます。多くのベンダーが提供するのは、高価なオールインワン製品やマネージドセキュリティサービスで、組織のデータすべてを取り込み、それを抽象化することで、実行に移すことが容易なセキュリティ監視ができるようになると謳っています。今やセキュリティ業界はあまりにも大きく成長し、一般的な産業となりました。ネットワークを守ると謳うセキュリティ製品に何百万ドルもつぎ込むことが可能でしょう。

　しかし、私たちはセキュリティにおける「ブラックボックス」という考え方や、検知が実際にどう行われているのか、そもそも本当に正しく動いているのか、十分な情報を提供せずに何でもできると主張するベンダーを認めません。独自の検知手法やインジケータは、侵害の可能性を調査する際には役立ちません。セキュリティインシデントは、毎回100%検知または防御するなど絶対にあり得ないことだと、私たちは知っています。そのようななか、最も重要なのはデータであり、セキュリティツールによって判明した設計上の不備を予防的に改善するきっかけとなります。どんなソリューションも、インシデントの調査や確認のために十分な証拠を提供できなければなりません。十分な証拠がないと、攻撃の検知に失敗したり、ホストやユーザーのアクセスを不必要に妨害してしまうリスクに晒されたりするでしょう。独自のプレイブックを作成するプロセスは、すでに導入済み、もしくは今後入手予定のツールやイベントソースにかかわらず、組織それぞれで異なります。その作業では、探すべきもの、使用可能な詳

細情報、そして何よりも**インシデントを検知する方法**について、具体的に把握するために技術的な仕組みを知る必要があります。

　そのツールが環境に適したものかどうか判断するには、予算、規模、製品にどれだけ精通しているか、検知戦略など、要素は無数にあります。信頼できる基本ツールが一式揃っており、セキュリティのベストプラクティスに準拠し、プレイブックのデータセントリックなアプローチがあれば、必要な情報すべてを抽出し、活用することが可能です。本章では、中核となるセキュリティ監視および対応ツールの制限事項とメリット、有効性や正確性に影響を与える導入時の検討事項、インシデント検知の成功例、検知機能を向上させるための脅威インテリジェンスの活用法について取り上げます。

7.1　多層防御

　ハンマーだけで家を建てられないように、優れたインシデント検知インフラストラクチャを適切に構築するには、さまざまなツールが必要です。多層防御には、重要なイベントデータや調査に必要な証拠を見逃さないために、多層での検知、防止、ロギング技術が必要です。留意したいのは、**どのインシデントも発生したとおりに発見されることはまずなく、必ず事後調査が必要になること**です。容赦ない攻撃者は、どんな厚い防御でも乗り越える方法を見つけ出し、システム内の最も弱いポイント（通常は人間の騙されやすさ）を突いてきます。一方で、攻撃の全手順を追う調査のときは、調査を補完するために、できる限り多くの具体的で関連性のあるデータが必要になります。このほか、多層防御により、セキュリティ監視業務の冗長化を図ることができます。センサーに不具合が発生したとき、または所定のメンテナンスを行っているときも、可視性が失われないよう他のレイヤのツールで役割を補うことが可能です。

7.1.1　インシデント検知を成功させる

　十分な多層防御の構築方法を描くためにも、まずは古典的なモデルをいくつか検証しながら、ネットワーク防御や情報の保護に対する階層化されたアプローチを比較してみましょう。

　表7-1は、OSI参照モデルの7階層に対して多層防御を実践するための階層を対応させた表です。

表7-1. 検知する層をOSI層にマッピング

OSIモデル層	多層防御の階層
アプリケーション層	サーバまたはアプリケーションのログファイル
プレゼンテーション層	システムロギング、Webプロキシログ
セッション層	システムロギング、Webプロキシログ
トランスポート層	侵入検知
ネットワーク層	無線の侵入検知とスイッチのポートフィルタリング
データリンク層	スイッチのポート制御とフィルタ
物理層	スイッチのポート制御とフィルタ

　イーサネットのフレーム、データグラム、パケットなどと同様に、効果的なインシデント検知は各レイヤ上で実施されます。たとえばアプリケーションレベルのセキュリティの検知ロジックは、プロセスまたはアプリケーションの起動（またはクラッシュ）の前、その最中、事後に何が起こったかを示す、インデックス化された検索可能なログをベースにすることができます。アプリケーション層では、重要なシステムでの認証の失敗や成功をすべてログに記録します。トランスポート層やネットワーク層では、インターネット上のホストに対する想定外の接続や異常な接続、偽のIPv6ルータアドバタイズメント、内部ホストの予期せぬトラフィックを監視します。そしてデータリンク層では、ARPスプーフィングを見つけるためにスイッチのCAMテーブルを監視したり、無線環境においてDeauthentication攻撃を監視したりします。

　多層防御を考える上で、もう1つ参考になるモデルがあります。それが「侵入キルチェーン」です。これは米企業ロッキード・マーティン社が考案したフレームワークの1つで、攻撃が成功するための手順がまとめられています（図7-1）。本気の攻撃者による高度な攻撃では、組織的で多段階のプロセスを経て、目的達成に向けてさまざまな手法やエクスプロイトをつなぎ合わせた攻撃が行われます。ただし、防御側も高度な攻撃と同様に、そのチェーンを使って攻撃手法を検知し、ブロックすることができます。

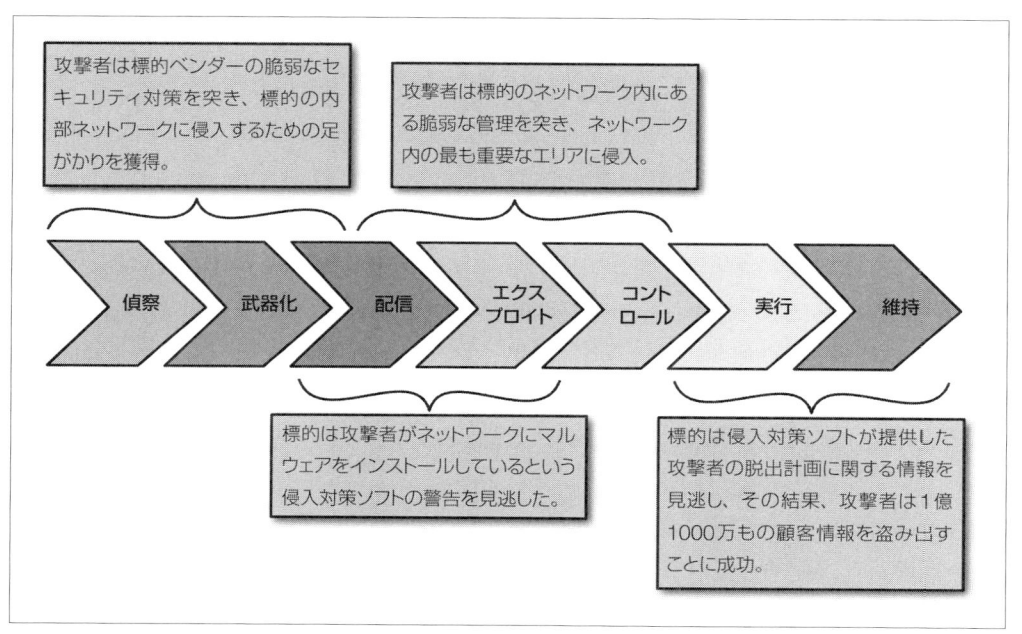

図7-1. キルチェーン

　検知機能は、エクスプロイトの前後に関係なく、キルチェーンほぼすべてのステージに実装されます（表7-2）。

表7-2. 検知層にマッピングされたキルチェーンのフェーズ

キルチェーンのフェーズ	多層防御における対応
偵察	偵察行為は、外部Webアプリケーションへの不審な接続やプローブ、フィッシングキャンペーン、または外部に公開されているサービスに対してセキュリティセンサーを使って監視することで検知できます。インジケータから上がってきた有効な結果は膨大な数のインターネットスキャンに埋もれてしまうこともありますが、ネットワークの内外から異常を監視する価値はあります。
武器化	武器化されたエクスプロイトにより、さまざまな方法でネットワークに侵入することが可能ですが、成功率の高さから、フィッシングメール、組織のWebサイト／クレデンシャルの侵害、標的が利用している外部サービスを通じたドライブバイ攻撃／水飲み場攻撃を採用することがほとんどです。プローブ後に外部アプリケーションを直接攻撃した場合は、IDSやWebアプリケーションファイアウォールのログに残ります。
配送	ネットワークIDSや、ホスト型IPSやアンチウイルスなどのホスト型セキュリティは、武器化フェーズ以外のステージであればアラームを出すことができます。
エクスプロイト	エクスプロイトやマルウェアのインストールの試行は、アンチウイルスやホスト型IPSのログから特定できることがあります。
コントロール	コントロール、実行、維持のステージは、外部の攻撃者や関係者にデータを送信する必要があることから、最も検知が成功しやすいステージです。
実行	システムログのファイル、振る舞いの異常分析、その他のトラップや制御によって攻撃者が目的を達成できないよう食い止めることは可能です。システム上でまれに発生するアクティビティは検知できない可能性もありますが、十分に準備し、重要な資産に注意を払うことによって攻撃者の計画を失敗させることはできます。
維持	内部に侵入した攻撃者は、さらなる攻撃を実行するプラットフォームとして利用するためか、もしくは重要かつ機密性の高いデータを継続的に抜き出すためといういずれかの目的で侵害に成功したシステムのコントロールを維持しようとします。適切なパスワード設定や一流のセキュリティ運用があれば、さらなる侵入拡大を止め、無効化することが可能で、システム認証ログからも非常に有益な詳細情報を得られます。

仮にあなたの組織が予定外のセキュリティ監査を受けることになった場合、何が起こるでしょうか。ペネトレーションテスト担当者が外部からネットワークをプローブし始めると、たとえプローブが他のプローブの中に紛れてしまったとしても、少なくとも監査終了後にログから「検知できた」と報告することはできるでしょう。こうしたタイプのログは、タイムラインの作成や今後の調査で活用することができます。

　両モデルで覚えておくべき主なポイントは、できるかぎりすべての階層に検知機能を実装することです。侵害検知、侵入検知、アンチウイルスに投資するだけでは、あらゆる攻撃や、その手法を示すデータを見逃す可能性があります。それでもイベントデータは検知できますが、全体像を掴むことはできず、タイムラインの再構築は不可能です。インシデントがどのように展開していくかを理解することは組織のセキュリティ保護の強化につながり、アーキテクチャやポリシーを改善することで将来的な侵害を回避できるでしょう。

　一度目のハッキング成功を許すことは仕方がないことですが、二度目の成功を許してしまうことは恥

ずべきことです。

Web攻撃

水飲み場攻撃は、攻撃者が、標的や標的となる組織のメンバーがアクセスすることがわかっているWebサイトを侵害することで発生します。必ず水を飲みに来る獲物を狙って穴の中に潜むワニのように、攻撃者は標的が侵害されたWebサイトにアクセスしたりログインしたりするのを待ちます。

一方のドライブバイ攻撃（またはドライブバイダウンロード）は、（カモとなる）標的のWebアプリケーションを侵害するか、不正サイトを独自に立ち上げてから、エクスプロイトを注入したり、その他の標的のサイトにリダイレクトするという攻撃です。最後は、何ら疑いを持たない標的のWebブラウザから攻撃者用ツール（通常は商用エクスプロイトキット）が密かに実行され、さらなる被害者の山ができあがります。既知のサイトから直接攻撃する水飲み場攻撃とは違い、攻撃者はドライブバイ手法を使ってスクリプトを広く同時に配信される広告ネットワークに埋め込むことで、標的が攻撃に晒される可能性を高めます。

7.2　セキュリティ監視ツールキット

セキュリティインシデントを調査するには、証拠が必要です。優れたセキュリティ監視ツールはどれも、調査担当者が分析できるイベントデータを生成します。ネットワークのセキュリティ監視のための情報をまとめるには、ツールに関する情報、保存および処理する場所が必要です。適切なツールキットを導入するには、ネットワークのトポロジーや規模、業務における慣習、最も保護を強化すべき場所を把握していなければなりません。また、利用可能なさまざまなセキュリティ監視ツールのメリットとデメリットも知っておくことが大切です。そして、役立つ情報を得るには、ツールを正しく使う方法だけでなく、ツールが実際にどう動くのかを知らなければなりません。ツールキットの一部の機能をよく知らない程度であれば問題ありませんが、ツールの動作に詳しくなるほどツールの効果はより発揮されます。どのツールでも、ネットワークに合わせた何らかの設定が必要になります。また、多くのツールは、不要なデータであふれさせないよう、継続的なチューニングを必要とします。サービスを稼働し続けるつもりであれば、システムの正常性監視やイベント検証は必須です。覚えておいてほしいのは、ツールは、プレイブックにデータを供給するものであるということです。どんなテクノロジーでも、慎重に選定し要件に対する十分な理解を図ってから投資しましょう。

7.2.1　ログ管理：セキュリティイベントのデータウェアハウス

　プレイブックを効果的に実行するには、すべてのセキュリティログやイベントを検索可能なデータやメタデータの集合体にまとめる必要があります。これまでインシデント対応チームがイベントデータをSIEMに送信していたのは、そうした理由があります。しかし、最近のツールキットやログ収集アーキテクチャであれば、高価で柔軟性に欠ける商用SIEMを止めて[1]、柔軟かつカスタマイズ性の高いログ管理システムに切り替えることが可能です（https://blogs.cisco.com/security/to-siem-or-not-to-siem-part-i）。プレイブックは、SIEMのようなレポート結果を返すだけのツールではありません。対応手順における目的の項目は、チームが何をしているのか明確に示す役割があり、「何を守ろうとしているのか」という観点から優先的に対応する箇所を判断する上でも役立ちます。分析セクションには、アナリスト向けのドキュメントや処方箋が記されています。また、対応手順のコメントやフィードバックを通じて、アナリストは問題や調整などについて議論することができます。

　突き詰めると、周囲の補助的なインフラがなく、単体でレポート結果を作成するようなSIEMを持つことは、包括的なプレイブックを持つことと比較すると、組織にとってあまり価値がありません。人間のようにセキュリティアラートから正確かつ状況認識に基づく判断が可能な自動化方法やアルゴリズムは存在しません。メタデータを正しく理解し、可読性の高いログ情報と組み合わせることで、優れた成果が得られます。ログ管理および分析システムは、設定可能なさまざまな方法で情報を提供し、ログの検索やレポート作成エンジンの向上に寄与します。

　ネットワークやシステム、アプリケーションのログを含む組織全体のログ収集システムを開発することは、IT部門だけでなく、情報セキュリティ担当者やアプリケーション開発者に多大なメリットをもたらします。IT担当者や開発者は、運用上の問題やソフトウェアの問題をデバッグまたはトラブルシューティングするために、アクセス可能なログデータを求めています。一方のセキュリティにおいては、多数のセキュリティ監視技術とともに取得することができるすべてのSyslogやシステムのログが必要です。

7.2.1.1　導入時の検討事項

　ログ管理ソリューションは、すべてのセキュリティイベントログを格納できるだけの容量と、イベント取得やクエリができるだけの速度が必要です。では、どうすれば実現できるのでしょうか。50,000ノードのHadoopクラスタが必要でしょうか。あるいは、単一のsyslogサーバで足りるでしょうか。ログを有意義なものにする要素（「誰が何をしたか、いつ、どこで、どのくらいの期間、どうやったのか」）を解説してきましたが、言い換えればこのレベルに達してない情報は、通常は無視することができます。また、ログは後々の検索やプレイブック向けのレポートを作成する上で必要となる、メタデータという真実を保持していることにも触れました。優れたログ管理システムであれば、システムが生成した元のログデータによく似たデータを返します。SIEMが生成する要約版のアラートとは異なります。実際のイベントに近いほど、なぜインシデントが発生したのかをより柔軟に理解でき、自動化されたアラート

---

[1]　訳注：ここでのSIEMとは、レポートやクエリがあらかじめ定義され、カスタマイズできない、またはブラックボックス化されていて仕組みがわからないような一部のSIEM製品のことを指している。

による先入観なしに追加の属性を調査できるでしょう。

　実ログデータの導入を成功させるコツは、できる限りの実ログデータの収集とタグ付けを行い、不要または解釈不能なデータをフィルタすることです。生イベントデータにインラインでコンテキスト情報を加えることも、大いに役立ちます。たとえば、ログイベントのIPアドレスが既知の攻撃者リストと一致する場合にフラグを付けることができれば、より疑いをもってアラートを検証できるでしょう。また、機能に応じてアドレス範囲にタグ付けしたり（データセンター、ドメインコントローラ、財務サーバなど）、ユーザーIDに役職をタグ付けしたりと、内部のコンテキスト情報を与えることで、エグゼクティブなどの被害に遭いやすい重要なターゲットを狙う標的型攻撃が認識しやすくなります。

　多くのツール同様、利用できるログ管理システムは商用からオープンソースまでさまざまで、アーキテクチャやオプションも豊富です。どのツールを選ぶか検討する際は、次に挙げる適切なログ管理システムの要件を考慮してください。

柔軟かつモジュラー型

検知のために蓄積する情報源にセキュリティイベントソースをこれ以上追加することはないなどと思うのは、軽薄な考えです。ログ管理システムは将来的なイベントソースのほか、フリーテキストから高度に構造化されたテキストまでさまざまなログフォーマットに対応し、UDP/TCP上のsyslogやSecure FTP（SFTP）といったログ転送手法もサポートできなければなりません。

ログイベントデータの解析とインデックス化

ログソースからは使えるフィールドを抽出できる必要があります。IPアドレス、タイムスタンプ、イベントのコンテキスト情報、その他詳細な情報を、生ログメッセージから取り出すことが重要です。つまり、生ログデータを解析してフィールドを抽出するために、何らかの正規表現を採用する必要があるということです。抽出したフィールドは、インデックスやクラスタ、テーブル、グラフ、データベースにロードし、後に検索できるようにします。

安定かつシンプルなクエリインターフェイスの提供

多彩な表現が可能な機能性の高いクエリインターフェイスを提供することで、アナリストはプレイブックの対応手順につながる、可読性が高くて効果的なクエリを開発することができます。さらに数学や統計の担当者がいれば、クエリ開発はさらに楽になるでしょう。大抵の場合、こうしたインターフェイスはイベントデータにトレンドや異常値を見つけるのに役立ちます。数量（イベント数、ホスト数、ホストあたりのイベント数など）やその他の統計的な関連性を特定することは、開発やレポートの提示の際に役に立ちます。このほか、クエリ開発において基本的な構文や言語をサポートしていれば、アイディアの共有やクエリの改善に誰もが参加できるようになります。必要に応じて、より高度なクエリ機能を追加することも可能でしょう。クエリインターフェイスの使い勝手が良くないと、適切に扱えない、もしくはまったく使わないというアナリストも出てくるでしょう。また、緊急事態の発生時を考えた場合、必要以上に複雑なクエリの作成やグラフ分析に時間をかけるよりも、素早く検索結果を取得する機能

が必要です。

一時的な検索と保存された検索条件によるログデータの取得

管理システム内にサポート対象のログデータすべてが格納されていることと、役立つ情報を取得できることはまったく別の話です。プレイブックを作成するには、後に分析する際に、保存された検索結果からデータを呼び出せる機能が必要です。SIEMは一般的に、セキュリティインシデントに関する通知を行うために、仕組みの分からないクエリやレポートを提供します。ログ管理システムは、検索の保存やスケジュール設定、イベント詳細のレポートに対して一貫した方法を提供できなければなりません。画面を常に凝視しているアナリストがいないかぎりは、あとでレビューするためにイベントデータを溜めておく方法が必要です。もう1つ、結果の見栄えもソリューション選定で重要です。可読性が高くて分かりやすいレポートが作成できれば、チーム内でアラートを共有し、標準プロセスを通じて内容の重要性についての共通の理解を図ることが可能になります。グラフ、ダッシュボード、HTTP、メールフィードなど、情報を提供する機能は、チームやケース取り扱いツールに大量のアラート情報を提供します。こうしたイベントデータをあらゆる形式（JSON、XML、CSVなど）でエクスポートできれば、修復ツール、ケーストラッキング、メトリックや統計情報を収集するシステムなどのその他アプリケーションにもデータをフィードできるでしょう。そして、検知システムを他システムと連携させることで、対応時間を短縮し、潜在的なヒューマンエラーを排除することができます。

ログ管理システムと内包されるデータフィードの可用性の確保

システム、ネットワーク、データベース管理者は、9の数で可用性を測定します。99.999％のアップタイムは、1年あたりおよそ5分のダウンタイムと同等です。どのようなレベルでサービス可用性が期待でき、アナリストにセキュリティフィードを提供できるでしょうか。多くのセキュリティ監視のデータフィードは、ネットワーク管理者から送られてきたデータフィードであれ、Active Directory管理者からのイベントログであれ、外部のチームに依存します。そのため、システムのメンテナンス、構成変更、システム上のハードウェアまたはソフトウェアのクラッシュが発生した場合、データが受け取れず、提供サービス内で制御不能な機能停止状態に陥る可能性があります。要件に合わせたサービスの可用性チェックを設定し、サービスの中断を検知した場合のエスカレーション手順を、外部のグループと構築しておきましょう。

簡単に言うと、ログ管理ツールのメリットとデメリットは次のとおり挙げられます。

- SIEMは、ベンダーが定義した表示方法やアラート、またはサポートする形式に利用者を縛る一方で、ログ管理システムは利用者が定義した方法で検知、対応する柔軟性を備えています。
- ログ管理システムは、ブラックボックス化された商用システムではわからないような脅威を検知し、それに対応するための柔軟性とモジュール性を提供します。
- ログ管理システムを最適化し、目的に合った形にするには多くの時間がかかりますが、見返りと

して他に類を見ない可視性を得ることができます。

- ログ管理システムに大量のデータを格納し、インデックス化する作業はコストがかかりますが、どんなインシデント対応業務においても以前のイベントを振り返ることができるのは重要なことです。

7.2.2　侵入検知はまだ廃れていない

　昔、大規模な侵入検知ソリューションの導入で最後の仕上げが終わった頃、広く評価されている調査会社ガートナーの予測（https://www.informationweek.com/gartner-intrusion-detection-on-the-way-out/d/d-id/1019463?）に「セキュリティ技術としてのIDSは消え行く」と書かれているのを読んで、少しがっかりした（また懐疑的な気分にもなった）記憶があります。2003年当時、あらゆる場所で実施される別のセキュリティ制御やリスク管理によってシステムやネットワークアーキテクチャが保護されるため、IDSは無意味になるという議論がありました。結局のところ、侵入検知は未だ健在で、まだまだなくなっていません。ガートナーが言及したその他のセキュリティ制御は言うほど簡単には実現できません。それに、データセンターやネットワークが年々複雑さを増す中で、これらを守ることは一層難しくなっています。パートナーネットワークとの相互接続、買収、クラウドサービスにおいて想定されるその他リスクも言うまでもありません。データ窃取に対するネットワーク検知、外部からの攻撃、内部からの攻撃、パターンマッチングが可能な平文のネットワークトラフィックは、侵入検知システム（IDS）で監視できます（そして、ほとんどのケースでは監視すべきです）。その理由は、IDSはネットワークセッションの開始から終了までをカスタマイズ可能な表示方法で確認でき、パケットのフルキャプチャ以外でこれほどまでの詳細情報を提供できるシステムは他にないからです。IDSを使ってインシデントを検知する方法は、難解なTCPシーケンス番号の改ざんから、HTTPに対して正規表現を使用した単純なパターンマッチングを行う方法まで、無数にあります。IDSの強みと実用性は詰まるところ、センサーをどこに配置するかと、どれだけうまく管理して通知をチューニングするかにかかっています。

　ガートナーの調査記事で特筆すべきは、IDSはフォルスポジティブを大量に生成し、無害なアクティビティに対してもアラームを出すという指摘です。これは、まさにその通りです。でも、たとえば新しい猫を家に連れ帰っても、餌もワクチンも与えなければ良いペットにはならないでしょう。IDSはプラグアンドプレイのテクノロジーではありません。多層防御の戦略で活かすには、適切な導入、チューニング、イベント管理が必要です。IDSネットワークを運用するということは、システムにルーティンワークが発生するということです。従って、監視の手法やポリシーを定期的に見直す計画を立ててください。IDSの検知結果や、解決すべきチューニング上の問題を議論するため、ミーティングを毎週実施することは、私たちのチームにとっては非常に重要なことです。

7.2.2.1　導入時の検討事項

　コンピュータの世界のほとんどがそうですが、タスクを達成する方法は必ず1つ以上あります。セキュリティ技術についても同様です。本章で紹介したツールのほとんどには導入方法が無数に存在し、

IDSについては始めから典型的な情報セキュリティのジレンマを抱えています。それは、インラインでトラフィックをブロックすべきか。それともオフラインで攻撃をログに残して、あとで分析すべきか、ということです。

　【インラインでブロックするか、受動的に検知するか。】最もシンプルな方式として、ネットワークトラフィックのコピーを侵入検知センサーに送信する方法と、ネットワークトラフィックをインラインで取得する（今は**侵入防止システム**、またはIPSと呼ばれています）方法があります。インライン型は、トラフィックの自動的なブロックやリダイレクト機能という明確なメリットがあります。これはネットワークファイアウォールの機能と似ています。ファイアウォールとの違いは、シグネチャマッチングと上位プロトコルのインスペクション機能です。一般的に、ファイアウォールは事前設定されたポリシーに基づきブロックを実行します。一方のIPSもポリシーベースですが、いつ、何をブロックするか、より詳細に制御することが可能です。多くのベンダーが、さまざまな方法で実際にトラフィックをブロックする方法を提供しています。IPSでファイアウォールのルールまたはACLを生成して別のデバイスに注入する機能も、その1つです。ですが、インライン型IPSであれば通常、単純に受信インターフェイスでトラフィックをドロップさせることができます。

　インライン型には、一部の攻撃を防ぐだけでなく、のちに掘り起こして検索できるようログデータを生成するという2つのメリットがあります。たとえば新しい対応手順では、ワームに感染していることやマルウェアが外部ホストにコールバックしていることが疑われる内部ホストからのトラフィックをIPSがブロックした際のログを確認するようにもできます。また、IPSが、内部のホストからの許可されないアクセス（単にペネトレーションテストである可能性も含む）をブロックしたことを、別のレポートを通じて見つけることができるかもしれません。接続がブロックされたときも、注目して調査する価値はあります。アラームを生成している送信元ホストが侵害されているか悪意あるアクティビティを実行している可能性があり、ブロックまたは検知すらされない他手法を取り入れている可能性も拭えないからです。

　インライン型は魅力的ですが、欠点がないわけではありません。主な課題は、システムの最も基本的な要素、つまりネットワークインターフェイスに存在します。汎用の安価な回路と銅線に組織全体のネットワーク接続を託すことになります。容量超え、スループット不足、クラッシュを起こした場合、残りのネットワークにどのような影響が出るか想像してみてください。センサーを冗長化した場合も、継続性を保証するために全センサーが同じトラフィックを検証することになります。適切（かつタイムリーな）フェールオーバーや高価な高可用性オプションが実装されていない場合は、デバイスの機能停止によりネットワークが中断し、SLA違反、本番環境の運用障害、リソースのムダな消費、果ては攻撃を見過ごす可能性もあるでしょう。

　ハードウェアのフェールオーバー問題は別として、インライン型での展開を計画する場合に検討すべき項目は他にもあります。まず覚えておきたいのは、どんなに保守的なタイマー設定をしていても、スパニングツリープロトコル（またはRapid Spanning Tree Protocol、RSTP）はインライン型センサーが中断している間に収束が終わらない可能性があります。RSTPが運用されている環境でインライン型センサーが落ちた場合、センサーのインターフェイスが復旧するよりもスイッチの「Hello」がタイムア

ウトする時間の方が短く設定されていると、スイッチはトラフィックを別のパスに送信してしまいます。つまり、センサーのサービスが再開しても、トラフィックを受信しなくなる可能性があるということです。これは、Open Shortest Path First（OSPF）でも、IPSの稼働再開前にタイマーが切れてしまえば起こりえます。この種のシナリオは、センサーがリブートしているときや、新しいポリシーの適用やシグネチャの更新でソフトウェアの再起動を余儀なくされるときにも発生する可能性があります。

　インライン型のもう1つの主な問題は、シグネチャの信頼性です。ハードウェアやソフトウェアの問題ですべての接続が失われるのは悲惨ですが、トラブルシューティングが困難な、より質の悪い問題があります。ネットワークレイテンシや、IPSのインスペクションで加わる遅延に対して敏感なアプリケーション、プロトコルが存在する場合、解決の難しい問題が出てくる可能性があります。たとえば、TCPエラーやリンクエラーがリモート側で発生した場合、シーケンス番号が予期せぬものに変わっているため、インライン型センサーは再送パケットを拒否することがあります。または、ネットワーク層やトランスポート層で他のエラーが発生した場合も、トラフィックを落とす可能性があります。

　さらに懸念されるのは、正常なトラフィックをブロックしたり、フォルスポジティブのアラームによって正常なトラフィックを誤ってブロックしかねないということです。前にも述べましたが、IDSを適切な状態で維持するには継続的なチューニングが必須です。実行可能な状態を保ち、ユーザーから受け入れられるようにするためにも、ネットワークセキュリティは効果を発揮しながら、できるかぎり透過的に動作しなければなりません。トラフィックを不正にブロックしたり落としたりすると、アプリケーション上で問題を引き起こし、ユーザーエクスペリエンスの低下を招きます。それに、標的型攻撃が発生したときに、調査の一環でそのアウトバウンドのトラフィックをブロックしたくはないでしょう。たとえば攻撃者が組織内で侵入拡大やデータ窃取を試みていることが発覚したとき、あからさまに彼らのトラフィックをブロックするよりも（ブロックできたと仮定して）、関係する攻撃手法を詳しく示す情報（パケットキャプチャ、ファイルなど）をできるかぎり収集したいと考えるでしょう。必要な情報が得られるまでは、攻撃者に調査を開始していることを知られたいと思わないはずです。状況を理解し分析が完了したら、ようやくここで攻撃トラフィックのブロック開始です。詳細な情報が得られたことで、攻撃者の標的に対して、さらに強力な制御を施したり、新たな攻撃のサインを監視するための材料がそろったはずです。

　このほか、本番環境のトラフィックをインラインで取得していることから、ネットワーク内で問題が発生したときは、毎回センサーが疑われると思っておいてください。インライン型のセキュリティツールを導入したところは、どこでもこの現象に見舞われます。何か悪いことが起こったとき、原因はセキュリティチームが導入した新しいテクノロジーだろうと思われる現象で、オッカムのかみそりの悪い側面と言えます。その結果、セキュリティチームはIPSが原因と思われる問題すべてをトラブルシューティングするはめになるでしょう。

　インライン型を導入するときの最善のアプローチは、ネットワーク運用に影響が出ないパッシブモードから始めることです。そうすればセンサーをチューニングする時間ができ、フェールオーバー機能やインライン技術の懸念点を調査しながら運用に慣れることができます。

　もっとも、**インラインで実装しない**と判断したのであれば、唯一の代替案はパッシブ検知モードでしょう。これは、IDSはトラフィックをブロックせず、（もしインラインモードになっていれば）ブロッ

クされたかもしれないという場合に通知するのみということです。覚えておきたいのは、いずれのモードにおいても、クエリすることが可能で、対応手順に落とし込むことができるイベントログデータを取得するということです。パッシブモードはインラインモードよりもネットワーク運用やアップタイムを保証することができ、スループットやアップタイムに厳しい環境（eコマース、取引システムなど）において好ましい方法です。それでも攻撃トラフィックの軽減は必要ですが、さらなる調査を実施し、多層防御の戦略における他の層で攻撃を止めるためのログデータは確保できます。

【ロケーション、ロケーション、ロケーション。】ネットワークトラフィックフローのどこにセンサーを配置するかは、インライン型にするかどうか決めるのと同じくらい重要です。侵入検知センサーの意図する目的を考えたとき、何らかの価値を提供するには、保護したいシステム間で最も関連性の高いネットワークトラフィックを監視するべきであるということに気付くと思います。

組織のITインフラストラクチャで最も機密性が高く、多くの場合は重要な部分は通常、DMZやデータセンターが占めます。Webサーバであれ、アプリケーションサービスであれ、開発ラボであれ、さらにはインターネット接続であっても、DMZネットワークは組織の表向きの面です。適切なセキュリティアーキテクチャに基づくアクセス制限とネットワークのセグメント化を実施することで、DMZネットワーク内のホストのみがインターネットと直接接続できるようにします。

このとき、DMZとインターネット間だけでなく、DMZと内部ネットワーク間に侵入検知を実装することは合理的です（図7-2）。この2つのポイントを監視することで、組織ネットワークの内外トラフィックをすべて検査できます（もちろん、3G/LTEなどのモバイル接続を利用する賢い人がいなければの話ですが）。

総合的に検知対象をカバーするには、さまざまな種類のトラフィックをゲートウェイで検査するほか、データのセグメント化、重複排除（データセンターからインターネットへのトラフィックが2回インスペクト、ロギングされる可能性などを考える）も必要になります。

一般的に、最も重要なビジネスクリティカルなシステムは組織の内部データセンターで運用されます。最近はますます多くのアプリケーションやサービスがサードパーティのエクストラネットやクラウドサービスでホスティングされるようになりましたが、それでもローカルのWindowsドメインコントローラ、認証サービス、財務システム、機密性の高いデータベース、ソースコード、開発用サーバ、その他組織のITインフラストラクチャの大切な機能など、重要性の高いサービスを内部データセンター内に置いていない組織はまれでしょう。侵入検知を追加で配置する場所として、データセンターの境界は最適です。データセンターを出入りするすべてのトラフィックを監視するべきです。これは重要なサービスやデータをホスティングするネットワークセグメントにも適用できます。ネットワークの監視に最適な接続ポイントを選ぶことで、導入効果は大きく向上します。理想的には、デスクトップやラボのアップリンク、データセンター間のトラフィックなどをすべての集約ポイントで収集すると良いでしょう。大きな組織であれば、大抵の場合、インライン型ではトラフィック量に耐えられないか、また大量なデータを検査できたとしても、実際に行動に移せる結果を多く得られるとはかぎりません。小規模な環境では、同一の接続に対して2回トリガーされた可能性があるアラームを正確に重複排除できるのであれ

ば、多くのネットワーク接続ポイントを監視することが合理的です。

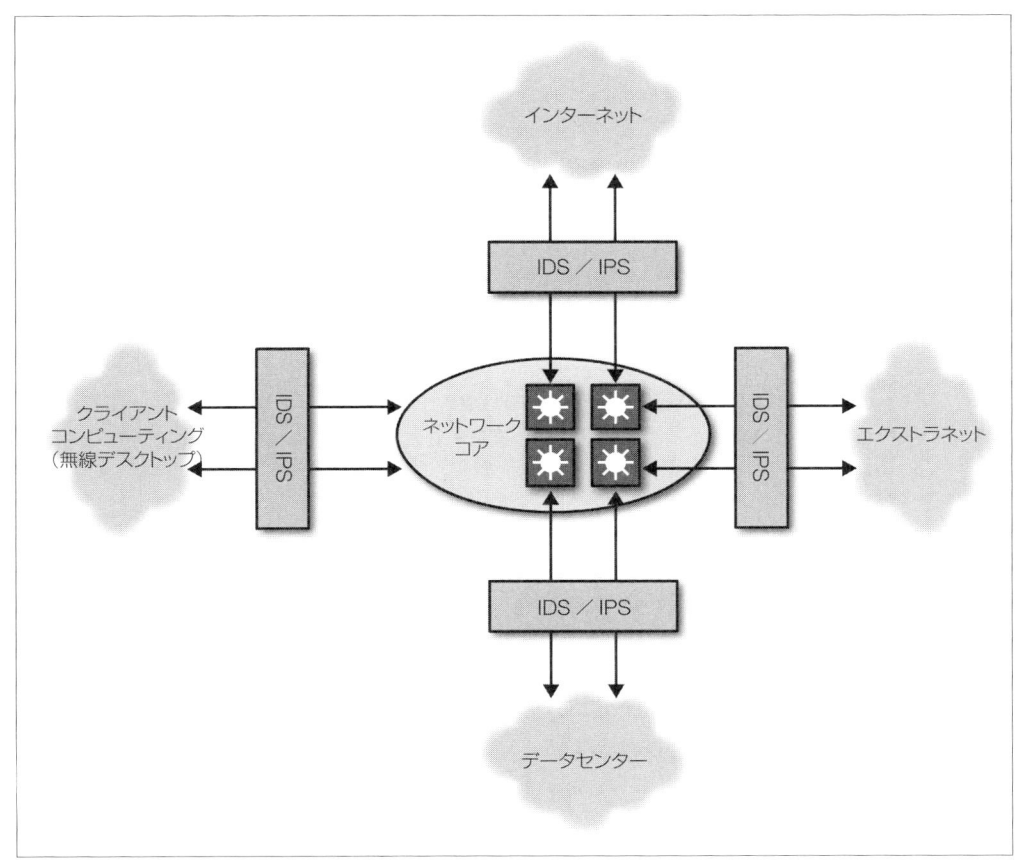

図7-2. 効果的なIDSまたはIPSのアーキテクチャ例

7.2.2.2 実際の例

すでに紹介したレポートのいくつかでは、IDSの機能を活用しています。ある特定のレポートでは、IDSを使ってStructured Query Language（SQL）インジェクションを検知しています。汎用のSQLインジェクションのシグネチャを実装して（SQLコマンドにおいて、後にSELECTが続くUNION、substring((select、Drop Table、または1=1などのバリデーションと言った典型的な兆候を探す）、コンテンツ管理システムに対する既知の攻撃を見つけるための基本的な文字列比較と組み合わせたところ、Webインフラストラクチャの攻撃が試行されたときに優れた検知結果を生成するレポートを作成することができました。次に挙げるのは、結果として生成されたデータの例です。

```
GET
```

```
/postnuke/index.php?module=My_eGallery&do=showpic&p=id=-
1/**/AND/**/1=2/**/UNION/**/ALL/**/SELECT/**/0,0,0,0,0,0,0,0,0,0,0,0,0,0,0,0,0,
concat(0x3C7230783E,pn_uname,0x3a,pn_pass,0x3C7230783E),
0,0,0/**/FROM/**/md_users/**/WHERE/**/pn_uid=$id/*
HTTP/1.1
Connection: keep-alive
User-Agent: Mozilla/5.00 (Nikto/2.1.5) (Evasions:None) (Test:000690)
Host: us-indiana-3.local.company.com
X-IMForwards: 20
Via: 1.1 proxy12.remote.othercompany.com:80
X-Forwarded-For: 10.87.102.42"
```

User-AgentのNikto（よくあるWebアプリケーションの脆弱性スキャナ）が、us-indiana-3.local.
company.com上で実行中のPostnukeコンテンツ管理システムに対してSQLインジェクションの有無
を確認しています。ViaとX-Forwarded-Forのヘッダは、ホストに対する攻撃が外部Webプロキシ
を介して行われたことを示しています。ここでは、IDSはHTTP URIヘッダを解析するだけでなく、
Webプロキシの裏に隠れた本当の送信元IPを示すHTTPトランザクションログまでパケットを深く掘
り下げています。初期の一般的なシグネチャに少し追記すると、この攻撃に関する具体的なデータが得
られるようになります。

10.87.102.42のホストの所有者を特定し、インタビューを実施した結果、事前に私たちのチームに知
らせないまま、私たちのホスト、us-indiana-3.local.company.comに対して許可されたペネトレーショ
ンテストを実施していたことが判明しました。

IDSでマルウェア感染を検知し、通知することも可能です。ホスト側での防御が設定されていない、
または検知ができなかった場合、IDSはデータがネットワークを出ようとしているときに検知すること
ができます。次の例では、Cookie情報やHTTPリファラを含まず、特定のURLの正規表現とマッチす
るHTTP接続をIDSが検知したことを示します。この組み合わせは、バンキング型トロイの木馬Zeus
を示していることが知られています。

シグネチャ：

```
alert tcp $HOME_NET any -> $EXTERNAL_NET $HTTP_PORTS (msg:"MALWARE-CNC Win.Trojan.
Zeus variant outbound
connection - MSIE7 No Referer No Cookie"; flow:to_server,established; urilen:1;
content:"|2F|"; http_uri;
pcre:"/\r\nHost\x3A\s+[^\r\n]*?[bcdfghjklmnpqrstvwxyz]{5,}[^\r\n]*?\x2Einfo\r\n/
Hi";
content:!"|0A|Referer|3A|"; http_header; content:!"|0A|Cookie|3A|"; http_
header;content:"|3B
20|MSIE|20|7.0|3B 20|"; http_header; content:"|2E|info|0D 0A|"; fast_
pattern;nocase; http_header;
metadata:impact_flag red, policy security-ips drop, ruleset community, service
http;
reference:url,en.wikipedia.org/wiki/Zeus_(Trojan_horse); classtype:trojan-activity;
sid:25854; rev:5;)
```

結果：

```
sensor=sensor22-delhi.company.com event_id=154659
```

```
msg="MALWARE-CNC Win.Trojan.Zeus variant outbound connection - MSIE7 No Referer No
Cookie"
sid=25854 gid=1 rev=5
class_desc="A Network Trojan was Detected" class=trojan-activity priority= high
src_ip=10.20.124.108
dest_ip=[bad.guy.webserver]
src_port=3116 dest_port=80 ip_proto=TCP
blocked=No
client_app="Internet Explorer" app_proto=HTTP
src_ip_country="india"
dest_ip_country="united states"
```

　送信元ホスト（src_ip）がZeusのC2サーバ（dest_ip）にHTTPコールバックしていることが分かります。また、blocked=Noは、接続を検知はしたがブロックしていないことを示しています。同イベントをその他データソースと付き合わせて確認した後で、組織内の全員がdest_ipにアクセスできないようブロックしました。

7.2.2.3　制限事項

　IDSは、何かが発生したとき、正確にアラームを生成することができれば、強力な事後調査ツールとなります。残念ながら、IDSでは検知する前に何を検知したいか理解しておく必要があり、シグネチャがすでに存在し、利用可能な状態でないかぎり、一部の攻撃を見逃す可能性もあります。本質的に、シグネチャベースのシステムが最新状況に完全対応することは絶対にありません。通常のIDSのシグネチャは、エクスプロイトや攻撃が特定されるまで作成することができません。エクスプロイトのリリースとシグネチャ作成の間隔は短くなっているように見えます。それでも、シグネチャ更新時の品質管理による遅延問題は残ります。できの悪いシグネチャが自動更新に含まれていても障害を発生させないようにテストすること。これは、グローバル展開されたIDSを何年も管理して得られた教訓です。追加で発生するテスト時間により、本番環境への導入だけでなく、プレイブックの新規レポートまたは既存レポートへの新規シグネチャ反映までに余分な時間が必要となります。

　多くのIDSベンダーは、シグネチャベースの正規表現による簡単なパターンマッチングを超えるインスペクション機能を付加的に提供しています。また、異常検知機能や、クラウド接続されたサービスを使用した自動的な脅威検知機能により、私たちが過信しているパケットキャプチャ、パケットマッチング装置の能力をより広げることが可能になります。とはいえ、制約はあります。

- 価値あるものとするためには、ポートやプロトコルすべてを検査できなければなりません。
- シグネチャの品質や正確性に依存します。
- IDSを回避する手法は複数存在します。
- 出力結果の出来はチューニング次第です。
- トラフィックの多いネットワークでは、スループットやパフォーマンスが問題になることがあります。
- 一般的に、シグネチャベースのアプローチによる静的（パッシブ）検知方法しかありません。
- 攻撃が成功したかどうか、必ずしも分かるわけではありません。

　IDSのアラームが発生したからといって、それが必ずしもセキュリティインシデントを意味するわけではありません。フィルタリングされていないインターネットのホストは、**必ずポートスキャンされます**。この単純な事実から、インターネットからあなたのシステムに対して行われる基本的なスキャンのアラームに反応する価値はあまりありません。しかし、スキャン活動のトレンドや異常値を見ておく意味はあります。IDSのシグネチャは、通常は（エクスプロイトキットかアプリケーションの脆弱性に対する攻撃による）エクスプロイトの試行、既知のマルウェアのシグネチャ、ネットワーク上で観測されたネットワークまたはシステムの異常に関するアラームです。では、クライアントホストからエクスプロイトキットに対する接続があったとき、そのホストは感染していると言えるでしょうか。これについて、IDSではホストがマルウェアに晒された可能性があるものの、実行されたかどうかは不明ということしか分かりません。対応する意味のあるインシデントを正確に特定するには、IDSのログデータをホストベースのデータやその他データソースと結びつけることが重要です。

　最終的に、ネットワーク侵入検知の主なメリットとデメリットは次のとおりです。

- IDSは、ネットワークのトラフィックと攻撃を選択的に検査するプラットフォームを提供します。
- 効果や影響の観点から、配置場所は重要です。
- チューニングは必須で、初期の作業は膨大ですが、いずれ有効性という形で努力が報われます。
- インライン型かパッシブ型かは、リスクに対する機能停止の許容度をどう判断するかによります。
- IDSとIPSは既知のシグネチャに依存していることから、いずれも事後対応の技術です。脅威のリリースとシグネチャのリリースとのギャップは縮まりつつありますが、完全になくなることは決してありません。

7.2.3　HIPの一撃（HIP Shot）

　ネットワークIDSが、ネットワーク外への通信や機密性の高いエリアへの通信に対して悪意あるアクティビティを捕らえるよう設計されているのは明白です。私たちが採用する集約ポイント／アウトバウンドの検知戦略では大量のアクティビティが検知でき、私たちのチームが気付かないままインターネットへと抜けることはほぼ不可能な状態です。一方で、ネットワーク侵入検知の主な弱点の1つに、集約ポイントを一度も通過しないトラフィックがどのような内容であったか（またはシステムプロセスで何が発生していたか）は、正確には分からないという点があります。もちろん、アウトバウンドトラフィックをすべて監視していれば外部への戻りトラフィックを特定できるかもしれません。しかし、何らかの理由で検知できなかった場合（不定期または予測できないパターンなど）、攻撃が成功する可能性はあります。最悪なのは、他の内部システムで感染が発生したのに検知されないことです。高度な攻撃シナリオでは、1つのホスト（感染第1号）を侵害した後、足がかりを維持するために、他のホストへと侵入を拡大することが一般的な次のステップになります。前述したように、IDSはパフォーマンスやスケールの問題からすべてのゲートウェイに配置することはできません。そのため、同一サブネット内あるいは同一セグメントのトラフィックで何が起きているかを検知するための別の方法を考える必要があります。侵入検知がホスト型の世界に入り込んだのは、こうした理由からです。

7.2.3.1 導入時の検討事項

ここで、ネットワークIDS（とその他セキュリティツール）の話をしているのは、インデックス化して検索できるイベントログを見つけるためだということを思い出してください。ホスト型の侵入検知または侵入防止システム（HIDS/HIPS）では、基本的な攻撃や一部のマルウェアをブロックできるだけでなく、悪意あるアクティビティを示す可能性のあるホスト固有のメタデータが豊富に含まれたログデータを得られること、さらにはネットワーク上では検出できないような属性や識別データを得ることができます。

また、よくあるアンチウイルスと、より高度なHIPSソフトウェアとを区別することは大事です。いずれもシグネチャベースで検知しますが、HIPSはネットワークIDSとは異なり、アプリケーションプロファイリングやカスタムルールに基づいた異常検知・防止という、一歩踏み込んだ機能を提供します。HIPSは一般的に、カーネルドライバを使ってシステムコールやその他情報に割り込み、ポリシーと比較します。ちなみに、別の下位の動作にフォーカスを当てている時点で従来のHIPS製品とは異なりますが、マイクロソフトの（無償の）Enhanced Mitigation Experience Toolkit（EMET）はHIPSと似たような動作をし、説明に役立つ機能をいくつか実装しています。EMETには、メモリのアドレスをランダム化して保護する機能、本来実行不可能なスタック領域でデータが実行されないよう防止する機能（Data Execution Prevention）、その他メモリベースでの保護機能があり、シグネチャベースやファイルベースのシステムでは検知されない高度なマルウェアに対する防御策として有効です。忘れないでほしいのは、シグネチャベースのシステムはどんなに優れていても、常に事後対応になり、攻撃手法が知られるまでは防止することができません。一方で、振る舞い検知や異常検知のセキュリティシステムは、たとえ一度もファイルに書き出されていないとしても、**未知の攻撃を防ぐことが可能**です。

ただし、従来のHIPSはメモリベースの攻撃よりもファイルを使用した攻撃にフォーカスしています。ファイルベースのアプローチは、ホワイトリストなどとの相性が最高です。特に、既知のファイルに対する操作やその配置場所、レジストリキーの操作が警告やブロックの対象ではなく常に許可できるような、小規模もしくは制限されている環境に適しています。このほか、すべてをホワイトリストに登録する以外で有用なHIPS戦略に、たとえば変わらないはずのWindowsのレジストリキーが変更されるなど、普段と異なる特定の状況が発生した場合に、単純にアラームをあげるというものがあります。また、HIPSはマルウェアドロッパーのダウンロードや実行を検知するのにも最適です。その手法の一部は、次のとおりです。

- 保護されたシステムのディレクトリや、一般ユーザーのディレクトリに対する書き込みの監視。例：
    - %Temp% = C:\Users\<user>\AppData\Local\Temp
    - %Appdata% = C:\Users\<user>\AppData\Roaming
    - C:\Program Files(x86)
    - C:\Windows\System32\drivers
- ユーザーデータベースやレジストリの変更
- 実行されているプロセスの変更。特に次のような一般的なサービス：explorer.exe、iexplore.

　　exe、java.exe、svchost.exe、rundll32.exe、winlogon.exe

- 他ホストからのネットワーク接続試行のブロック／ロギング

7.2.3.2　実際の例

　最後のポイントは、ネットワーク内部に強力な検知の層を構築する上で重要です。というのも、ここでは他のネットワークベースのツールでは実現できない、侵入拡大を見つけることができるからです。たとえば（HIPSのステータスにかかわらず）ホストが侵害され、監視対象ネットワークの集約ポイントから外れている他のホストに対するスキャンや攻撃を始めたとしても、ネットワーク上の他のHIPSエージェントがスキャンや攻撃が行われた旨を示すログメッセージを残していると安心できるでしょう。

　次の例は、HIPSインフラストラクチャでロギングされた結果です。

```
2014-10-30 19:02:08 -0400|desktop-nyc.us.partner|10.50.225.116|
  2014-10-30 19:07:08.000|The process 'C:\WINDOWS\system32\svchost -k DcomLaunch'
(as user NT AUTHORITY\SYSTEM) attempted to accept a connection as a server on TCP
port 3389 from 10.50.225.242 using interface PPP\modem\ HUAWEI Mobile
  Connect - 3G Modem\airtel.The operation was denied.
```

　このアラームの例には、興味深いデータがたくさんあります。まず分かるのは、10.50.225.242がHIPSに保護されているホスト10.50.225.116（desktop-nyc.us.partner）のTCPポート3389番に対して接続を試行し、保護されたWindowsサービス（svchost）を開始しようとしたことです。接続は拒否され、このホストが組織のネットワークや無線インフラストラクチャ上に存在しないことも見て取れます。HIPSの報告によれば、ネットワークインターフェイスは3G無線ネットワークになっています。このアラームが示すのは、誰かが自身の3Gモデムを使って、リモートホストから組織内のホストに対しWindowsのリモートデスクトップサービスを開始しようと試みたことです。該当ホストが組織内のネットワークにいながらモデムを使用していたら、それは大きな問題です。外部の不正かもしれないネットワークとの間に保護されない橋が作られるからです。ここで、普通のゲートウェイや集約ポイントには、ネットワークベースの検知機能しか配置できないことを思い出してください。この場合、アウトオブバンドのネットワーク接続は監視対象外となり、組織にとっては甚大なリスクとなります。そのような場面でも、HIPSはいつ、誰が、どうやって、何をしたか正確に教えてくれます。これ以外にも、離れた場所にラップトップを持ち出したユーザーが自身の3Gモデムを使った際に攻撃を受け、アラームが通知されたという可能性もあります。また、クライアントが組織ネットワークに再接続したとき、HIPSのログサービスに接続されたことで、アラームが発生した可能性も考えられます。

　このログメッセージには、攻撃に関するデータだけでなく、ユーザーの属性データも豊富に含まれています。仮に、特定の時間、特定のIPアドレスが誰に、そしてどのマシンに割り当てられていたのかを記録するシステムがなかったとします。ほとんどの認証サーバは、クライアントがネットワークアクセスをする際の認証時にこうした情報を記録しますが、ではクライアントが認証を必要としないネットワークセグメントにいた場合はどうなるでしょうか。このアラーム自体から、システムdesktop-nyc.us.partnerにはIPアドレス10.50.225.116が、少なくとも2014年10月30日、UTC 11:00 p.m.頃

の数分間、割り当てられていたことが分かります。このとき、他のセキュリティアラートや調査で10.50.225.116に関するログがあれば、それらイベントデータと今回の情報とを突き合わせることができます。標準のホスト名にユーザー名が含まれていれば、状況はさらに良くなります。たとえば、username-win7だとしたら、すぐに所有者、または少なくとも調査の一環で質問をすることができる人物を見つけることができるでしょう。このほか、ここで得たメタデータの断片を、ユーザー情報のない他のセキュリティログのインデックスと照合することも可能です。たとえば、同じ時間帯のネットワークIDSのログに情報があまりなければ、他のこうしたイベントデータを参照してホスト名やユーザー名を探すことができます。

　もう1つの例は、属性データのほか、攻撃やマルウェアを必ずしも示すわけではありませんが調査のコンテキスト情報を含む可能性のある副次的データを提供しています。

```
2014-10-20 07:45:52 -0800|judy32-windows7|172.20.140.227|
  2014-10-20 07:52:22.227|The process 'C:\Program Files\RealVNC\VNC Server\
vncserver.exe' (as user NT AUTHORITY\SYSTEM) attempted to accept a connection as a
server on TCP port 5900 from 10.1.24.101 using interface Wired\Broadcom NetXtreme
Gigabit Ethernet.
  The operation was allowed.
```

　ここでは、クライアント10.1.24.101がVNC（リモートデスクトップ共有アプリケーション）を使ってユーザーjudy32のWindows 7システムにログインしたことが読み取れます。HIPSには、接続が許可されたとあります。もしVNCセッションが予期されたものであれば、ここでは悪性を示すものは何もありません。もしも予期せぬ接続であれば、それはjudy32のPCに対する未承認のアクセスであることが分かります。もしもログイン認証に成功し、PC上で別の悪意あるイベントが発生した場合、それがjudy32の起こした問題なのか、それとも他の誰かが実行したものなのか、明確に判断できなくなります。

7.2.3.3　制限事項

　HIPSも他のツールと同じく、さまざまな注意事項があります。第一に、HIPSは、インストールが必要なクライアントソフトウェアの一種であるという点です。すべてのエンドポイントに対して厳しい制御を敷いていなければ、HIPSを全体に配備することはできず、保護されないホストはリスクに晒されたままとなるでしょう。また、アンチウイルスやその他セキュリティソフトウェアなどをすでに導入している場合は、システムのパフォーマンスを犠牲にしながらすべてを稼働させた状態にしておくことに疲弊してしまうユーザーやサポート担当者が出てくる可能性もあります。HIPSソフトウェアは、他のソフトウェアと同様、環境、標準のソフトウェアイメージ、またはハードウェア構成によっては満たすことのできないシステム要件が存在します。中央のIT責任者がホストを完全に管理していない組織では、エンドポイントのソフトウェアや構成が統一されていないと、莫大なコストをかけてHIPSの検知プロファイルのチューニングをするはめになるでしょう。ネットワークIDSでも同じことが言えるのですが、HIPSの導入ではよく見過ごされてしまうのが課題です。また、オプトイン形式のシステムの場合、HIPSをシステムに導入したあとで、さまざまなクライアントアプリケーションのフィルタリングやチューニングが必要になる可能性も頭に入れておいてください。

　もう1つ検討すべきことは、ホスト自体の種類です。ソフトウェアを追加インストールする場合、カーネルのshimが実装されている可能性のあるエージェントでは特に、安定性や可用性に対するリスクがやや高まります。そのため、システム管理者は、あるいはシステムポリシーではドメインコントローラ、ディレクトリ、メールサーバなどの重要なサービスに未保証のソフトウェアのインストールを許可しないことがあります。

　侵入検知はどれもチューニングが必須で、HIPSも例外ではありません。HIPSのチューニングは、クライアントPCのソフトウェアプロファイルの複雑さによっては、非常に煩雑で継続的に実施しなければなりません。あらかじめ確実にホワイトリスト化しておくことで、チューニングはもっと簡単になるはずです。ログデータをアプリケーションのエクスプロイト、ネットワークイベント、既知のブロック済みマルウェアに分類すると、プレイブックのレポート作成が楽になります。HIPSのアラームに使われている基本的な検知カテゴリではそう分類されているからです。適切なフィルタリングを設定すれば、使えるセキュリティログ情報だけを提供しながらHIPSサーバのデータベースの容量を削減することができます。マルウェア検知では、*.exeのダウンロードをすべてロギングするのが良い考えのように思えるかもしれません。しかし、何でもかんでもダウンロードとインストールができるように許可されている環境では、あとで大規模なデータを検索することになり、誤検知のイベントを無視するためのチューニングには膨大な時間がかかるでしょう。一方で、保護されたシステムディレクトリから新たに*.exeが実行された場合（特に呼び出し元のプロセスがユーザーのテンポラリディレクトリの場合）にロギングすることは、悪性の可能性があるアクティビティを絞り込むのに役立ちます。

　どんなセキュリティのイベントソースでも、一度もログを見ないのであれば、そのツールの効果は劇的に下がります。HIPSは大量のログデータを生成しますが、そのほとんどは無害な情報や役に立たない情報です。精度の高いレポートが開発されるまでは、監視することは楽ではありません。最も有益なデータ（システムで最も機密性の高い箇所の監視業務など）を受け取り、正規のソフトウェアに関する情報を削除するためにHIPSのアラームをチューニングすることは、かなりの労力です。しかし、ネットワーク内の検知のギャップを埋める、非常に有用なログデータが得られます。HIPSはホスト型の防御層で重要な役割を担い、ネットワーク監視で見逃す恐れのある領域について通知してくれます。

　最終的に、ホスト侵入検知の主なメリットとデメリットは次のとおりです。

- クライアント側のセキュリティ監視をすることで、ホストで何が起きているのか他の防御層では検出することができない情報を可視化することができます。ネットワークベースの検知は必須ですが、優れたホスト制御はネットワーク検知では不可能なことを実現します。
- HIPSは、ユーザー／ホストの属性を決めるのに役立つ追加情報を提供します。
- すべてのシステムでHIPSを実行できるわけではなく、どんなIDS技術でも言えることですが、アラームのチューニングにリソースを割くことは必須です。
- HIPSログには（チューニング後であっても）余計な情報が含まれることがあります。ですが、インシデント発生後にそれらが計り知れないほど貴重なヒントになることもあります。
- ホスト型の制御は、エンドユーザのコンピューティング環境をあまり管理できない場合（モバイ

ルデバイス、私物デバイスなど）は、運用維持や導入が難しくなります。

7.2.4　NetFlowについて

このコンセプトにはたくさんの名称があります。NetFlow、Jflow、Netstream、Cflowd、sflow、そして IPFIX です。ベンダーごとの実装と標準規格の定義はやや異なりますが、本質は一緒です。各テクノロジーは、少なくとも2つのホスト間における接続（フロー）の記録を作成します。記録には、送信元、宛先、パケット／バイト数、タイムスタンプ、ToS、アプリケーションポート、入力／出力インターフェイスなどのメタデータが含まれます。RFC 3954（http://www.ietf.org/rfc/rfc3954.txt）に定義される Cisco NetFlow v9 は業界標準規格とされ、IETF の IP Flow Information Export（IPFIX：https://tools.ietf.org/html/rfc7011）のベースになっています。IPFIX RFC で指摘されているとおり、「フロー」には複数の定義が存在します。簡単に言えば（IPFIX RFC の定義によると）、フローは「特定の時間間隔でネットワーク内の観測ポイント（IP パケットが観測可能なネットワークの箇所）を通過した一連の IP パケット」です。フローに適用される機能によって、これまでに説明したようなメタデータが定まります。

パケットキャプチャ、IDS、アプリケーションログなど、その他のデータソースとは異なり、NetFlow はコンテンツのないメタデータです。言い換えれば、**その接続において実際に何が起きたかという情報**はフローデータ自体に反映されないということです。このため、NetFlow はこれまでネットワークのトラブルシューティングやアカウンティングなど、接続中のやりとりの内容よりも接続があったことを知ることに重きがあるような目的に適しているとされてきました。しかし、NetFlow にはペイロードデータがありませんが、セキュリティ監視やインシデント対応ツールとしても役立ちます。これまでの経験では、侵害のタイムライン作成、攻撃者による侵入拡大の可能性の特定、暗号化されたデータストリームに対するコンテキスト情報の提供、または単に、疑わしい時間帯におけるネットワーク上のホストの振る舞いを理解するなど、ほぼすべての調査において NetFlow は利用されています。

7.2.4.1　導入時の検討事項

他のネットワークベースの検知手法と同様に、NetFlow 収集インフラストラクチャの配備はレポート結果に大きな影響を与えます。同時に、NetFlow/IPFIX のコンセプトに多数のバージョンがあるように、検討すべきフロー収集の導入方法や構成も多数あります。

7.2.4.2　1:1とサンプリング

ほとんどの場合、ネットワーク管理者はフローの一部のサンプルのみエクスポートするよう NetFlow を設定します。サンプリングはネットワーク接続のパフォーマンスや状態を知るには最適で、フローの保存領域やフローエクスポータとコレクタ間のトラフィックを削減できます。しかし、セキュリティ監視やインシデント対応においては、サンプリングされた NetFlow だとホストの振る舞いをタイムライン分析するとき、空白の時間が発生してしまいます。1:1 のフローエクスポート比率でなければ、侵害の前、最中、後に何が起きたかを正確に理解することは不可能でしょう。

　1:1フローをエクスポートするとルーティングデバイスにパフォーマンス問題が生じるという話を何度か聞いたことがあります。ですが、1:1 NetFlowがパフォーマンス低下を招くことはないはずです。（ハードウェアにもよりますが）大半のプラットフォームでは、NetFlowはハードウェアでスイッチングされます。つまり、特定用途向け集積回路（ASIC）上で処理が行われるという意味です。その結果、プロセッサからハードウェアにリソースの処理がオフロードされ、ルータのパフォーマンスへの影響が最小限に抑えられます。NetFlowデータをサンプリングせずにエクスポートする必要性や設定については、ネットワーク管理者と連携して取り組む必要があります。

7.2.4.3　NetFlowを強化する

　NetFlowは歴史的に、いつ、どのポート、プロトコル、インターフェイスを通じて、どのホスト同士が接続しているかを示す、コンテンツレスのデータソースです。フローデータだけを見ると、その接続を通じてホスト間で転送されたコンテンツやデータはコンテキストから推測するしかありません。ホストの命名規格、DNSホスト名、一般的なポートの割り当てから、接続に関する何らかの情報が分かります。次に挙げるのは、本書のために生成したNetFlowのレコードで、典型的なWeb接続を模したものです。

開始時間	終了時間	クライアントIP	クライアントポート	サーバIP
2014-04-28T15:03:22Z	2014-04-28T15:03:22Z	10.10.70.15	51617	192.168.10.10

サーバポート	クライアントバイト数	サーババイト数	合計バイト数	プロトコル
80	10212	3606	13818	tcp

　このフローレコードでは、送信元ホスト10.10.70.15が10212バイトのTCP転送を51617番ポートから宛先ホスト192.168.10.10の80番ポートに対して実行しています。

　ぱっと見はよくあるWeb接続に見えますが、フローレコード自体が必ずしもクライアントがWebサーバの80番ポートに接続していることを示しているわけではありません。本当にHTTP接続かどうかを判断するには、通常は、さらにコンテキストが必要となります。それとも、あなたは判断できますか。

　NetFlowもIPFIXも、アプリケーションを識別するためのフィールドが組み込まれていません。アプリケーションの識別はこれまで、コレクタがフローのポートを使って行ってきました。攻撃者はよく、非標準ポート上でサービスを実行してネットワーク接続を難読化し、ポートベースアプリケーションの技法の信頼性を貶める技を使ってきます。幸いなことに、Information Model for IP Flow Information Export（RFC5102：https://tools.ietf.org/html/rfc5102）でIPFIXの著者は、ポート、送信元IPアドレス、プロトコルなどの標準的な要素以外にもベンダーが固有の情報要素を実装できるようにすると記載しています。これにより、ベンダーは独自のディープパケットインスペクション（DPI）エンジンを使うことでフローのコンテンツに基づきアプリケーションを識別し、その情報をカスタムの情報要素からフローレコードへ記録できるようになりました。

　シスコシステムズは、IPFIXの拡張機能としてRFC6759（http://www.ietf.org/rfc/rfc6759.txt.pdf）を提出しました。内容には、観測されたアプリケーションの説明、アプリケーション名、トンネリング技術、P2P技術など、フロー内のアプリケーション情報を識別する新しい情報要素が含まれます。シスコシステムズ独自のNetFlow DPIアプリケーション識別の実装は、Network-Based Application Recognition（NBAR：https://www.cisco.com/c/en/us/products/collateral/ios-nx-os-software/network-based-application-recognition-nbar/prod_case_study09186a00800ad0ca.html）と呼ばれています。パロアルトネットワークスでは同様の分類技術の実装をApp-ID（https://www.paloaltonetworks.com/content/dam/pan/en_US/assets/pdf/tech-briefs/techbrief-app-id.pdf）と呼び、デルのSonicOSではReassembly-Free DPI、ntopの実装ではnDPI（https://www.ntop.org/products/deep-packet-inspection/ndpi/）と呼んでいます。

　では、先ほど例に挙げたフローに対して、ベンダー固有のIPFIXアプリケーション識別拡張機能が、そのトラフィックをFTP、TFTP、Telnet、あるいはSecure FTPと認識した場合はどう考えればよいのでしょうか。TCP80番ポートとこれらプロトコルの組み合わせは深刻な損害を与えるデータ流出の証跡でしょうか。それとも単純にサービスの設定ミスでしょうか。少なくとも、ホスト所有者に追跡調査で連絡するか、今後何か発生した場合に備えて全トランザクションを収集するパケットキャプチャを設定する価値はあるでしょう。

7.2.4.4　実際の例

　フローデータを事後調査のみで利用するだけでは、検知や対応の手段としての可能性を享受できません。NetFlowは、脅威の検知で攻撃を特定するとき、通信内容を理解する必要がそれほど大きくないような場合に最適です。単純なNetFlowのメタデータでも、既知の悪意あるIPアドレスやネットワークとの接続を検知する対応手順の実行結果を確かめるための十分な情報を提供できます。

　このほか、NetFlowはポリシー違反の検知でも威力を発揮します。たとえば、PCIまたはHIPAAの隔離データが存在する、または許可するサービスポートが明確にポリシー定義されたデータセンターがあるとします。これらへの悪意あるトラフィックを検知するには、外部からの接続や、許可されないポートへの接続を探すことで可能です。些末なことのように思うかもしれませんが、こうしたタイプのレポートは驚くほど役立ちます。たとえば、エッジのファイアウォールでブロックされるポートに対するアウトバウンド／インターネットのTCP接続をNetFlowで監視する対応手順があるとします。このレポートで返されるトラフィックはすべて、要調査対象です。ファイアウォールの設定ミスや機能不良を意味する可能性があるからです。これら対応手順の良い点は、適切にネットワークを管理すれば通知は滅多に生成されない点です。

　NetFlowを検知で利用する、もう少し複雑な方法に、データを使ったUDP増幅（DoS）攻撃（https://blogs.cisco.com/security/a-smorgasbord-of-denial-of-service）の検知があります。簡単に説明すると、UDP増幅攻撃はUDPパケットの送信元アドレスを偽装できることを悪用し、ごく少量のデータをサービスに送信した後、偽装した送信元に対して過度な大容量のデータを返す攻撃です。送信データと応答データが不均衡なほどに増幅効果は大きくなり、攻撃の規模も大きくなります。対策として、まず

は増幅攻撃の疑いがあるUDPサービスすべてを完全にブロックすることです。続いて、脆弱性スキャンでこれらのサービスを検知し、パッチ適用、停止、またはフィルタリングします。ネットワークデバイスで偽装攻撃を防止する方法もあります。ただし、大規模かつ複雑なネットワークだと、不要なサービスをブロックし、事前スキャンするだけでは十分な対策にならない可能性があります。多層防御を徹底するには、UDPサービスの不正使用も検知できなければなりません。この考え方に関する詳細は、9章で解説します。

　事前監視対策以外にも、NetFlowは異なるデータソースを紐付けて、ネットワークアクティビティの詳細なタイムラインを提供することで、調査中にも効果を発揮します。IDS、Webプロキシ、外部からの情報、従業員からの報告など、イベントの元が何であれ、元のイベントが発生した時間帯に発生したホストまたは複数ホストの全通信を、NetFlowを使って特定することができます。使用例は、ほぼ無限にあります。NetFlowは、ホスト上にマルウェアがドロップされた後に開始されたアウトバウンドの接続を特定することができます。これは、侵入拡大、異常に大容量または急に発生した転送によるデータ窃取、さらなる感染ホストによる既知のC2サーバとの通信の発端である可能性があります。たとえ攻撃者が世界中のどこかに自身のインフラストラクチャをホスティングしても、NetFlowであれば地球上の予期せぬ場所への接続を検知するのに役立ちます。任意の時間帯にネットワーク上で何が発生したかを知ることが目的であれば、必要なデータソースはNetFlowです。

7.2.4.5　制限事項（と回避策）

　どのツールにも言えることですが、完璧なツールなどありません。NetFlowには、データの期限切れ、方向性の曖昧さ、対応デバイス、転送プロトコルとしてUDPを使用することによる制限が存在します。

7.2.4.6　期限切れの現実

　フローが開始されると、ルーティングデバイスはフロー関連の情報をキャッシュとして保存します。フローが完了すると、フローはキャッシュから削除され、設定された外部コレクタへとエクスポートされます。フローが完了し、コレクタにエクスポートする準備が整ったことをNetFlowエクスポータが認識する条件は、5つです。

- （指定された時間に基づき）フローがアイドル状態にある
- 長期存続したフロー（Cisco IOSのデフォルトでは30分間）
- キャッシュが最大容量に近付いている
- TCPセッションが終了した
- バイトおよびパケットのカウンタが上限に達する

　最も明白なのは、TCPセッションが適切に終了（FINまたはRST）したときでしょう。これは、最初のTCPスリーウェイハンドシェイクから適切に切断されたことまでをルータが観測したことを示します。この場合、接続が正しく終了したことに疑いを持たないかもしれませんが、TCPリセット攻撃で接続が早く終了した可能性も考えられます。また、NetFlow v5やv7を使用している場合、これらの

NetFlow設定では32ビットカウンタを使用しているためカウンタオーバーフローが問題になります。一方、NetFlow v9ではオプションの64ビットカウンタが利用可能です。

　対策として、64ビットカウンタに対応していない以前のNetFlowのバージョンを使うときは、長期継続するフローのキャッシュタイムアウトの値を短く設定することを検討してください。

　フローが長期間継続している、キャッシュが最大容量に近付いている、アイドル状態のフローがあることは、いずれもNetFlowを用いた分析をする上で何らかの問題の原因となります。多くのNetFlowコレクタは集約機能やスティッチング機能を使って、エクスポートデバイス内で期限切れになった長期継続フローに対処することが可能です。集約は、検索時に行われます。たとえば、有名なオープンソースツールnfdump（http://nfdump.sourceforge.net/）は、TCP/IPの5タプル、つまり、プロトコル、送信元IPアドレス、送信元ポート番号、宛先IPアドレス、宛先ポート番号に基づきコネクションレベルで集約を実行し、フロー継続時間とパケットのカウント数を合わせて1つの結果として出力します。

```
2005-08-30 06:59:54.324  250.498 TCP 63.183.112.97:9050 ->
146.69.72.180:51899 12  2198 10
```

　なぜこれが重要で、NetFlowデータの利用にどのような影響があるのでしょうか。開始や終了がいつか分からない長期継続フローがあるとします。そのフローに対してNetFlowデータをクエリした場合、ツールはクエリ時に指定した期間内に対してのみクエリを実行しているでしょうか。それとも、出力結果に集約できる他のフローを探し、開始と終了を補完するでしょうか。前者の場合、クエリで指定した期間以外のフローが出力結果に含まれていると知るにはどうすればよいでしょうか。実際、一部ツールは時間を遡って集約すべきフローを探し出します。ベストプラクティスは、期間の範囲を大きくとって検索対象を広げるか、クエリで指定した期間を超えた期限切れフローがある場合にインフラストラクチャがどう対応するか確認しておくことです。

7.2.4.7　方向性

　セキュリティ監視やインシデント対応の観点では、すべての接続の送信元と宛先は常に特定できる必要があります。定義に立ち返れば、フローは単方向です。接続の方向性の考え方は、スリーウェイハンドシェイクでSYNとそれに続くACKの送信元である送信者と、SYN–ACKの送信元である宛先とをつなぎ合わせれば分かると思います。では、UDPはどうでしょうか。もしくは、観測したフローのスリーウェイハンドシェイクが、利用可能な出力結果のクエリ期間外に発生したものである場合、どうなるのでしょうか。

　残念ながら、一部のツールでは使うポートのみで方向性を判断します。1024番以下のポートは「サーバ」ポートと見なされ、1024番以上はクライアントポートと見なされます。大半の接続に対して、この一般的なポート割り当てが採用されています。しかし、セキュリティ監視では本質的に何かを破るのが好きなハッカーを追いかけなければなりません。前のセクションで挙げたNetFlowの例に戻って考えてみます。NetFlowは、送信元ホストを10.10.70.15、宛先ホストを192.168.10.10と識別しています。実は、NetFlowクエリは送信元と宛先を**間違**って識別しています。これは、コレクタがフロー内のホスト

に対して送信元タグと宛先タグを誤って割り当てるように著者が特別に作った、シンプルなシナリオです。では、使ったポート（クライアントポート51617番、宛先ポート80番）、TCPスリーウェイハンドシェイク、その他まったく異なる要素などに基づきクライアント／サーバが指定されたことを知るにはどうすればよいでしょうか。最終的には、この例で示したように、インフラストラクチャを検証すべきでしょう。ですが、一部のNetFlowメタデータを見ることで、フローがネットワーク内をどのように横断しているか、よりよく理解することも可能です。

NetFlow v9のエクスポートには、field 61（DIRECTION）が含まれます。これは、フローデータをエクスポートするインターフェイスからフローが外に出たのか、それとも入ってきたのかを示すバイナリ設定です。NetFlowエクスポータが何か分かっている場合（自分のネットワークなので当然分かりますよね）、特定のインターフェイスでどちらの方向から接続が確立されたのかが特定できれば、方向性ははっきりします。境界ゲートウェイデバイスのインターフェイスの1つからフローをエクスポートしたとき、フローのDIRECTIONフィールドに入力フローと記載されている場合、フローは外部から、ネットワークに入ってきたと考えてほぼ間違いないでしょう。それでも、その接続のフローすべてが集約されたかどうか知ることは困難です。しかし、接続内の2つのホスト間で観測されたすべてのフローに対して前述の作業を繰り返せば、接続の本当の送信元と宛先を特定できるでしょう。

7.2.4.8　デバイスのサポート

手元のネットワークデバイスがすべてNetFlow（完全またはサンプリング）やDPIに対応しているとは限らず、対応デバイスすべてからエクスポートを受け取る必要もありません。その他のツール同様、最低限必要なのは環境を出入りするトラフィックすべての可視性です。ほとんどの組織は、全サブネットの全ホスト間で流れるフローデータを収集するのに十分なストレージやネットワーク容量を有していません。それでも、重要なデータが置かれているセグメントがある場合は、ぜひその環境に置かれた集約ルータからNetFlowデータをエクスポートすることを検討してください。NATのせいで可視性が得られないときは、NAT変換の前後からNetFlowをエクスポートしてみてください。ただし、覚えておいてほしいのは、デバイスの設置場所によってはエクスポートするデータが重複してしまう可能性があることです。お手持ちのコレクタはネットワークの異なる場所からエクスポートされた同一のフローを認識して集約することができるでしょうか。フローの重複でストレージの消費量が増加したことを説明できますか。

7.2.4.9　UDP

NetFlowはもともと、フローデータの機密性、完全性、可用性（CIA）を提供しません。フローは転送プロトコルとしてUDPを使ってエクスポートされ、UDPのデータ転送に関する制約は、すべて同じようにフローについても当てはまります。シーケンス番号、ハンドシェイク、およびフロー制御が欠如していること、そして、スプーフィングが可能であることは、どれもCIAの三位一体の支えを無効化します。結果として、フローデータに対してもその他UDPサービスで実施している対策を適用する必要があります。ネットワークの飽和状態の監視は、パケットロスや不完全なフローレコードの原因となる可

能性があります。Unicast Reverse Path Forwarding（uRPF）などの制御を通じて、フローデータのエクスポートや収集が行われるネットワーク上でのスプーフィング試行を防止しましょう。全体としては、フローデータは転送にUDPを使うあらゆるサービスと同じ制限の対象であることを留意してください。

最終的に、NetFlowの主なメリットとデメリットは次のとおりです。

- 事後調査のサポートと事前検知のための手順実施の双方において重要です。
- セキュリティの観点から、完全な（サンプリングされていない）NetFlowはホストの振る舞いの完全なタイムラインを理解する上で必要不可欠です。
- DPIによるアプリケーション識別などの最新機能は、基本的なNetFlowメタデータ以上の機能性を提供します。
- ベンダーによるNetFlowのサポートはそれぞれ異なり、フロー収集以上の包括的なソリューションを提供するものもいくつかあります。
- 転送にUDPを使用する点やフローからクライアントを検索する機能など、NetFlowは曖昧さを招く可能性があるものに依存しています。フローデータを正しく解釈するためには、そのことを十分に理解する必要があります。

7.2.5　真なる唯一の王、DNS

まずはこの言葉で始めたいと思います。DNSは本当に素晴らしい。それはインターネットの成功や運用の基本であり、セキュリティ監視やインシデント対応の観点でも豊富な使い道があります。プロトコルの仕組みといった非常に細かい話をしなくても、誰かの家の場所を住所ではなく緯度経度を使って探すのがどれだけ難しいかを考えてみてください。探すことはまず可能でしょうが、住所を覚える方がはるかに簡単だと分かるでしょう。ほぼ同じように、DNSはより簡単なインターネット上のロケーションサービスを提供します。これにより、ブラウザには「2001:420:1101:1::a」ではなく、「www.cisco.com」と書くことができます。検索エンジンを使う場合は、WebサイトのDNSホスト名を検索すればもっと早く見つかります。興味深いのは、（ほとんどの場合）UDPを使っているということです。一方で、（TCPを使う）ゾーン転送はIDSロギングやDNSサーバログで監視できます。

DNSレコードタイプは40ほどあり、多くのものは目的が不明瞭であったり、広く採用されていないDNSサービスのために使用されたりしています。それに対して、今回の目的では主に次のレコードタイプを取り上げます。

- A（アドレスレコード）
- AAAA（IPv6アドレスレコード）
- CNAME（レコード名のエイリアス）
- MX（メール交換レコード）
- NS（ゾーンを管理する権威サーバのネームレコードサーバ）
- PTR（ポインタレコード、IPからホスト名を解決するリバースDNSルックアップで使用）

- SOA（ゾーンの権威情報の詳細）
- TXT（マルウェアに関するさまざまな興味深い情報が詰まっている可能性あり）

　これらレコードは、セキュリティイベントを探す際のデータマイニングで最も使える情報を提供します。また、これ以外のDomain Name System Security Extensions（DNSSEC）やその他のアプリケーションに関連するレコードタイプではトラブルシューティング、認証、DNSの管理に関連するものが多くあります。

　マルウェア作者が私たちと同じく人間であるため、彼らもネットワーク通信のほとんどでDNSを利用しています。DNSホスト名は、マルウェア分析における最も有益な出力結果の1つです。マルウェアを分析するとき、私たちはどんなことが被害者のコンピュータに起こされたかを見るだけではなく、どのような外部通信が行われたかを確認します。多くの場合、これら通信では生のIPアドレスよりもDNSが活用されます。攻撃者が予約したホスト名は、検索で見つけやすいインジケータです。攻撃者はたやすくIPが抑えられないようにダイナミックDNSサービスを利用したり、ときにはレジストラからドメインを取得したりします。いずれの場合でも、組織全体のDNSインフラストラクチャに簡単な制御を実装することで、どんなホスト名やネームサーバであっても検知し、ブロックできます。これは、広範なドメイン名やホストの権威ネームサーバも含まれます。

　インシデント対応でDNSを活用する方法は、次に絞られます。

- DNSトランザクションのロギングおよび分析
- DNSリクエストまたはレスポンスのブロック

　IDSなどの多くのツールは、（ホワイトリストやブラックリストを元に）被害者が既知の不正なホスト名を解決することを記録することが可能ですが、最適なアプローチはパッシブDNS（pDNS：https://blogs.cisco.com/security/tracking-malicious-activity-with-passive-dns-query-monitoring）を使って指定のDNSトランザクションを記録することです。パッシブDNSによって収集された情報により、組織内のキャッシュ（リカーシブ）サーバや外部のDNSサービスのログからは通常得られないDNSアクティビティを可視化することができます。

　外部（場合によっては内部）のホスト名に対するリクエストをブロックする場合の最も効果的なアプローチは、BINDのResponse Policy Zone（RPZ）機能を利用することです。RPZは、通常のレスポンスを独自の内容に置き換える、もしくはレスポンスを行わないように設定することができます。これにより、既知の不正ドメインをリクエストするクライアントに対して、ドメインは存在しない（NXDOMAIN）と偽ることが可能になります。さらに一歩進んで、レスポンスを改ざんする事で、RPZによるリダイレクトが必要となったドメインに通信させようとするマルウェアについて、より詳細な情報を収集するための疑似サービスをホスティングするシンクホールに誘導することができます。また、DNSによるシンクホールへのリダイレクトとハニーポットの手法とを組み合わせることで、より詳細な検知に役立つ攻撃の属性が見つかる可能性もあります。私たちの目的としては、pDNSとRPZをDNSプロトコルに関する一番のツールとして重要視しており、追加のインテリジェンスを得るためにシンク

ホールを活用しています。

7.2.5.1 導入時の検討事項

DNSトラフィックまたはログデータの収集は、特に独自のDNSサービスをホスティングしていたり、大規模なネットワークを運用していたりする場合に課題となります。収集したデータの活用方法は数多く存在しますが、それはあなたの分析能力やDNSに関連するメタデータに対してどれほど意欲を持っているかに依存します。

7.2.5.2 小文字のP、大文字のDNS

組織の境界からインターネットへどれくらいのネットワークトラフィックが横切るのか、想像してみてください。DNSを使う新しい接続(十中八九、ほぼすべて)は、それぞれ権威DNSサーバに対するリクエストを生成します。たとえばノートPCからwww.infosecplaybook.comに接続する場合、そのノートPCは組織のDNSサーバに対して、リクエストしたホスト名に対応するIPアドレスを問い合わせます。その答えを知らない場合(つまり、AレコードとAAAAレコードのキャッシュがない場合)、組織のDNSサーバは上位のDNS権威サーバに対して再帰的にwww.infosecplaybook.comを問い合わせます。このルックアップは、.comの権威サーバやそれ以降のサーバに順次問い合わせを行う必要が出る場合があります。このことから、クライアントのリクエストを記録する場所は2つ考えられます。内部DNSサーバへ入ってくる途中か、外部DNSサーバへ出て行く途中のいずれかです。これに再帰的なルックアップの複雑さと、すべてのクライアントがDNS解決を行うこととを組み合わせると、組織のDNSクエリとレスポンスは数百万にもなります。たとえ小さな組織であっても、DNSトランザクションの数はあっという間に増えていきます。

こうした膨大なデータに対処する方法は、いくつかあります。1つは、DNSサーバ自体にDNSトランザクションを記録することです。BINDとMicrosoft Active Directory(最も広く使われている2大DNSサーバアプリケーション)のいずれも、クライアントのリクエストとサーバのレスポンスをロギングするオプションを提供しています。ただしロギングの量が増えるほど、処理や設定が複雑となり、サーバの負荷は増します。サーバでのロギングは選択肢の1つでもありますが、インシデント対応チームがDNS管理者に問題をもたらす可能性を取り除く方向で考えると、最適なソリューションはDNSネットワークトラフィックをキャプチャし、必要な情報を抽出、インデックス化して検索できるようにすることです。パッシブIDSの場合と同様に、libnmsg(https://archive.farsightsecurity.com/nmsgtool/)やncap(https://www.dns-oarc.net/tools/ncap)などを使用することで、pDNSを特定のトラフィックのみ収集するように構成することができます。

DNS Operations, Analysis, and Research Center(DNS-OARC)の公式サイトには、ncapについて次のように記述されています。

> is a network capture utility like libpcap (on which it is based) and tcpdump. It produces
> binary data in ncap(3) format, either on standard output (by default) or in successive
> dump files. This utility is similar to tcpdump(1), but performs IP reassembly and

generates framing-independent portable output. ncap is expected to be used for gathering continuous research or audit traces.

（訳）

ncapは（そのベースとなった）libpcapやtcpdumpと同様のネットワークキャプチャツールです。これらはncap（3）形式で、標準出力（デフォルト動作）か、もしくは連続するダンプファイルのどちらかにバイナリデータを出力します。tcpdump（1）とも似ていますが、IPリアセンブリを実行し、フレーム方法に依存しない汎用性の高い出力を生成します。ncapは継続的な調査や監査証跡の収集で使われています。

　DNSアクティビティには、受動的にキャプチャ可能な2つの側面があります。監視やインシデント検知が目的の場合、キャプチャすべき最も重要なパケットはクライアントが生成したDNSクエリです。すべてのDNSクエリパケットからは、クライアントが解決しようと試みたドメインすべて、または特定のドメインを解決しようと試みるクライアントの数が分かります。もう1つは、クライアントに返されるレスポンスです。DNSレスポンスを見ることは、特定の悪意あるIPアドレス、ドメイン、感染クライアントの調査だけでなく、攻撃キャンペーンの進化の監視でも有用です。

　DNSレスポンスには、「このIPに解決されるドメインすべてを表示」や「このドメインで解決されるIPすべてを表示」といったリクエストに対するレスポンスがあります。クライアントのクエリとネームサーバのレスポンスの違いは、思っているより重要です。どちらもセキュリティの調査や監視プロセスの異なる面で役に立つだけでなく、意味的に異なる調査手段をサポートする傾向があります。

7.2.5.3　クライアントのクエリ

　クライアントのクエリパケットを確実にキャプチャするには、できるかぎりクライアントに近い場所でキャプチャする必要があります。クライアントのDNSトラフィックの大部分は十中八九、クライアントと「近くの」ローカルネームサーバ間を流れています。クエリパケットがキャプチャポイントを通過することなくクライアントからネームサーバへ到達してしまう場合は、クライアントがクエリを生成するところではなく、ネームサーバが上位の権威ネームサーバに対し、クライアントに代わってクエリを再帰的に実行した場合のデータを見ることになるでしょう。DNSキャッシュサーバの導入構成が比較的小さな規模の場合には、個々のネームサーバの前にコレクタを設置した上で、ローカルのネームサーバを利用しない変則的なDNSパケットをキャプチャするためにネットワーク境界にもう1つのコレクタを用意するのがよいでしょう。（8.8.8.8のようなインターネット上のDNSサービスを想定）。外部DNSサーバを使ってアドレスを解決しているホストは、何かを隠している可能性があります。複雑な再帰的なネームサーバの構成をローカルに持つ大規模なネットワークの場合、他のツールと同様に、より多くの方法を組み合わせて、ネットワークの集約ポイントでDNSパケットをキャプチャする必要が出てくるでしょう。これで大半のDNSクエリのアクティビティは網羅できるはずですが、クライアントがコレクタを回避してネームキャッシュサーバに直接到達できる盲点もいくつか残ります。

7.2.5.4 サーバのレスポンス

　DNSクエリのレスポンスをキャプチャすることは、クライアントのクエリをキャプチャするよりもはるかに簡単です。大抵の場合、関心のあるレスポンスは外部ドメイン名くらいでしょう。ローカルのネームキャッシュサーバが外部ドメインの権威サーバになりえないため、すべてのDNSレスポンスは外部ネームサーバが発信元となり、レスポンスがキャッシュされる前に少なくとも一度はネットワーク境界を越え、ネットワーク内に入ることになります。インターネットへの接続口ごとにコレクタを1台配備すれば、組織全体を完全に網羅できます。ただし、クライアントのクエリとは異なり、組織が観測したすべてのレスポンスを完全に可視化しても調査に十分でない可能性があります。

　理由は大きく2つあります。1つは、外部からのインテリジェンスフィードを通じてドメインに関する情報を得られたとしても、それらのドメインのいずれに対しても組織内のクライアントからのルックアップがまだ観測できていない場合です。受信したレスポンスに対する可視化の履歴がないということは、脅威が現在アクティブかどうかを不明確にします。もう1つは、クライアントが観測したレスポンスが他組織の観測したレスポンスと同じではない可能性がある点です。また、そのレスポンスは、明日も同じとは限りません。どの組織も、特定ドメインの攻撃性の状況を完全に把握できるだけの十分なデータを単独では持っていません。そのため、DNSレスポンスに対するグローバルな可視化はかなり貴重な情報です。グローバルDNSのレスポンスの可視化は新たに出現する脅威だけでなく、データのプロファイリングを通じて脅威実行グループをも明らかにします。絶え間なく変更されるドメイン名、新規登録されて最近アクセスのあったドメイン名、ドメインの登録パターン、その他のインジケータは分析対象となり、詳細な監視レポートやブロックリストの開発に役立ちます。可視化を提供するサービスやインテリジェンスフィードはいくつか存在し、中でも現在のトップはファーサイトセキュリティ社のDNSDBサービス（https://www.dnsdb.info/）です。

7.2.5.5 RPZ完了

　DNSは疑いようのない重要性や機能を備えており、DNS解決プロセスのブロックまたは変更の機能はインシデント調査、軽減、封じ込めでとても効果を発揮します。人間にとってIPアドレスが扱いづらいように（「173.37.145.84で今すぐ私たちのWebサイトにアクセス！」なんて信じられないですよね）、ドメイン名に関連したアクティビティをブロックするのにIPアドレス単位で軽減を行うのはやりにくさがあります。ホスト名のブロックまたはリダイレクトは、クライアントが利用するネームキャッシュサーバで実行するのが自然です。DNS RPZは、ネームサーバの設定に対して動的にロードされるセキュリティポリシートリガーに基づきクライアントへのレスポンスを制御する、高速かつ柔軟、拡張性の高い技法を提供します。ブロックまたはリダイレクトの条件に応じて、確実に成功する特定のリクエストをフィルタリングするDNSファイアウォールのようなものです。

7.2.5.6 すべてを制御する4つのポリシートリガー

　最大の柔軟性を得るため、RPZは元々想定されたDNSレスポンスの代わりにセキュリティレスポンスをトリガーするための4つの異なるポリシーを提供します（表7-3を参照）。最も分かりやすいポリ

シートリガーは、クライアントがクエリした名前に基づくトリガーです（QNAME）。www.bad.comの
QNAMEポリシーでは、通常のレスポンスをクライアントに返さないようネームサーバに通知します。
残り3つのポリシートリガーは、クエリされたドメインの解決のための再帰プロセスで得られるデータ
に基づいて実行されます。IPポリシートリガーでは、特定のIPアドレスに解決されるすべてのドメイン
に対してRPZレスポンスを返します。その他2つのポリシートリガーは、権威ネームサーバのIPアドレ
スまたは権威ネームサーバの名前（NSレコード）に基づきドメインをブロックします。

表7-3. 4種類のポリシートリガー

	クライアント リクエスト	サーバのIPアドレス	ネームサーバの IPアドレス	ネームサーバの ホスト名
QNAME	X			
NSIP			X	
IPアドレス		X		
NSDNAME				X

　この4つのポリシートリガーにより、大規模な不正ドメインに対するクエリをブロックしたりインター
セプトしたりすることができます。たとえば、既知の不正IPアドレスまたはClassless InterDomain
Routing（CIDR）範囲をブロックしている場合、ブロックされているIPに解決されるドメインまたは
ブロックされているネームサーバを利用するドメインをすべてRPZにて対応させることが可能です。こ
れはつまり、クライアントがルックアップしていることを知らなかったドメインもRPZで対応できると
いうことです。RPZのログからは、pDNS Queryログの一部ドメインに関する有用な情報が得られま
す。たとえば内部クライアントが繰り返し既知の不正サイトの名前解決を実施している場合、感染がま
だ残っているか、コールバックが試行されている可能性があります。

7.2.5.7　ブロックせずに妨害する

　DNS RPZの真の力は、クライアントが生成するクエリをブロックするだけではありません。RPZは
管理下のネームサーバで実行されることから、RPZを使ってクエリに対するレスポンスを偽造し、ク
ライアントを管理下のマシン（シンクホール）にリダイレクトすることができます。シンクホールは、
HTTPなどの一般的なサービスをエミュレートし、サービスの手前にネットワーク検知を配置してリク
エストに対するログや送信データを収集することができます。麻薬取引のやり取りの途中に覆面捜査官
を配置し、麻薬密売人を一網打尽にする能力を警察に提供するようなイメージです。このようなデータ
があれば、警察にとって麻薬犯罪組織の追跡がはるかに楽になるでしょう。DNS RPZがシンクホール
にクエリをリダイレクトする方法を技術的に説明すると、CNAMEレコードを偽造することで、ルック
アップされたドメインが実際にはシンクホールのホスト名のエイリアスであるように見せるという形と
なります。RPZログに記録されたデータとシンクホールおよびpDNSシステムのデータとを組み合わせ
れば、DNSの可視化や制御をしなくても、はるかに優れたインシデント監視が実現できます。たとえ
ば、シンクホールでHTTP、SMTP、IRCなどのサービスを待ち受けるようにしておけば、RPZにより

リダイレクトした特定ドメインに関するこれらサービスの通信を傍受することもできます。

7.2.5.8 実際の例

pDNSやRPZ／シンクホールのログデータをマイニングすることで得られる有用な対応手順は多数あります。これにメタデータを加えて、過去にRPZによってフィルタされたドメインに対してクエリを投げるような侵害された可能性のあるシステムのシンクホールログを分析することで新たな感染を見つけることもできるでしょう。DNSフィルタリングでは、C2サーバとの接続を防いでマルウェア感染を防止できるほか、すでに排除された攻撃者に対して未だ接続を試みようとする侵害ホストのログ証跡も得られます。広く知られているインジケータや不審なDNSアクティビティをさらに調査すると、さらに決定的な情報を得ることができるでしょう。シンクホールのログ分析では、次の情報を見ていくことになります。

HTTPリファラのない出力結果

シンクホールのHTTPサービスログから取得

ランダムに見えるホスト名の出力結果（ドメイン生成アルゴリズム [DGA] などによる）

次の表は、イベントの内訳でメタデータ要素（送信元、ヒット数、ドメイン、URL、時間範囲）と値（192.168.21.83, 64, /wpad.dat など）をまとめたものです。wpad.dat、つまりWeb Proxy AutoDiscoveryのJavaScriptファイルに対するリクエストが次に挙げるランダムなドメインに対して行われていることに注目してください。

送信元	ヒット数	ドメイン	URL	時間範囲
192.168.21.83	64	eumeiwqo.com	/wpad.dat	4h
		frtqgzjuoxprjon.com		
		idppqjvwwtfoj.com		
		jarigtvffhkgrvz.com		
		ohvxvkytfr.com		
		oisjuopdi.com		
		qrjnenmjz.com		
		qvcquqvjl.com		
		rqtdkahvoeg.com		
		uzmgyvgqctou.com		
		vdicplctstkpmjm.com		
		xmbeuctllq.com		
		xqflbszk.com		
		ygyfzxkkn.com		
		ysiefuwipz.com		

192.168.21.83上のマルウェアがこれらドメインに接続しようと試みており、システム上の平常時のアクティビティとは異なるイベントであると、ほぼ確定できるでしょう。

データのビーコニングやデータ窃取を示す`URL_String`内のヒント

たとえば、in.php, id=を含むURL、base64による大量のエンコード、脆弱な暗号化／XOR、構成ファイルのダウンロード、追跡スクリプト、認証パラメータなどがあります。この例では、感染の可能性があるクライアントがリモートの不審なWebサーバに対してポストされたバイナリファイル、cfg.binが実際に見て取れます。

```
2015-07-09 01:38:58.064865 src=192.168.21.183 client_bytes=5403
dest="dunacheka.meo.ut" dest_port=tcp/80 url="/admin/cfg.bin"
http_method="POST" "http_user_agent="Mozilla/4.0 (compatible;
MSIE 7.0; Windows NT 6.1; Trident/4.0; SLCC2; .NET CLR 2.0.50727;
.NET CLR 3.5.30729; .NET CLR 3.0.30729; .NET4.0C; .NET4.0E;
InfoPath.2)"
```

次の表は、不正の可能性があるURLパラメータのその他の例です。

送信元	ヒット数	ドメイン	URL	時間範囲
192.168.21.89	32		/pagetracer/duba/__utm.gif?param= RURJSxAAAABKAAAAAQAAAHi cS0wuyczPy0vMTbVNzMksS1UrqS xItTU3MrCwNFMrLc1MsTWyMDJ 2cjE2MHQxc3ZxdHU0dnJ2dDY0N zQ1dnZxMjZ0AgDVEhNK	4時間

「pagetracer」のあとに、base64値がロードされた「param」パラメータが続いているのに注目してください。URLパラメータに大きなbase64値があるのはよくあることですが、ドメインの有効性と組み合わせてスクリプト名を確認することで、攻撃者や詐欺行為の可能性をふるいにかけることができるでしょう。

次の表は、クライアントホストの192.168.21.52が、おそらく難読化されたスクリプトを使って怪しい名前のドメインに接続を試みている状態を示したものです。おそらく、これら接続は正当なものでも人間によるリクエストでもありません。

送信元	ヒット数	ドメイン	URL	時間範囲
192.168.21.52	14	4jun3vxnu2o37 6llv4ynuydu5xh gwtvjqqfagcm7 rfclhiwe7rmpz6 eify.wonderful-nature.org	/x/?AFwVKo11t4mJnU2lWxFQtOc=	4時間
			/x/?RQHbZiOsJ5/n7yP4hq+HyWM=	
		ezwobvb2qivshl ekef2ti4v7ia7tz7 jhjtkmguk5yjox hvklc32y27klde. wonderfulnature. org	/x/?Y/lOzY7y81Fqwd/u5nS0jlo=	
		hp7xx2csnhfoo2 iw5izgv235tdfia g4wmq3cmdysn hcxa6zhbhgh7kt oum.wonderful-nature.org	/x/?ddCCQjRTxrdPgtuUx5I5wjc=	
			/x/?eKhqTJcoo/pIZ117fSOqDGQ=	
		l2aajjixxjspq7lo s7r2ebweo37at 5ywiopfzf7mrw omnwp7fyin2se aby.wonderful-nature.org	/x/?hZ4qsvawxTVnlb9bNxN+c54=	
			/x/?loNtE6yuyk1Tuxn3XZ1WJAc=	

時間経過で見た該当ドメインに対する高いルックアップ数

特定のドメインに対するリクエストが急増した場合、特にその環境で滅多に見られていないドメインである場合には、新たなシステム侵害やC2トラフィックが発生し始めている可能性があります。

ドメインに関する既知の情報

たとえば、内部データ、Google、Urlquery、脅威フィードなどから得られた情報を指します。サードパーティのフィードにあるドメインやURLを調べる、または脅威インテリジェンスを用いてDNSの情報源を強化することで検知率は大幅に向上します。悪意あるアクティビティの確認済みレポートをベースに、どんなリクエスト（やクライアント）を怪しいとフラグすればよいか判断するのは、シンプルなパターンマッチングと変わりません。いずれの場合でも、不正ドメインをブロックして被害者がそれらのドメインをDNS解決するのを待っている間に、クライアントが最近解決したホスト名や生成したと思われる怪しいフローなど、クライアントから得られるインジケータをさらに収集することができるかもしれません。

開発途上の対応手順と同じように、クエリは確認されたフォルスポジティブを都度除去するためにチューニングされ、さらにその正しさを証明するために他のデータソースと比較されることが必要です。さらに、送信元IP、送信元ホスト、またはユーザー名をその他データソース（HIDS、アンチウイルス、IDS、Webプロキシ）と相関付ければ、より疑わしいアクティビティ

　が明らかになり、アクティビティの是非の判断に役立ちます。

　このほか、マルウェアの大流行や大規模な攻撃キャンペーンの発生でも、RPZやシンクホールの監視は役立ちます。多くのエクスプロイトキットでは、Cryptolocker、Cryptowall、CTB-Lockerなどのランサムウェアがバンドルされ、もしくはダウンロードされたり、他の感染手順を成功させた直後にインストールされたりします。コンピュータに感染したランサムウェアは個人ファイルを暗号化し、ファイルを削除されたくなければ身代金を攻撃者／恐喝者に支払うよう、短期間の猶予を与えて被害者を脅します。Cryptolockerのような種類の感染では、どれもDNSホスト名にコールバックします。ただし、彼らのインフラストラクチャは巨大であるため、確認対象のホスト名は何千も存在する可能性があります。Cryptolockerのドメイン生成アルゴリズムは最終的に発見され、すべてのコールバックドメインを先回りしてRPZにて対応することで被害を最小限に抑えることができました。

　RPZはこれ以外にも、スペルミスのある自組織のドメイン名やパートナーのドメイン名をブロックすることで、うっかりデータを漏えいさせる卑劣な技を防ぐことができます。また、まだ購入者のいない、もしくは非アクティブとなったドメインのサイトに広告を表示するドメインパーキングサービスから提供されるアドウェアの影響を削減することも可能です。攻撃者にとても人気があるダイナミックDNSサービスは、これらドメインの権威ネームサーバをRPZフィルタに追加するだけで完全ブロックできます。

　そして最後になりますが、私たちは外部団体から報告を受ける前に内部でどれくらいの感染や問題を検知できるかを追跡、計測しています。この目的のために私たちは、通常サードパーティのシンクホールサーバが取得するデータをローカルのRPZで取得するために、それらのサーバへのアクセスを自分たちが管理するシンクホールサーバにリダイレクトしています。内部クライアントが既知のシンクホールと紐付いたドメインに対して解決を試みようとすれば、そのクライアントが感染していることは明白で、外部に情報を出さないよう対策することができます。Microsoftと米連邦機関は大規模なボットネットや広く展開するマルウェアキャンペーンのシャットダウンに成功しており、いくつものドメインをシンクホールしました。RPZを使ってシンクホールのネームサーバをブロックすることで、ローカルで持つあらゆる感染データを保持してプライバシーを高め、新たに観測可能な保護を得ることができます。

7.2.5.9　制限事項

　pDNSのデータでは、ドメイン名のメタデータが得られます。これは、NetFlowがIPメタデータを提供するようなイメージです。ただし、クライアントが既知の不正ドメインを解決したからといって、ルックアップの理由が悪意によるものである、またはクライアントが感染しているとは限りません。また、クライアントからドメイン宛てに何らかのトラフィックが発生したというわけでもありません。DNSからわずかに得られたメタデータが動かぬ証拠になることもありますが、必ずしもそうとは限らず、通常はもっと状況を知る必要があります。イベントを不正と確定するには、NetFlowやシンクホールのログなど、多層防御によるその他データソースをpDNS/RPZのログと併用して判断するべきです。

　このほか、すでにログ管理システムを配備していたとしても、DNS収集インフラストラクチャを維持すべきであることを認識することも大切です。Webセキュリティプロキシと同様に、DNSデータは

RPZ軽減機能とともに一般的なプロトコルの正確な描写を行います。それでも、IT部門と連携して運用するには異質な情報源です。結局、DNSは重要かつ基本的なサービスです。ゾーンファイルをあれこれチェックし、設定を編集、新規サービスを追加するには慎重な対応が必要で、IT部門や組織にいるDNSの利害関係者全員とコミュニケーションしなければなりません。

　もう1つ、大規模ネットワークでpDNSを導入するとき、組織のプライマリネームサーバの裏に複数階層のDNSサービスが存在する場合、大きな制約が持ち上がります。たとえば、大学の学部（たとえば生物学部）で、学部のActive Directoryサーバを通じてドメイン上のメンバーに名前解決サービスを提供しているとします。大学の中央のITネットワークにある権威DNSサーバへクエリを送信する代わりに、生物学部のクライアントはActive Directoryから提供されるネームサーバに対して名前解決をリクエストします。こうしたケースでは通常、ドメインコントローラ自体がネームサーバであるため、もし既知の不正ドメインやRPZのドメインに対する名前解決が行われた場合、そのリクエストの送信元として確認できるのは、リクエストを送ったクライアントではなく、ドメインコントローラのIPアドレスのみとなります。当然、特にドメインコントローラがDNSリクエストをロギングしていない場合には、送信元の特定は困難になります。Windowsのドメインコントローラ上でのpDNS収集を行うためのソリューションは現在のところ存在しません。唯一のオプションは、DNSサービスとそのトランザクションをログに残すことです。

　最終的に、DNS監視とRPZによる検知の本質的なメリットとデメリットは次に絞られます。

- DNSはほとんどの通信で使用されるデータの基本情報を提供し、セキュリティ監視にとっては大量の情報が得られます。
- RPZはC2サービスからの攻撃をシャットダウンし、内部クライアントのアクティビティを調査するための手がかりを提供します。
- ドメイン名はさまざまなグループで共有可能な非常に一般的なインジケータで、クライアントがどこで何を解決しようとしているのか把握する機能を持つことは重要です。
- DNSは重要（かつ間違いなく複雑）なサービスであるため、構成パラメータ、BINDのバージョン、DNSアーキテクチャの構成要素を変更する場合は、稼働停止を避けるためにも慎重に実施する必要があります。
- すべての組織が自身のDNSサーバを運用しているわけではありませんが、それでもパケットキャプチャを使えば内部クライアントからインターネットで提供されるDNSサービス間のリクエストやレスポンスを傍受することは可能です。

7.2.6　HTTPこそがプラットフォーム：Webプロキシ

　数年前、私たちは改善できる機能があるかを判断するため、検知インフラストラクチャを厳しく見直しました。その際に、アウトバウンドのパケットの33%がHTTPを使用していることに気付き、この領域への投資が最も大きな効果を生むことが十分明白となりました。当時、ネットワーク上に1機種だけあったWebプロキシはWANリンクのパフォーマンス改善と帯域コストの削減を目的としたキャッシュサービスとして運用されていました。もしもクライアントがローカルのHTTPキャッシュから共通ファ

イルを読み込み、高価なWANやインターネット接続を使わなくなれば、パフォーマンスは改善され、帯域幅も節約できるでしょう。ただし、キャッシングプロキシで改善できるのはパフォーマンスのみで、セキュリティ保護の強化は実現できません。事実、プロキシはプロキシの裏に隠れたクライアントの真の送信元IPアドレスをマスキングし、インシデント対応にかかる時間を増加させています。つまり、IDSやその他ツールでアウトバウンドのHTTPトラフィックを検知しても、たどり着くのは本来のクライアントホストではなく、プロキシのIPアドレスのみということです。

ViaやX-Forwarded-Forヘッダを設定、追加すれば、Webプロキシの裏にいる真のクライアントのIPをアップストリーム検知で特定できるようになります。

　TCPの利用状況と侵害されたWebサイトに仕掛けられたエクスプロイトの量が増加しているという事実とを組み合わせて考えたとき、IDSの域を超えたより精度の高い柔軟なWeb監視が実現できるよう、私たちの検知能力を拡張させるのは当然の選択でした。

　ビジネス、知的財産、従業員や顧客とのコミュニケーションを守るためにも、安全なブラウジング環境を従業員に保証することは大切です。私たちのセキュリティにおける多層防御戦略で最も弱いポイントは、インターネットWebブラウジング関連の制御が欠如していたことでした。IP対応の組み込みデバイスの一部はクライアントのセキュリティソフトウェアが対応できず、その多くはIT部門の管理下になく、パッチも適用できない状態でした。つまり、保護が難しいこれらの領域ではマルウェア感染や外部の人間によるコントロールが発生する可能性があるということです。Webやブラウザのセキュリティと、研究や開発、エンジニアリング、そしてインターネットのオープン性および文化とのバランスを保つことは、大変ではありましたが、最終的には実りの得られる作業となりました。

7.2.6.1　導入時の検討事項

　Webプロキシは、NetFlowやIDSよりも正確かつ拡張性の高いレベルでさらなるセキュリティ問題を解決できますが、ネットワークレベルであることには変わりありません。WebプロキシはWebブラウジング情報、つまりクライアントのリクエストとサーバのレスポンスのみを収集します。収集対象が絞られているため、対象範囲が広いツールよりも攻撃パターンやトラフィックを多く保存でき、信頼性をもって特定することが可能です。どの攻撃も、どこかの時点で攻撃者に侵害成功を通知するためのコールバック機能を実装しています。一般的に、コールバックはHTTPやTCPポート80番で実行されます。多くの組織はファイアウォールでアウトバウンドへのTCPポート80番を許可しています。その結果、コールバックが接続される可能性やフィルタリングを回避できる可能性も高まります。

このほか、多くのコールバックはTCPポート443番からSSLを使って実行されます。一部プロキシにはSSLセッションを検査する機能が実装されていますが、クライアントに独自のSSL証明書をインストールする必要があり、クライアント側もSSLトラフィックが宛先へ到達する前に復号化することを許可しなければなりません。

　外部のインターネットリソースにアクセスする際に認証プロキシを通る必要がある場合でも、マルウェアは既存のセッションを利用したり、被害者のシステムに設定されているプロキシ情報を利用したりすることができます。コールバックはHTTP経由で外部に出るため、プロキシを配備することにより、マルウェアの侵入やアウトバウンドのコールバック通信を検知したり、ログに記録したり、可能であればブロックしたりすることができます。Webプロキシは、事前設定ルール（シグネチャ）、インテリジェンスフィード、カスタムリスト、正規表現に基づき、Webオブジェクト（HTML、プレーンテキスト、画像、実行ファイル、スクリプトなど）をブロックすることができます。重要なのは、最後に挙げた正規表現です。不正なHTTPトランザクションを識別する正規表現を独自に作成した場合も、すべてプレイブックのレポート開発に使用できます。私たちのプレイブックの大半は、Webプロキシのロギングとその分析を軸にしています。

　プロキシ製品によりますが、設定オプションはいくつかあります。プロ仕様のプロキシのほとんどは、次の機能をサポートします。

- Webキャッシングとプロキシ
- 複数のリダイレクト手法
- 高可用性またはフェイルオーバー
- 十分なロギング容量
- SSLインスペクション（Man-In-The-Middle）
- マルウェアの検知とブロック
- 脅威インテリジェンスフィード
- カスタムポリシーとフィルタ

　よりスムーズな移行とサポートの簡素化には、インラインの透過型プロキシが最善策です。透過型は、通常のインターネットのWebトラフィックがそのまま通過し、Webブラウジング中のクライアントからはプロキシが認識されません。クライアント設定は不要で、プロキシ自動設定（PAC）ファイルの作成や配布も不要、設定に関するサポート問題もほぼ皆無です。もっとも、透過的にプロキシするにはHTTPロードバランサかシスコシステムズのWeb Cache Communication Protocol（WCCP）のようなコンテンツルーティングプロトコルを集約ポイントのルータに実装する必要があります。WCCPはアウトバウンドのHTTPリクエスト（設定されたサービスグループやポートによってはその他プロトコル）を傍受し、あらゆる場所にリダイレクトします。リダイレクト先はほとんどの場合、リクエストを転送するかドロップするか判定しようと待ち構えているWebプロキシでしょう。クライアントは、自身のHTTPリクエストがプロキシに当たったかどうかまったく分かりません。リモートのWebサーバで自身のIPアドレスをルックアップし、それがプロキシのIPアドレスだと確認しないかぎりは知らないままでしょう。他にも、プロキシの背後にクライアントがいることを確認する方法に、アウトバウンドへのHTTPヘッダを見るというものが挙げられます。適切に設定できていれば、WebプロキシはViaやX-Forwarded-Forなど、元のクライアントの送信元IPを示すヘッダを各リクエストに追加することができます。なお、これらヘッダを設定することでプロキシの背後から送信されるクライアントのト

ラフィックを特定できるようになります。インターネットに面したセキュリティWebプロキシが内部の
キャッシングプロキシからWebリクエストを受け取り、キャッシングプロキシにクライアントのIDを
示すヘッダの1つが含まれていた場合、セキュリティプロキシはそのトラフィックを認識することがで
き、ログに記録し、拒否または許可をすることができます。いずれにせよ、これで調査した先でただの
キャッシングプロキシサーバのIPに行き当たって終わるのではなく、本当の送信元IPを取得できるわ
けです。

```
GET / HTTP/1.1
Host: www.oreilly.com
User-Agent: Mozilla/5.0 (Macintosh; Intel Mac OS X 10.9; rv:29.0)
  Gecko/20100101 Firefox/29.0
Accept: text/html,application/xhtml+xml,application/xml;q=0.2,*/*;q=0.5
Accept-Language: en-US,en;q=0.5
Accept-Encoding: gzip, deflate
Connection: keep-alive
HTTP/1.1 200 OK
Server: Apache
Accept-Ranges: bytes
Vary: Accept-Encoding
Content-Encoding: gzip
Content-Type: text/html; charset=utf-8
Cache-Control: max-age=14400
Expires: Sat, 17 May 2015 07:08:42 GMT
Date: Sat, 17 May 2015 03:08:42 GMT
Content-Length: 18271
Last-Modified: Fri, 16 May 2014 18:43:57 GMT
Via: 1.1 newyork-1-dmz-proxy.company.com:80
Connection: keep-alive
and
Connection: keep-alive
Host: query.yahooapis.com
Cache-Control: max-age=0
Accept: */*
User-Agent: Mozilla/5.0 (Macintosh; Intel Mac OS X 10_8_5) AppleWebKit/537.36
(KHTML, like Gecko) Chrome/34.0.1847.131 Safari/537.36
Referer: http://detroit.curbed.com/archives/2014/09/the-silverdome-54-photos-
inside-the-ruined-nfl-stadium.php
Accept-Encoding: gzip,deflate,sdch
Accept-Language: en-US,en;q=0.8
Cookie: X-AC=ixJG0Qqmq9R; BX=923h6vl88u22kr&b=4&d=_mbiZA5pYEI5A0OR2p 6p_
g45v8y9reARiupeHw--&s=83&i=mSeKQNWKVRy3IESGPi5i
X-IMForwards: 20
X-Forwarded-For: 10.116.215.244
```

　プロキシを首尾よく導入し、受け入れられるためにも透過性は重要な要素ですが、どこに配備するか
も大きな違いを生みます（図7-3）。インターネットに面した接続で導入すると、内部を保護するために
必要なプロキシ総数が削減できるので、構成は簡素化されます。境界面にWebプロキシを配備するこ
とで、ダウンストリームに存在する内部キャッシングプロキシとの干渉も避けることができます。

 内部ネットワーク全体に対してインターネットのアップリンクに直接導入するその他のメリットは、WCCPが提供するレイヤ2でのパフォーマンス向上です。レイヤ2モードでは、WCCPが稼働するデバイスに直接プロキシを接続することで、HTTPトラフィックのリダイレクトをスイッチのハードウェアで処理することができ、パフォーマンスを劇的に向上させることができます。これによりソフトウェア処理による転送やレイヤ3のリダイレクトで使用するGeneric Routing Encapsulation（GRE）によるオーバーヘッドも回避することができます。

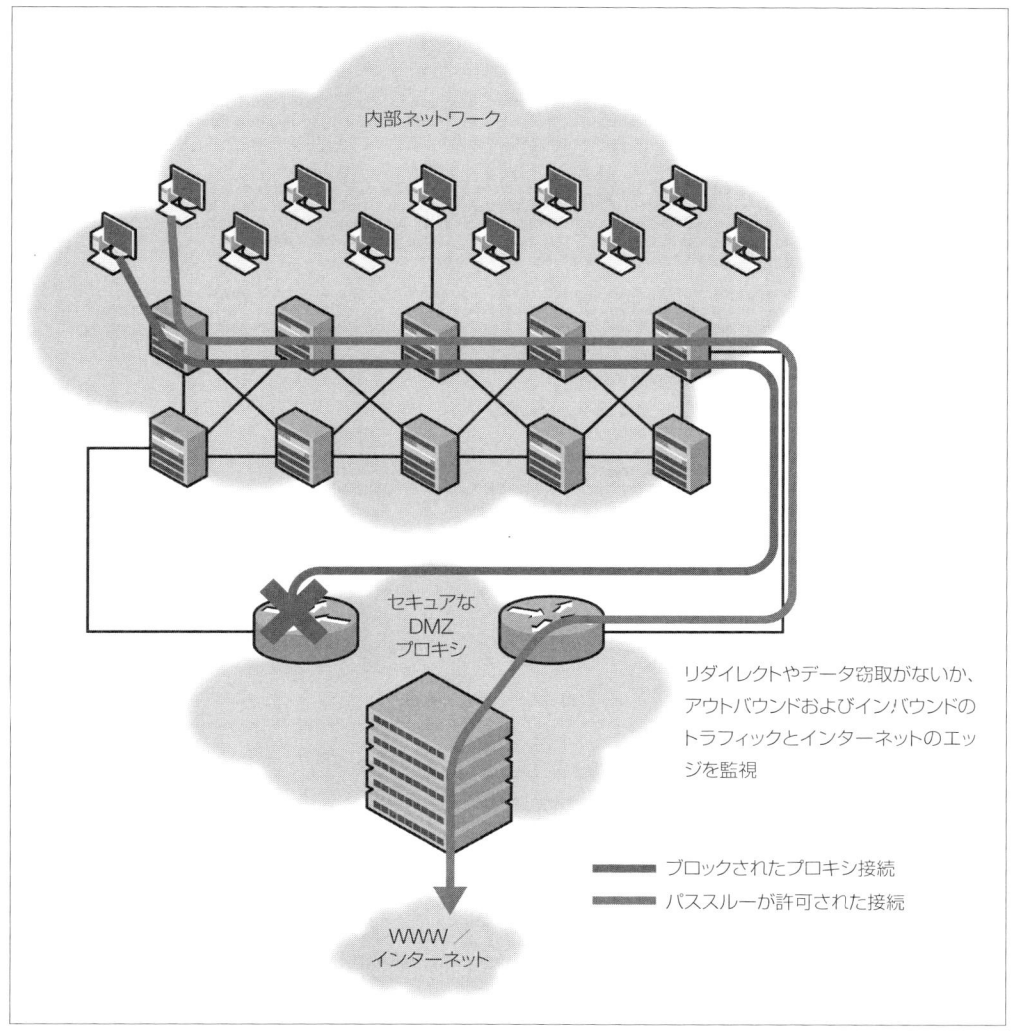

図7-3. Webプロキシの導入

　透過型セキュリティプロキシの主な副作用は、クライアントからブラウザでリクエストした特定の
ページやオブジェクトが受け取れないことです。プロキシにもよりますが、設定可能なエラーメッセー
ジが表示されるか、単純にブラウザの画面が空白で表示されます。むしろこれは、基本的なセキュリ
ティに対する意識向上を図るチャンスと考えるのが重要です。画面には、なぜサイトまたはオブジェク
トがブロックされ、どうすればサポートが得られるか、リンク付きの説明文を表示してみましょう。私
たちも、プロジェクトを設計したときとほぼ同じくらいの時間をかけて、（HTTP 403エラーでプロキシ
から返される）エラーページに掲載する文章を考えました（図7-4）。

SECURITY THREAT DETECTED AND BLOCKED

Based on Cisco security threat information, access to the web site http://ihaveabadreputation.com/ has been blocked by the Web Security Appliance (WSA) to prevent an attack on your browser. The Cisco Security Intelligence Operations (CSIO) Web Reputation Score for this site indicates that it is associated with malware/spyware, and poses a security threat to your computer or the corporate network.

In order to cater for a growing number and variety of devices on the Cisco network, malware protection has shifted from the endpoint, deeper into the network. In order to offer the most effective protection to computing assets on the Cisco network, CSIRT and Cisco IT jointly rolled out the Cisco Ironport WSA solution on all Cisco Internet Points of Presence (IPoPs). These WSAs are configured to block access to sites whose Web Based Reputation Score (WBRS) shows that they are serving malware or content otherwise harmful to users of the Cisco corporate network.

If you believe this page was incorrectly blocked, please open a case with Infosec, providing the corresponding debug information below, and an analyst will determine whether the block was due to a misclassification. Please note that Cisco Infosec does not add sites to the WSA allowed-list on demand, and may require the end-user to contact Senderbase directly in order to submit a request to have a site removed from the WSA blocked-list.

Debug information to include when opening a case:

Date:	Sat, 17 May 2014 03:56:58 GMT
Time:	1400299018.290
Client IP address:	
Request URL:	http://ihaveabadreputation.com/
User-Agent:	Mozilla/5.0 (Macintosh; Intel Mac OS X 10_9_2) AppleWebKit/537.36 (KHTML, like Gecko) Chrome/34.0.1847.137 Safari/537.36
Transaction ID:	0x1e8f21e1
Request Method:	GET
Blocking reason:	BLOCK-MALWARE
Web Reputation Score:	-9.5
Malware threat name:	
Malware category name:	
Web reputation threat reason:	Researchers or users identified possible threats.
Web reputation threat type:	othermalware
Proxy hostname:	

As a matter of good practice, you may check whether your browser or any component plugin is vulnerable by visiting browsercheck.qualys.com. The UID at the end of the browsercheck.qualys.com URL does not uniquely identify your machine to Qualys; it is a shared UID to group all requests originating from Cisco IP ranges.

FAQ

⊞ **Question: How do I access the page I'm trying to reach?**
⊞ **Question: Why am I seeing this page? Why didn't my page load?**
⊞ **Question: Can I view a list of all the Internet sites that are blocked?**
⊞ **Question: How do I learn more about Cisco Ironport's Web Security Product?**
⊞ **Question: None of these questions address my issue, where can I get more help?**

図7-4.　Webプロキシがリクエストをブロックしたときの通知

セキュリティプロキシを導入するとき、もう1つ検討すべきはロギングです。前述しましたが、全トラフィックの33%はHTTPです。私たちは毎日、HTTPブラウジングのメタデータを約1TB、ロギングしインデックス化しています。大量のHTTPトランザクションデータを保存、インデックス化、呼び出しするための準備をしましょう。脅威インテリジェンスやアンチマルウェアブロック機能で自動ブロックされるトラフィックは、全トラフィックの1～3%のみであることが判明しています。わずかに見えますが、それでも何百万ものオブジェクトがブロックされており、中にはWebブラウジングするクライアントに悪影響を与える場合があります。残りのトランザクションデータも、どのレピュテーションスコアリングやシグネチャが検知に役立たなかったか見つけ出し、プロファイル化するのに使えるため、非常に価値のあるデータです。Webプロキシのログデータに自己発見型のインテリジェンスを適用すると、驚くような結果が得られます。一般化されたクエリを作成すれば、異なるエンティティからのさまざまなバージョンの攻撃を見つけることができるようになります。ブラウジングデータは、データ紛失、詐欺、ハラスメント、その他不正利用の問題を調査するとき、マルウェア以上に宝の山のような存在です。誰がどのサイトを利用しているかが分かれば、ログデータから好ましくないアクティビティの証拠を収集できるでしょう。

7.2.6.2　脅威の防止

セキュリティプロキシは、ネットワーク境界からマルウェアがインポートされるのを防ぐいくつかの方法を提供すべきです。また、不審なアウトバウンドトラフィックを適切に検知、対策できる必要があります。特にフィッシング詐欺対応で価値ある情報をもたらすのが、コールバックです。システム管理者や経営層がフィッシング詐欺に引っかかった場合、たとえリンクをクリックしてもプロキシを介することになるので、損害が発生する前に食い止めるか、少なくとも今後の調査で必要なログを得ることができます。フィッシング詐欺の参照リンクへのアクセスをブロックすることで、メールや好奇心というハイリスクなベクトルから最も重要な資産の一部を守ることができます。このほか検知すべき重要なコールバックとしては、攻撃者によって仕込まれたサーバへのチェックインスクリプトやヘルススクリプトによるクライアントの挙動から発生するものがあります。ホストがエクスプロイトキットなどで侵害に遭った場合、そのホストからデータを窃取するか、またはホストに対してコマンドを送信するとき、攻撃者は指示を送るために何らかの接続を確立する必要があります。また一部のケースでは、エクスプロイトキットがアイドル状態となり、別の攻撃者がアクセス権を購入するまで定期的にチェックインを繰り返します。いずれの場合も、ホストが稼働中で制御下にあることを攻撃者に知らせる必要があるので、チェックインのステータスはほぼ必ず出現します。

Webプロキシは、水飲み場攻撃、ドライブバイダウンロード攻撃、その他HTTP系の攻撃を識別、検知できます。簡単に言えば、HTTP関連の攻撃であれば、どれもプロキシ経由で通信し、作成されたログファイルからレポートを開発することができます。パターンが一般的であるほど正規表現に落とし込むのも簡単で、エクスプロイト試行の検知も楽になります。最もよく使われるエクスプロイトキットでは、起動を成功させようとして、できるかぎり大量のエクスプロイトを押しつけたり、標的に対して関連性の高いものを入れようとしたりします。エクスプロイトの検知は、実行を試みるクライアント上の

ソフトウェアで対策するのがベストです。ただし、これはプロキシがエクスプロイトのダウンロード試行のブロックに失敗した場合にのみ対応手順として実施されます。エクスプロイトを実際に配信するには、ランディングページや続くロードページが必要です。これは通常、PHPまたはHTMLで、多くはiframeが使われています。Webプロキシは、この時点で接続を検知、ブロックします。

7.2.6.3　実際の例

pDNSのログ収集と同様、Webプロキシはあらゆる場所のネットワークトラフィックのメタデータ詳細を大量に取得できることから、セキュリティインシデント検知をテストする最適な試験環境です。Webプロキシのデータは、効果的な対応手順を作成するための手始めに最適です。

7.2.6.4　バックドアのダウンロードとチェックイン

パスワードを窃取する古きトロイの木馬Zeusは、Webセキュリティプロキシの最適な活用方法を学ぶのに良いサンプルです。Zeusは初期のバージョンからすでに、侵害されたWebサイトに埋め込まれたエクスプロイトキットから配信されていました。エクスプロイトによりクライアントシステムが侵害されると、そのホストは攻撃者が用意しているチェックインスクリプト向けサーバに対してHTTP "POST" を発行します。通常、Zeus作者はスクリプトをgate.phpと命名します。侵害を検知するには、gate.phpで終わるURLに対して発行される巧妙に細工されたPOSTを見つけるだけです。もちろん、gate.phpというスクリプトを実行する正規サイトも存在するため、調査は少し必要です。そこで、私たちはgate.phpにPOSTが発行され、HTTPリファラがない場合にのみ通知を出すよう改善を加えました。つまり、gate.phpスクリプトにつながるリンクはこれまで存在せず、クライアントは直接スクリプトにつながっていたということです。リファラのないHTTPリクエストは、ブラウザのナビゲーションバーにWebアドレスを直接入力するか、アプリケーションがWebリクエストを生成したときにのみ発生します。この方法を採用したことで、人間が生成したトラフィックとコンピュータが生成したトラフィックとの区別が付きやすくなりました（後者はZeusボットのようなマルウェアを示します）。

精度をさらに高めたいのであれば、エクスプロイトキットの再構成や変移の方法に基づき、URLまたはUser-Agentなどのフィールドを正規表現に追加すると良いでしょう。次に挙げるのは、一般的なZeusボットによる侵害をWebプロキシのログから見つけるために開発したクエリです。

```
"gate" AND "php" AND cs_url="*/gate.php" AND "POST" (NOT (cs_referer="*"))
```

結果は、次のとおりです。

```
1430317674.205 - 10.20.12.87 63020 255.255.255.255 80 -5.8
http://evalift0hus.nut.cc/Spindilat/Sh0px/gate.php - 17039 798 0 "Mozilla/4.0
    (compatible; MSIE 7.0; Windows NT 6.1; Trident/5.0; SLCC2; .NET CLR 2.0.50727;
    .NET CLR 3.5.30729; .NET CLR 3.0.30729; Media Center PC 6.0; .NET CLR 1.1.4322;
    InfoPath.3)" - 503 POST
```

ここでは、ホスト10.20.12.87が明らかにリファラのないevalift0hus.nut.cc上のgate.phpスクリプト

に対してHTTP POSTを試行しています。新しいドメイン名をチェックし（最近登録された模様）、サイト自体を検証（ブラウザのナビゲーションバーに入力するような正規のWebサイトには見えない）、クライアントでのその他Webブラウジングのデータを考慮すると、これはZeusが感染したトゥルーポジティブの例であることが分かります。比較のため、HTTPリファラ要件を外してレポートを再度実行しました。次の例では、フォルスポジティブが確認できます。

```
1403077567.205 10.20.12.61 15873 199.107.64.171 80 - 4.9
  http://www.idsoftware.com/gate.php - 263 607 2589 "Mozilla/5.0 (Windows NT 5.1;
  rv:28.0) Gecko/20100101 Firefox/28.0"
  text/html 302 TCP_MISS "http://www.idsoftware.com/gate.php" POST
```

　クライアント10.20.12.61がgate.phpスクリプト（http://www.idsoftware.comでホスティング）に対してHTTP POSTを試行しています。さらに調査すると、自身にHTTPリダイレクト（エラーコード302）を送信するリファラ（http://www.idsoftware.com/gate.php）が実は存在すること分かります。サイト自体に（安全なラボのブラウザから）アクセスしてみたところ、gate.phpは訪問者が「ゲート」を通ってメインのWebサイトにアクセスする際に年齢登録を求めるスクリプトであることが判明しました。サイトは完全に無害で、マルウェア攻撃の脅威は存在しません。

　ここでの違いは、リファラの有無です。もちろん、攻撃者はコードを改変してチェックインリクエストに無害なリファラを埋め込むことも可能です。しかし、現時点ではこうした追加のレイヤーを含まないエクスプロイトキットは大量にあります。この方法を使えばZeusボットのチェックインを簡単に見つけることができ、実際、同じレポートで他のマルウェアファミリーを検知することもできました。面倒くさがりな攻撃者は多くの場合、エクスプロイトキットのデフォルト設定をそのまま利用し、スクリプト名もデフォルトではないせよ、広く使われているgate.phpを使います。

　あまりにも単純な例と思われるかもしれませんが、このような特定のマルウェアを見つける上でこのクエリは非常に効果的で、類似のエクスプロイト方法を採用する他のマルウェアファミリーにも同様のロジックや手法が簡単に適用できます。さらに、これら接続を実行するホストはすでにマルウェア感染していることを理解することも重要です。送信元のホストは完全に再インストールし、バックドアやインストーラの痕跡がすべて削除されたことを確認する必要があります。

7.2.6.5　エクスプロイトキット

　このほか、Webセキュリティプロキシはエクスプロイトの初期段階で攻撃を検知するのに利用できます。コールバック通信を検知できることはすでに説明しましたが、さらにエクスプロイトの試行も検知できます。エクスプロイト試行の検知自体はそれほど有用という訳ではありません。というのも、エクスプロイト試行が成功したときにのみ私たちは行動をとることができるからです。シンプルに言えば、私たちはエクスプロイトの試行を待っていると言えます。そうして監視用の機器を導入しつつ人々にそのデータの分析を行わせるのです。エクスプロイト試行はすべてログに記録し、信頼性や影響の大きさを分析します。ただし、1回のエクスプロイト試行の通知だけでは、さらなる調査以外のアクションにまでは至りません。しかし、さまざまなレイヤにある複数の他セキュリティイベントソースと組み合わせ

れば、プロキシログは必要不可欠なものへと変わります。

　クライムウェアのエコシステムで配布されているよく知られたエクスプロイトキットに対しては、プロキシは十分に有用であり、調査すべきさまざまな詳細情報を提供するでしょう。前述した例では、感染後のコールバックを検知しましたが、実際のエクスプロイトキットの感染試行も検知できます。Webサイトは、さまざまな脆弱性や技法を通じて侵害される恐れがあります。

 Webベースの攻撃で何百人もの被害者を引っかけるには、まずはWebサイト自体を侵害する必要があります。Gumblar、ASProxなどのトロイの木馬は、Webサイトの管理者クレデンシャルを盗み取るほか、コンテンツ管理ソフトウェアの脆弱性を不正利用します。

　攻撃者がエクスプロイトキットを埋め込んで都合よく作り替えた侵害サイトを標的が訪問すると、攻撃のプロセスは再度動き出します。ただし、今回はクライアントが標的です。エクスプロイトキットは訪問者のブラウザのプラグインやプラグインのバージョンから使用するエクスプロイトを決定し、またはとりあえず全部試してみて動作するものを確認します。Webプロキシが検知の役に立つのは、この段階です。侵害されたWebサイトは管理下にないため、クライアントの振る舞いから攻撃を見つけます。

　次の例は、内部のクライアントがWebをブラウジングし、エクスプロイトキットへとリダイレクトされています。

　（シンガポールにいる）クライアントはまず、シンガポールにある幼稚園のWordPressで作成されたWebサイト、shaws.com.sgを意図的にブラウジングします。サイトにアクセスすると、直後に次の同じIPアドレスでホスティングされているlifestyleatlanta.comとwww.co-z-comfort.comに接続しました。

```
1399951489.150 - 10.20.87.12 53142 202.150.215.42 80 - 0.0
  http://www.shaws.com.sg/wp-content/uploads/2013/03/charity-carnival.png
  - 329 452 331 "Mozilla/5.0 (compatible; MSIE 10.0; Windows NT 6.1; WOW64;
  Trident/6.0)" - 304 TCP_MISS "http://www.shaws.com.sg/"
  - - - - - 0 GET

1399951490.538 - 10.20.87.12 53146 46.182.30.95 80 - ns
  http://www.lifestyleatlanta.com/hidecounter.php
  - 990 316 548 "Mozilla/5.0 (compatible; MSIE 10.0; Windows NT 6.1; WOW64;
  Trident/6.0)" text/html 404 TCP_MISS "http://www.shaws.com.sg/"
  - - - - - 0 GET

1399951492.419 - 10.20.87.12 53145 46.182.30.95 80 - ns
  http://www.co-z-comfort.com/hidecounter2.php -
  3055 313 10835 "Mozilla/5.0 (compatible; MSIE 10.0; Windows NT 6.1; WOW64;
  Trident/6.0)" text/html 200 TCP_MISS "http://www.shaws.com.sg/"
  - - - - - 0 GET

1399951493.305 - 10.20.87.12 53142 202.150.215.42 80 - 0.0
  http://www.shaws.com.sg/favicon.ico - 304
  215 370 "Mozilla/5.0 (compatible; MSIE 10.0; Windows NT 6.1; WOW64;
  Trident/6.0)" image/vnd.microsoft.icon 200 TCP_MISS
  - - - - - - 0 GET
```

　（ハッキングされたWordPressサイトに実装されたとおりに）これらの接続が行われた直後、クライ

アント10.20.87.12がさらに別のドメインで、req、num、PHPSESSIDなどのいくつかのパラメータを使ってproxy.phpスクリプトにGETを発行しています。

```
1399951719.307 - 10.20.87.12 53187 255.255.255.255 80 - ns
  http://yoyostylemy.ml/proxy.php?req=swf&num=5982&PHPSSESID= njrMNruDMlmbScaf
caqfH7sWaBLPThnJkpDZw- 4|MGUyZmI5MDNlMzJhMTIxYTgxN2Y5MTViMTJkZmQ0Y2I 1260 576
6531 "Mozilla/5.0 (compatible; MSIE 10.0; Windows NT 6.1; WOW64; Trident/6.0)"
application/octet-stream 200 TCP_MISS "http://yoyostylemy.ml/proxy.php?PHPSSESID=
njrMNruDMlmbScafcaqfH7sWaBLPThnJkpDZw- 4|MGUyZmI5MDNlMzJhMTIxYTgxN2Y5MTViMTJkZmQ0Y
2I" GET
```

最後のログはPHPのセッション追跡機能を示しており、numはおそらくランダムな数字か標的に割り当てられた数字のいずれかを参照します。興味深いオプションは、reqです。今回のケースでは、req=swfが該当します。通常これは、エクスプロイトキットは不正なSmall Web Format（SWF）ファイルを使ってクライアントのブラウザ上のAdobe Flashプラグインを攻撃しようとしていることを意味します。200コードは、クライアントがリモートサイトに接続成功したことを示します。ただし、リクエストには追加データがなく、侵害成功を示す後続のHTTPリクエストすらありません。分かることは、クライアントが以下の通りに接続していることだけです。

```
1399951499.025 - 10.20.87.12 53148 108.162.198.157 80 - ns
  http://yoyostylemy.ml/proxy.php?req=swfIE&&num=3840&PHPSSESID= njrMNruDMlmbScafca
qfH7sWaBLPThnJkpDZw- 4|MGUyZmI5MDNlMzJhMTIxYTgxN2Y5MTViMTJkZmQ0Y2I - 1274 514 6430
"Mozilla/5.0 (compatible; MSIE 10.0; Windows NT 6.1; WOW64; Trident/6.0)"
application/octet-stream 200 TCP_MISS "http://yoyostylemy.ml/proxy.php?PHPSSESID=
njrMNruDMlmbScafcaqfH7sWaBLPThnJkpDZw- 4|MGUyZmI5MDNlMzJhMTIxYTgxN2Y5MTViMTJkZmQ0Y
2I"
- - - - - 0 GET
```

続いて、ホスト型IPSのログから調査情報を追加してみます。

```
AnalyzerHostName=ERO-PC1|
  AnalyzerIPV4=10.20.87.12|
  DetectedUTC=2014-05-13 03:54:05.000|
  SourceProcessName=C:\Program Files\InternetExplorer\iexplore.exe|
  TargetFileName=C:\Users\epaxton\AppData\Loca\Temp\~DF43538044D73DACA6.?|
```

ファイルは通過し、実行され、ホスト型IPSで検知されたのが分かります。確かにこれがエクスプロイトキットであり、攻撃がほぼ成功していたことを確認できたところで、同じアクティビティを見つけ出すレポートが作成できます。使うのは、URL／エクスプロイトキットのパラメータの一致を確認する正規表現です。さらに、見つけたドメインはDNS RPZに追加し、これらの名前をホスティングするIPアドレスへの接続はすべてブロックするか、プロキシのブロックリストにホスト名を追加しましょう。

7.2.6.6　制限事項

本書で取り上げたすべてのツールと同様に、Webセキュリティプロキシには大幅な制限事項が存在します。ですが、多層防御の観点や有効性の高さを考え、合理的と思える場所には積極的に導入する

ことをお勧めします。それでも、プロキシソリューションを検討するどの組織にも制約や課題があります。プロキシは全員のトラフィックが通過する必要があることから、パフォーマンス問題や通信障害につながるリスクがあることは明らかです。組織内でメールがダウンした場合、誰もが気付きます。それは停電と同じくらいの影響があるでしょう。今日ではHTTPについても同様のことが言えます。従業員が業務アプリケーションでWebを使えなければ、業務は急停止します。プロキシのせいでブロードキャスト動画の視聴に大幅な遅延が発生すれば、ほとんどの人が気付くでしょう。また、HTTPプロキシと互換性のないアプリケーションを利用する人も中にはいるでしょう。

設定によっては、WCCPやプロキシが非標準ポートを使用したHTTP通信を見過ごすこともあります。WCCPやその他の方法では、どのTCPポート上でもHTTPをプロキシにリダイレクトできます。大半のHTTPはポート80番を利用しますが、多くのアプリケーションで、別のHTTPポートを利用するものがあります。マルウェアも同様で、一部サンプルはランダムにポートを選んでHTTP接続を実行します。マルウェアのコールバック通信で広く利用されている80、81、1080、8000、8080は、プロキシにリダイレクトするサービスグループに入れるのは良い判断です。65536すべてのTCPポートをプロキシへのリダイレクトリストに追加すると、拡張性が失われます。そのような場合には、IDSや（NBARや同等の機能に対応した）NetFlowを使うのがよいでしょう。多くのプロキシアプリケーションはHTTP以外もサポートしており、FTPやSocksなどのアプリケーションプロキシがさらに多くのログデータを取得するのに最適でしょう。

SSLインスペクションも問題となることがあります。暗号化されたWebトラフィックをインターセプトしてログに記録することは、SSLの根本的な信頼モデルを壊し、クライアントとリモートのWebサーバ間の暗号化通信の途中にあなたの組織を挿入することを意味します。その結果、たくさんの潜在的な問題が生じてきます。これには、パフォーマンス問題のほか、互換性問題（Secure Socket Tunneling Protocol など）、設定の複雑さ（認証機関の追加）、証明書の管理、プライバシーや法律、規制に関連する問題などすべてが含まれます。おおよその場合において、インシデント対応の目的で暗号化されたトラフィックストリームを読み取る機能があることは素晴らしいことです。ただし、通常のWebおよびSSLサービスを大幅に損ねることがなければの話です。

もう1つの制限事項は、プロキシはIDSやpcapのようにフルでHTTPセッションヘッダを取得できない可能性がある点です。拡張性やログの複雑さと容量の削減に対応するため、多くのプロキシはURL、ホストIP、リファラ、HTTPアクションといったHTTPヘッダの上位レイヤーの要素に対してのみロギングし、通知を出します。精度の高いシグネチャが利用できる場合は、下位層のヘッダのインスペクションにIDSが有効となるでしょう。

最終的に、Webプロキシログ監視の主なメリットとデメリットは次のとおりです。

- HTTPデータは現代のネットワークに欠かせない存在で、多くのアプリケーションはHTTPトラフィックの制御や可視化の機能を提供します。
- HTTPトラフィックが普及したことで、調査のためのログ記録対象とする価値が出てきました。
- Webプロキシのデータのみを使ったシンプルなレポートでも不正なアクティビティを発見できる

ものが多く存在します。

- ユーザーとWebコンテンツ間にプロキシを配置する場合は、設定の手間がかかる場合があります。
- WCCPであっても、非標準Webポート上のHTTPトラフィックが可視化されないこともあります。
- プロキシが原因でパフォーマンス問題や通信障害が発生すると、エンドユーザーにいち早く気付かれてしまいます。
- SSLインスペクションには、技術的観点を超えた問題が内在します。
- プロキシでは、セッションヘッダをフルキャプチャできない可能性があります。

7.2.7　［ローリング］パケットキャプチャ[※1]

完璧な世界では、あらゆる場所でフルパケットキャプチャを取得することができるでしょう。実際、小規模な環境ではそのような機能を備えてる場合もあります。ネットワーク上ですでに発生したやり取りを調査でき、さらにはリプレイもできるのであれば、これほど良い証拠の提出方法はないでしょう。しかしながら、あらゆる場所でパケットキャプチャを取り続けるには、多大なリソースとエンジニアの努力が必要となります。

7.2.7.1　導入時の検討事項

その他のイベントソースと同様、具体的な導入場所は重要な課題です。パケットキャプチャは、攻撃シナリオを再現させて、何が起きたかを知りたい場面で役立つものです。内部ネットワークに出入りするすべてのパケットを記録する場合は、適切なフィルタリング、ストレージの利用、インデックス化、呼び出し機能などをともに用いることで有効となるでしょう。（継続的な）ローリングキャプチャは、近い時間のパケットデータをクエリ可能にしつつ、より長期にストレージ保存される履歴データを検索利用できるオプションと合わせることで、有効なソリューションとなります。パケットデータのキャプチャや保存の方法に対する基本的な方針だけでなく、いかにデータを呼び出せるようにするかも、他のイベントソースと同じくらい重要となります。あなたはパケットキャプチャする以外にも、コンテンツをインデックス化して検索やログマイニングができるようにすることは可能でしょうか。可能な場合には、インデックスを作成したり、データベース上にパケット情報を読み込ませるために必要となる追加リソースのサイズを検討する必要があります。

このほか、ローリングキャプチャを実現するには、読めないデータや使えないデータをフィルタリングする必要があります。ペイロード情報を求める場合、IPsecまたはSSLトラフィック（すでに手元に秘密鍵がある、またはあとで見つける場合を除く）はパケットキャプチャの観点から実質的に意味がありません。ネットワークのメタデータを探しているだけであれば、NetFlowを活用した方が良いでしょう。ブロードキャスト、マルチキャスト、その他の雑多なネットワークプロトコルはパケットキャプチャの合計サイズを削減するために、フィルタすることが可能です。

[※1]　訳注：ここでのローリングパケットキャプチャは、指定されたサイズや数に達したときに古いファイルを削除していくことで継続して実施するキャプチャを意味している。

7.2.7.2　実際の例

　ネットワークパケットキャプチャアプライアンスまたはスイッチモジュールでは、特定の条件が発生した場合にデータを記録するようパケットトリガーを設定するか、キャプチャフィルタを事前設定してそのフィルタに引っかかるのを待ちます。いずれのシナリオでも、本質的には事後対応になります。すべてのやり取りを記録しても、大半は意味がありません。重要な領域（インターネットエッジ、クライアントネットワーク、データセンターゲートウェイ、パートナーゲートウェイなど）にアドホックな（つまり目的に応じた）ソリューションを導入すれば、正確なデータを得られるだけでなく、パケットデータや他イベントソースをベースとした検知手法を開発する、確固たる基盤となるでしょう。私たちも、サンプルとしてパケットを取得し、その取得したオリジナルデータを元にNetFlowやIDSを使用してレポートを作成したことが何度もあります。

　私たちは堅牢な商用パケットキャプチャ、ストレージ、検索システムに何百万ドルもかけるよりも、アドホックなソリューションを選択して、パケットデータの調査から得たメタデータを元に作成したレポートを他のイベントソースに活かすという方法を採りました。パケットキャプチャは今でも定常的に活用しており、その他システムや検知ロジックからのログデータ次第で、攻撃シナリオの調査や再現を実施しています。攻撃が一度成功すると、再度同じ攻撃が行われるでしょう。しかし、アドホックなパケットキャプチャ機能を用意しておけば、そのキャプチャ結果を使ってパケットをリプレイすることで現行の検知手法を試験し、他に広く導入している監視ツールの強化を行うことができます。

7.2.7.3　制限事項

　パケットキャプチャはインシデントの履歴レコードをすべて提供できる一方で、イベントソースとしての魅力をやや下げるかもしれない法外なオーバーヘッド要素や技術的課題を抱えています。多くの場合、大規模組織向けのフルパケットキャプチャプログラムのコストは、計算処理に求められる馬力やストレージ要件の観点で、天文学的数字になります。ストレージやデータ呼び出しのシステムが高価になることを避けるためにも、小規模環境または特定の領域で利用するのが最適です。あわせて、パケットキャプチャは完全であってもただの生データであることは忘れないでください。どこで何を探すのかを知らないままでは、他の、よりメタデータにフォーカスしたイベントソースが提供するような即座の対応は実現できないでしょう。

　また、他のイベントソース同様、暗号化によって作業に一部支障が出る可能性もあります。2つのホスト間でフローが発生しているということ自体や、あるホスト上で長期間のコネクションがあるということを元にある種の推測を立てることもできますが、復号鍵がない場合（もしくはタイミングが合わない場合などでは）、暗号化がパケットの内容を分析する際に支障となるでしょう。

　最終的に、フルパケットインスペクションの主なメリットとデメリットは次のとおりです。

- パケットキャプチャは、ネットワークのイベントや攻撃の完全な履歴レコードを提供します。このレベルの詳細情報を提供できるデータソースは、他にありません。
- パケットデータは自動的に要約されたり、背景を分かり易く整理されたものではなく、理解力や

　　分析力が求められます。

- パケットデータの収集および保存には、アーカイブ要件によっては大容量のストレージが必要で、コストがかかる可能性があります。

7.2.8　インテリジェンスの適用

　米国国土安全保障省は、National Terrorism Advisory System（https://www.dhs.gov/national-terrorism-advisory-system）を運営しています。これは、米国国民にテロリストによる攻撃の可能性から個人に差し迫った危険がある、または脅威が高まっている場所などの情報を提供するシステムです。これは物理的な安全脅威に関するインテリジェンスシステムですが、脅威の確度が高い場合、どう対応すれば良いのでしょうか。脅威が高まっている、または警戒状態にあるとはどういう意味なのでしょうか。そこは基本的に「詳細を待て」以外、具体的な指示は書かれていません。これはトートロジーの残念な例です。もしもこのような話がセキュリティインシデント対応プロセスの一部に含まれていたとしたら、準備段階でつまずいていたでしょう。効果的な脅威インテリジェンスを得るためには、色による警告や強い言葉を得れば十分とは言えません。どんな脅威インテリジェンスフィード、またはダイジェストが利用できるか、知っておくこと。インテリジェンスを受け取ったあとに、脅威のインジケータをどう管理するか考えること。そして、インテリジェンスデータのリポジトリを管理するシステムとともに、インジケータに関連する背景の情報を管理する手段を用意すること、などが必要となります。インテリジェンスデータそのものは単体だとそれほど役立つというものではありません。組織内のネットワークイベントに色付けするときに有意義になるくらいです。

　脅威インテリジェンスは、攻撃者、ツール、技法、手順（TTP）に関する戦術的情報で、セキュリティ監視やインシデント対応に応用できます。

　脅威インテリジェンスフィードを購読するとき、期待するのは、組織固有の脅威に関する十分吟味された実行可能な情報を受け取ることです。要するに、脅威インテリジェンスデータをそのままインシデント対応で活用できると考えているわけです。脅威インテリジェンスは、単体ではNational Terrorism Advisory Systemとあまり変わりません。つまり、信用できる（もしくは間違いないと確定された）脅威情報ではあるものの、実際の中身がなく、何をすべきかが分かるようなものではありません。インテリジェンスを受け取ったら、何をするか考えるのはあなた次第です。そのデータは他の商用フィードや無償フィードの内容と重複していますか。その結果は信頼でき、検知結果の裏付けに利用できますか。サードパーティのインテリジェンスに従ってホストを自動ブロックしたとき、入手していた情報が誤っていたらどうなるでしょうか。もしあなたがCTOのノートPCを修復に出すときは、それが正しい判断と自信を持って言えなければなりません。ネットワーク上の5,000のホストでリイメージを実行すると決断したとき、こうしたフィードに全幅の信頼を置いて自身の調査結果を間違いないものだと守り通すことはできるでしょうか。

7.2.8.1 導入時の検討事項

　まだ開発途上のインテリジェンスを補完するには、サードパーティの脅威インテリジェンスフィードが活用できます。これにより、ネットワーク上ですでに存在する問題が何かが分かり、今後のインシデントに向けた準備もできます。これは特にCSIRTがない組織、またはセキュリティやIT運用担当のグループの人員が足りなくて独自に調査する時間がない組織にとって有用です。インテリジェンスフィードは通常、不正アクティビティの既知のインジケータ一覧として提供されます。内容は、IPアドレス、DNSホスト名、ファイル名、コマンド、URLなどのメタデータに分類されています。フィードがあれば、その他のコンテキスト情報によって既存データを強化でき、検知で活用できるようになります。たとえば、IDSのイベントで、とあるIPアドレスに対して無害に思えるアラームが発生したときに、そのIPがまだ脅威インテリジェンスフィードのIPアドレスのブラックリストに含まれているとタグ付けされていたとします。このとき、アナリストはイベントにもっと悪意のある意図が隠されていないかどうか、詳細に検証することができます。もしかして、攻撃者グループのサブネット一覧に含まれるIPアドレスからシステムアカウントにログインがあったのかもしれませんし、研究者がすでに発見してインテリジェンスフィードで共有していた水飲み場攻撃サイトへのHTTP接続が検知されたのかもしれません。

　インテリジェンスフィードには、3つの種類があります。パブリック、プライベート、そして商用です。優れたインテリジェンスフィード（通常はプライベート）は一般的に、自組織で発見したインジケータ情報を共有する意志のある業界の同業者同士が連携する必要があります。Defense Security Information Exchange（DSIE）、Cyber Information Sharing and Collaboration Program（CISCP）、その他いくつかある Information Sharing and Analysis Centers（ISACs：https://www.nationalisacs.org/）などの脅威インテリジェンス交換グループの一部は業界（ときには国）固有の組織で、まれにパブリック／プライベートの連携も行っています。

 National Council of ISACsは、ISACsのメンバー組織一覧を公開しています。たとえば（ほんの一部ですが）次の組織が名を連ねています。

- 金融サービス：FS-ISAC
- 防衛産業基盤：DIB-ISAC
- 国民医療：NH-ISAC
- 不動産：REN-ISAC

　一方で、一般的には公共で利用可能なフィードを提供する事業者も多数あります。Abuse.ch、Shadowserver、Team Cymru、Malc0de、DShield、Alienvault、Blocklist.de、Malwaredomainsなどが一例です。フィードの選定は、最終的には組織への信頼とフィードの品質に絞ることができます。業界連携やISACsがうまくいっているのはこうした理由からで、グループ内の全員が情報共有するかぎり安泰です。無償のオンラインフィードは、それほど洗練されていない攻撃や標的が絞られていない攻撃を幅広く網羅している点で有用です。ただし、短時間で出現する高度な攻撃者を特定することは絶

対にできません。

　もう1つ、組織が共有するデータは分類や機密性のレベルがそれぞれ異なることを理解しておく必要があります。Traffic Light Protocol（TLP）があるのは、こうした背景があります。TLPを使うと、共有可能レベルに基づきインテリジェンス情報をスコア判定できます。言い換えれば、認識された重要性に応じて脅威インテリジェンスを赤、アンバー、緑、白で表します。US-CERTは、TLPを活用して次のガイダンスを提供しています（図7-5）。

When should it be used?	Color	How may it be shared?
Sources may use TLP: RED when information cannot be effectively acted upon by additional parties, and could lead to impacts on a party's privacy, reputation, or operations if misused.	**RED**	Recipients may not share TLP: RED information with any parties outside of the specific exchange, meeting, or conversation in which it is originally disclosed.
Sources may use TLP: AMBER when information requires support to be effectively acted upon, but carries risks to privacy, reputation, or operations if shared outside of the organizations involved.	**AMBER**	Recipients may only share TLP: AMBER information with members of their own organization who need to know, and only as widely as necessary to act on that information.
Sources may use TLP: GREEN when information is useful for the awareness of all participating organizations as well as with peers within the broader community or sector.	**GREEN**	Recipients may share TLP: GREEN information with peers and partner organizations within their sector or community, but not via publicly accessible channels.
Sources may use TLP: WHITE when information carries minimal or no foreseeable risk of misuse, in accordance with applicable rules and procedures for public release.	**WHITE**	TLP: WHITE information may be distributed without restriction, subject to copyright controls.

図7-5. Traffic Light Protocol（出典：US-CERT、https://www.us-cert.gov/sites/default/files/TLP.pdf）

　使用したいフィードが見つかったら、次はインポートおよび分析の準備をします。脅威インテリジェンスの共有で最大の課題は、誰もが認定したインジケータの標準フォーマットが存在しないことです。形式は、いくつかあります。

- Structured Threat Information Expression（STIX）
- Incident Object Description and Exchange Format（IODEF）
- Collective Intelligence Framework（CIF）
- OpenIOC
- CybOX

　課題は、メタデータだけでなく、ファイルにも複数のフォーマットが存在し、これらを扱うことのできるシステムを構築することです。脅威フィードは、XML/RSS、PDF、CSV、HTMLの形式で提供されます。一部のインテリジェンスソースは集約すらされておらず、ブログ投稿、メールリスト、掲示板、果てはTwitterフィードから抽出しなければなりません。

脅威データを収集、標準化（ログ機能を標準化するのとは異なります）したあと、各種インジケータをセキュリティ監視インフラストラクチャと紐付けする必要があります。既存のログデータにインジケータを適用することで、以前までには判明していなかったデータを得られ、プレイブック向けにもっと優れたレポートを開発できるようになります。他のすべてのツールと同様に、インジケータの管理方法は多数あります。データベース、単純なファイルでの管理、さらには商用およびオープンソースの管理システムにインジケータを保存し、それを呼び出しできるよう設定し、ログ監視や通知システムで活用することも可能です。インテリジェンスのインジケータは、脅威の検知と防御の両方で使用できます。使い方は、インジケータの情報を活用して、どのセキュリティツールを強化するかによって変わります。たとえば、ホスト名ベースのインジケータをDNS RPZ設定に追加すれば、内部ホストが既知の不正ホストに対して名前解決を行うのを防ぐことができます。IPベースのインジケータであれば、ファイアウォールのポリシーに追加して通信をブロックすることができます。検知の観点では、監視システムでフラグが立ったインジケータを見つけて、集中的に調査してフォローアップするのもよいでしょう。

他のツールやプロセスと同じく、適用したインテリジェンスの有効性を計測する方法が欲しくなるでしょう。どのフィードが最も価値を提供するかが分かれば、それらの情報を処理する優先順位や、データの確度に基づく信頼性を判断でき、そのインテリジェンスソースが手持ちのログデータをどれほど効果のあるものにしてくれるか知ることができます。そのため、自身のインテリジェンスインジケータとそれらの（価値ある）ソースをともに利用することが常に良い方法となり得るでしょう。プレイブックのレポートからイベントを分析するときは、インジケータのソースがどこか判断できるだけでなく、なぜイベントが不正とフラグされたか特定できなければなりません。また、共通するインテリジェンスソースに基づき調査を実施するときは、別の調査との関係性（トレンド、異常値、反復パターンなど）をグラフ化してください。これらの関係は、今後のインシデント発見に役立ち、セキュリティアーキテクチャ改善のチャンスを浮き彫りにします。

7.2.8.2　実際の例

プレイブックは、脅威インテリジェンスシステムから情報を受けることにより成熟したものとなります。既知の脅威の発見を助け、これら脅威に対する自組織のリスクとなる度合いや脆弱性となる部分に関する情報も得られます。脅威インテリジェンスのデータ分析は、レポートが上がったインジケータに関するクエリをセキュリティログ情報全体に対して実行することで自動化できます。インテリジェンスのインジケータは、DNS、HTTP、NetFlow、ホストセキュリティ、IDSイベントソースを強化します。実現できるのは、次のとおりです。

- 既知の不正C2ドメインに関するフィードを用いて自動レポートを実行、該当ドメインに対して解決を試行する内部ホストを突き止める
- フィッシングおよびスパムフィードに基づき送信者／ドメインを自動ブロックし（防止）、コールバックやその他インジケータを確認しながら、これらキャンペーンの被害を受けた内部ユーザーをクエリする（検知）

- 不正なURIに問い合わせを試行する内部ホストはすべてログに記録、レポートする
- クライアントが解決したドメインまたはURLで、フィードで「レピュテーションスコア」が低とフラグされたものに対し、特定のポリシーベースのアクションを実行する
- 侵害された内部ホストに関するフィードデータに基づき、インシデント追跡および修復ケースを自動作成する

フィードは、一般的な脅威を検知する際の繁雑な作業を自動化し、インシデント対応の判断を改善する詳細なコンテキスト情報をセキュリティチームに提供します。外部ホストに関する判断ができれば、アナリストは同業者によるレビューのバイアスを通じて潜在的なインシデントをより深く理解することができます。最終的に、インテリジェンスはインシデント対応プレイブックに新しいレポートをもたらすでしょう。ただし、多様なフィードに登録するだけで、内部セキュリティのすべての解答を得られるわけではありません。

7.2.8.3　制限事項

ローカルで得られるインテリジェンスも非常に有効で、巨大かつ統計的なクラウドサービスのデメリットもなく、組織にとっては精度と効果の面で有用です。これは標的型攻撃への対応で特に当てはまります。以前攻撃を受けたときに証拠を収集していれば、今後さらに攻撃を受けたとき、検知に役立てることができます。その攻撃が標的で他には見られないものであれば、脅威を知るためのフィードが存在しない可能性も考えられます。もう1つ、内部インテリジェンスにはサードパーティのフィードよりもはるかに状況認識ができているというメリットがあります。

CSIRTやIT部門は、（希望的観測では）システムの機能や場所を把握しています。（内部でしか得られない）適切な状況認識は、フィードデータを非常に役立つ情報へと変えることができるでしょう。ただし、対応プロセスや能力によっては、まったく無価値な情報に変わることもあります。

最も実戦力の高い攻撃者も、外部の脅威フィードを監視しています。自分たちのエクスプロイトキットのバージョン、ホスト、その他資産が脅威フィードで明示されていたら、戦略を変えます。攻撃者は独自のマルウェアハッシュをさまざまなオンライン検知ツールで実行し、自身のキャンペーンがばれて検知されるかを確認しています。攻撃者の戦術が変わると、脅威フィードは新しい戦術が分析されるまでの間、しばらく役に立たなくなります。

レピュテーションスコア、マルウェア一覧、スパム一覧、その他を完全に最新の状態にすることは不可能です。というのも、イベント情報の収集や分析はそれが起きた後でのみ実行できるからです。エクスプロイトやドロッパー、さらにそれに続く攻撃が何週間にも渡って同じ場所から実施された状況で、いくつの攻撃が検知できたでしょうか。初期の攻撃は、奇襲を好みます。新しいドメインやWebサイトをオンラインに設置し、エクスプロイトキットをインストールし、標的の侵害に成功したら、十分なボット攻撃を実行したドメインを破棄することは、攻撃者にとって些末なことです。ダイナミックDNS提供サービスでは、攻撃キャンペーンのための一時的なホスト名を何千も使うことができる簡単な手段を提供しています。攻撃方法に関係なく、レピュテーションスコアや証拠の十分な吟味は、瞬時に算出する

ことはできません。脅威の検知と情報の伝搬時間には必ずラグが生じます。内部開発したインテリジェンスについては、自組織のチームが最も理解しています。であれば、既知の不正インジケータに関する特定のリストを使うよりも、より高度かつ広範なパターンを作成できるでしょう。

公平性のために言いますが、脅威フィードに基づく対応をするにしても、**インシデント対応は結局のところ事後対応になります**。ポイントは、防ぐことのできない脅威がある状況では、できるかぎり迅速にアクションを起こすことです。

最終的に、脅威インテリジェンスの統合の主なメリットとデメリットは次のとおりです。

- 自身の履歴データや他セキュリティ専門家が調査したデータは、新たな検知能力を生み出します。
- 正規の脅威データを使えば、組織に攻撃キャンペーンが到達する前にブロックすることができ、攻撃者のチャンスの幅を狭めます。
- 脅威インテリジェンス群を導入するには、脅威データを管理、準備、ときには共有するためのシステムが必要です。
- 脅威の調査を適切に実施するには多くの時間がかかり、継続するのはセキュリティ運用チームにとって難しい課題となります。
- 価値の高い脅威インテリジェンスは、新しいもののみ有用です。攻撃者は頻繁に戦術やホストを変更するため、インテリジェンスベースのインジケータの有効性は短期間しか持ちません。

7.2.9　ツールの話はこれで終わり

図7-6では、よくあるさまざまなセキュリティ監視ツールを円で表わしました。また、特定の脅威にあわせて120°ごとに分割してあります。濃いめの影がかかっている箇所は、該当する脅威の検知に特化した、または優れた効果を発揮するツールを指します。薄い影がひかれたツールが該当する脅威を検知できないという意味では、必ずしもありません。影の差異は、ネットワーク、ホスト、ユーザー異常（C2トラフィックまたはデータ窃取、侵害／感染システム）の、3つのよくある脅威に基づき、ツールの強みや弱みを表わしているだけです。このほか、データへのアクセスがより良いほど、脅威を検知する可能性が高まることも確認できます。

セキュリティツールやテクノロジーは非常に多く、最も管理しやすいアーキテクチャを判断するのは困難です。ニッチな機能を含む広範なツール群を選択すれば、ネットワークにおいて何が最も効果的かが分かり、何が不要で役に立たないかも見えてきます。さらに、ツールやテクノロジーは現れては消えゆくものと覚えておくことが大切です。誰にでも、過去に使ったとても便利な検知ツールで、今や開発が終了している、または開発企業が廃業したという思い出があると思います。競合ツールの圧力から他のツールを選ばざるを得ないこともあったでしょう。

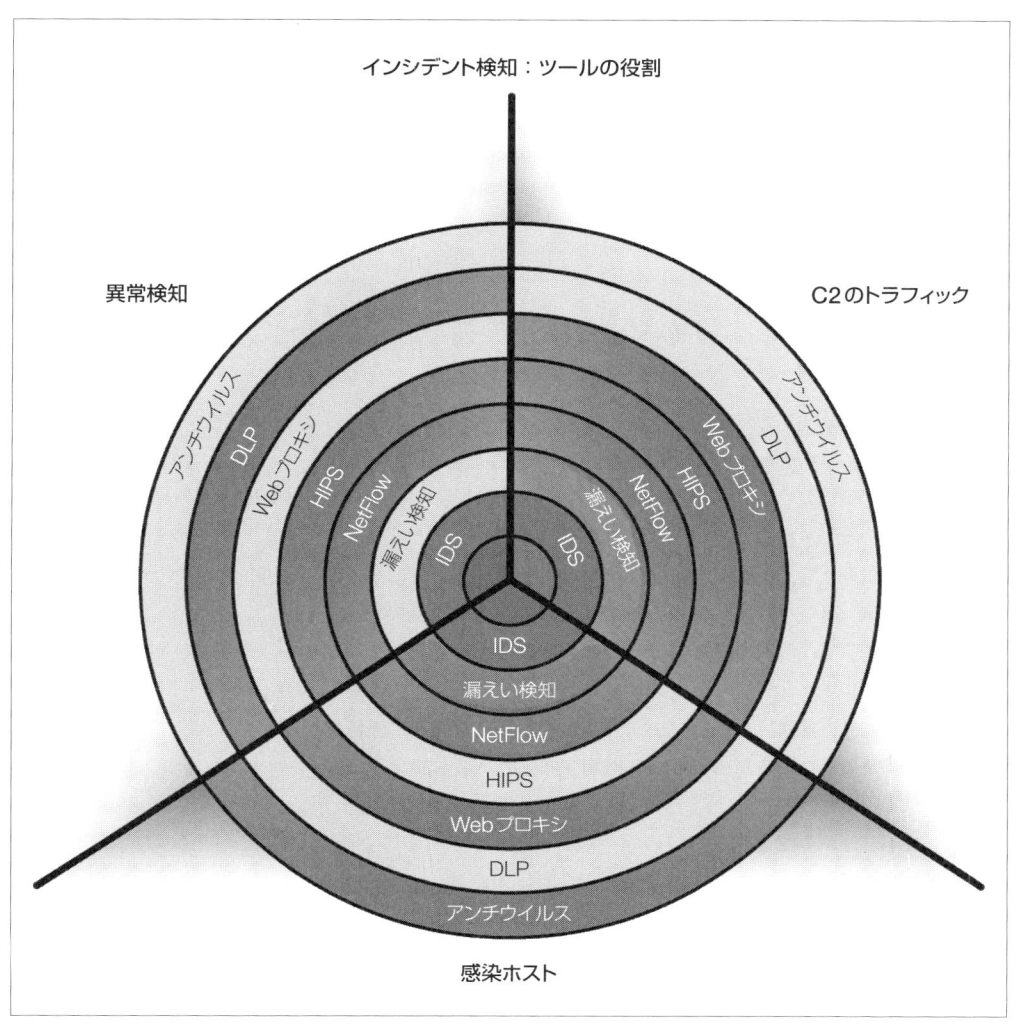

図7-6. 検知ツールごとに脅威を重ね合わせた例

　新しい製品を常にテストし試す人もいれば、既存の製品の機能を強化、テストしながら監視機能やパフォーマンスの最高の融合を目指す人もいます。セキュリティ監視へのアプローチの組み合わせは無限に思えます。しかし、多層防御アーキテクチャはどれも監視のための適切なデータを提供できるとはいえ、インシデント対応を本当に成功させるのは戦略と運用です。プレイブックは、監視ツールから得たイベントデータを元にシンプルに作成された、文書化された戦略です。ツールというのはあくまで、その成功を支援するために導入するものとなります。

7.2.10　すべての情報をまとめる

　インシデント対応担当としての業務は、プレイブックに定義され、規定されています。そのため、不要なものをプレイブックに入れてしまうと、プレイブック（やツール）からは不要なものが出てくることになります。より良いプレイブックは、適切なツールセット、ネットワークアーキテクチャに対する基本的な理解、セキュリティリスクのプロファイルに対する認識があって作成できます。

7.3　本章のまとめ

　そのツールが環境に適したものかどうか判断するには、予算、規模、製品への精通具合、検知戦略など、要素は無数にあります。

- ネットワークベースの検知システムは、管理されていないシステムで生じる多くの問題を取り除きますが、トラブルの原因に最も近い情報を得られるのは、ログデータやホストのセキュリティデータからです。
- アプローチが多様なように、セキュリティ監視のツールも多様です。しかし、ツールは豊富な機能で選ぶよりも、少なくとも1つの機能に卓越し、同時になぜある事象が検知またはブロックされたのか、適切な詳細情報を提供できるものを選ぶと良いでしょう。
- 必要に応じて、個人や重要なシステムをさらなる監視やテクノロジーの対象にしてください。
- ホストおよびネットワーク侵入検知は、いつでもセキュリティ監視ツールキットに加えることができますが、組織に合わせてチューニングしないかぎりは価値を発揮しません。
- 監視の効果を高めるには、DNSやHTTPなどの基本的なネットワークトラフィックやアプリケーションを注視します。
- NetFlowは、検知と相関付けの両機能を提供するツールになり得ます。
- 脅威インテリジェンスは内部で開発できるほか、サードパーティから供給を受けることもできます。ポイントは、プレイブックの開発と運用に有効なインテリジェンスを統合することです。

8章
クエリとレポート

"Truth, like gold, is to be obtained not by its growth, but by
washing away from it all that is not gold."
(真理は、金と同じく、その大きさではなく、
金以外のものをどれだけそぎ落としたかで得られるものだ)

—Leo Tolstoy

　本書が金の採掘に関する本であれば、この時点で採掘計画はすべて整っているはずです。採掘用機械、流し樋、はかりなど、採掘を始めるために必要な道具はすべて揃いました。金が見つかったときに何をすべきかも分かっています。もっとも、金は至るところにあります。どうすれば泥と選別できるでしょうか。シャベルで泥をランダムに掘っても金は含まれていますが、でたらめに掘る戦略は非常に非効率で、コスト効果も低くなります。もっと良い計画が必要です。金を探すのと同様に、実行に移すことのできるセキュリティイベントを特定するには、データの山からインシデント調査や監視において価値ある金塊を掘り起こすための優れたクエリが必要です。

　本章では、有益なレポートとレポートを補強するクエリを作成するための基本的な考え方を紹介します。成功の鍵は、ログデータに対する正しいクエリの実施方法を知ることです。解決しようとしている問題を明確に定義し、データを活用することで答えにたどり着くことができます。何事もそうですが、実践を重ね、データの扱い方に習熟することで、より簡単に効果的なクエリを作成できるようになります。私たちの経験では、効率的なクエリを作成するためには、具体的に次のことを知っている必要があります。

- 良いレポートの構成要素
- レポート実行における費用対効果の分析
- 優れた信頼度の高いレポートを構成する要素や、調査対象のレポートや高信頼度のレポートを作成するタイミングを決定する方法
- 素晴らしいが実現不可能なアイディアや、その他の落とし穴を回避する方法

- イベントの発生から過去に遡って同じイベントを見つける方法や、そのイベントに関連するより多くの情報を効率的に見つけるクエリの作成方法
- セキュリティ脅威インテリジェンスをプレイブックに組み込む方法

本章では、プレイブックのレポートで、手始めに簡単なものをいくつか作成してみます。簡単なレポートを作成し、データやレポート作成のプロセスに慣れることで、本章の後半で触れる、さらに試験的なレポートの作成プロセスに挑戦できるようになるはずです。最終的には、9章で紹介する、より高度なクエリ形式も使いこなせるようになるでしょう。

8.1　フォルスポジティブ：プレイブックの不倶戴天の敵

検索を煩雑にしている原因に、探しているものにたどり着くまでに大量の不要な情報を掻き分けて進まなければならない点が挙げられます。藁の中から針を探す場合、不要なものは藁です。金の採掘では、泥。見つけたいものを探し当てるまで、余分な情報をすべてソートしながら破棄する作業は検索のペースを落とし、結果的に検索効率や効果を阻害します。検索で返ってくる結果は、大きく3つに分けられます。探していた結果（いわゆる「トゥルーポジティブ」）、悪性のように見えたが、実際には悪性ではないと判明したもの（これが「フォルスポジティブ（誤検知）」）、そして残りのイベントです（これは「無害」なイベントで、すなわち藁を意味します）。藁の山は、アナリストがソートするのに大量の時間と労力を要する巨大な山になることもあります。無害な結果とフォルスポジティブとを区別する方法は存在せず、アナリストによって定義が異なることもあります。データソースやクエリからの結果を見慣れている専門家であれば、大抵の無害な結果を一目で判別し、分類することができます。一方で、不慣れな人にとっては、無害な結果がどれもトゥルーポジティブのように見えて、調査を始めると、最終的にはそれらをフォルスポジティブと判断してしまうかもしれません。レポートのクエリを改良し、チューニングするほど、明らかに無害な結果を分類する作業は減ります。さらにチューニングすることで、すべての無害な結果を排除し、いくつかフォルスポジティブと判明するものがあるかもしれませんが、すべての結果がトゥルーポジティブになるようにすることも可能です。

無害な結果を持つイベントが多いことの一番の問題は、それぞれの分析や破棄にわずかな時間とリソースが費やされることであり、不審なイベントの発見に注意が行き渡らない原因となることです。フォルスポジティブはさらに最悪で、誤った情報により分析時間を浪費することになります。無害なイベントやフォルスポジティブが多いと分析時間がかさみ、やがて深刻なリソースの枯渇に発展します。藁の山で針を探すのが悩ましい問題なのは、こうした理由からです。針に見えない藁も、量が多ければ時間を無駄にします。クエリがあまりにも多くの無害なイベントを返してくると、針を探す時間がないほど藁の破棄にばかり時間を奪われることになるでしょう。

ログの大半は、泥の中の金や、藁の中の針のようなものです。有益なセキュリティ情報を持つ実行に移すことが容易なイベントはログの中に隠れており、見たらすぐ分かるものもありますが、それでも探すには多くの時間と労力が必要です。効果のある優れた対応手順の作成は実のところ、無用なものの中から実行に移すことが可能なイベントを特定し、切り離すことで、無害なイベントやフォルスポジティ

ブを削減し、その分析に費やす時間を減らすことが目的です。

8.2　無償レポートなど存在しない

　誤検知が存在しない魅惑のおとぎ話の世界であれば、一度の手続きで、実行に移すことが容易なイベントをすべて抽出した1つのレポートを作成することができるでしょう。現実の世界では、すべてを網羅する効果的なクエリなど存在しません。良いレポートを作成するには、見つけたいイベントが網羅的に得られるような大まかなクエリと、アナリストが無害なイベント（最悪の場合はフォルスポジティブ）を分類することにすべての時間を費やすことにならないような条件の絞り込まれたクエリとの適切なバランスを取ることが大切です。一般的に、レポート実行にかかる主なコストとして、分析にかかる時間が大きな割合を占めます。このため、結果分析をできる限り簡素化、効率化し、不要なデータに埋もれないよう最善を尽くすことが必要になります。

　分析時間のコストがレポートの作成や破棄に影響することを鑑み、クエリを記述する際はレポートの**分析セクションにどんな内容が盛り込まれるのか**、レポート結果の処理にどれだけの影響を与えるか留意してください。クエリで得られた結果がいずれも人間による分析を著しく必要とする場合は、結果が膨大に生成されないようクエリを絞り込んでください。さもなくば、分析にかかるコスト負担が甚大になります。さらなる分析を要する結果を生成するレポートは、他のデータリソースのアクティビティと相関付けが必要な場合であれ、イベントの発生頻度に基づいたアクティビティのタイムラインを構築する必要がある場合であれ、リソースの稼働の観点で特にコスト負担が大きくなります。詳細な分析が必要となる結果は必ずしも悪いわけではなく、回避できないものもありますが、コスト負担が増加することを考えたら、最小限に抑えるべきです。

　レポートの価値は、費用対効果のバランスで考えてください。レポートから有効で実行に移すことが可能なイベントが検知されるたびに、その価値を得ることができます。こうしたイベントで、よく知られたマルウェアに感染したマシンの存在が示唆される場合、おそらくすでにアンチウイルスが阻止しているため、そのレポートによるメリットはささやかなものです。ただし、そのイベントが高度なハッキングキャンペーンを示していれば、1回の検知だけでもメリットは非常に大きくなります。もちろん、コストや価値を測る客観的な指標はないため、次の3つの条件に基づきレポート実行における費用対効果のバランスを推定する必要があります。

- レポートの目的
- トゥルーポジティブの検知にかかる分析時間
- あなたの環境において試算した関連性や価値

　フォルスポジティブの分析で無駄にする時間をどれくらいまで許容できるかは、レポートが対象としている問題のリスクや重要度に応じて、レポートごとに変わってきます。深刻な問題に関するトゥルーポジティブのアラートを調査する場合は、フォルスポジティブが多く発生していたとしても、その分析に多くの時間を費やす価値があるかもしれません。

　幸いなことに、精度の高い結果が得られるレポートでは、費用対効果の分析は不要です。こうしたレポートを、**高信頼度レポート**と呼びます。高信頼度レポートが他のレポートと違うのは、基本的に無料という点です。高信頼度レポートを実行する上でかかる唯一のコストは、クエリを実行する際の（大抵は取るに足らない）システム負荷です。高信頼度レポートは、いわばプレイブックの「聖杯」です。高信頼度レポートが生成する結果は、人間による確認を必要としません。各結果はそのまま実行に移すことができ、人手を使って他のイベントとトゥルーポジティブのイベントとを分類する必要もなく、さらなる処理を自動的に進めることのできる有力な候補となります。言い換えれば、すべての結果がトゥルーポジティブです。

8.3　少し潜れば対象範囲も同様に広がる

　「これは素晴らしい。フォルスポジティブを処理するためのコストをなくすためにも、ぜひすべて高信頼度レポートにしよう」。そう思うかもしれませんが、残念ながら、現実はというと、すべてのレポートが高信頼度レポートになるわけではありません。優れたレポートの大半が、実際には調査が必要なものです。そもそもクエリが非常に絞られていることが、高信頼度レポートの前提になるからです。非常に具体的であり、かつ有用なクエリの条件は、簡単に作成できるものではありません。特定の振る舞いを探しても差し支えありませんが、組織が直面する脅威は通常あまりにも多く、たった1つの振る舞いを検知または防止しても全体的に晒されている脅威が大幅に軽減されることはありません。最も信頼度の高いレポートは、既知の不正なIPアドレス、ドメイン名、ファイルのハッシュ値などの具体的なインジケータに基づき構成されます。よくある落とし穴は、見つかったインジケータをどんどん追加し、高信頼度レポートの対象範囲を広げることです。そのうちごちゃ混ぜの条件一覧ができあがり、レポートのメンテナンスはすぐに手に負えなくなり、負担となるでしょう。さらに悪いことに、大量の条件が設定されたレポートは、実際には数あるインジケータの一部のみを示しているにもかかわらず、総合的な結果に見えることがあり、誤ったセキュリティ解釈を招く可能性もあるわけです。正確性についても、騙されてしまうほど本物に見える場合があります。IPアドレス、ドメイン名、その他非常に具体的な条件などのインジケータは、今週は不正なデータであっても、来週または来年には違うかもしれません。何百件ものインジケータに基づいたレポートがフォルスポジティブを生成し始めたら、詳細な見直しや分析を通してすべてのインジケータを再検証する必要があります。インジケータのリストを扱う場合には、脅威インテリジェンス管理システムやそのプロセスに従うことが最適です。脅威インテリジェンスの管理や収集ができなければ、リストに基づくレポートは陳腐化してしまい、いずれフォルスポジティブの問題が発生して詳細な調査が必要になるでしょう。

　リモートWebサーバ上で動いている仮想ホストを例に考えてみます。単一IPアドレスで何百もの仮想ホストやドメインをホスティングすることには、何の不思議もありません。悪性と報告されているIPアドレスに対する接続の試行を検知したい場合、一部の接続は完全に無害で正当なものである可能性があります（特にIPアドレスが悪性とフラグ付けされてから数週間以上が経過している場合）。このとき、無害なイベントを排除するために、既存の質の悪いクエリに対して絞り込むためのロジックを追加

する方法では、長期的に成果は得られず、複雑さが増すだけです。通常、レポートを作成するための時間や労力のコストは無視できません。しかし、複雑な高信頼度レポートの維持にかかる負担はレポートのメリットをいとも簡単に超越してしまいます。調査対象レポートの方がうまくいくのであれば、できが悪くて複雑な高信頼度レポートに固執するようなトラップにはまらないよう気をつけてください。

8.4　いっぱいのサルといっぱいのタイプライター

　一部のレポートでは、分析時間以外にもコストが発生します。レポート同様、アナリストは全員が同じではありません。高度な、または熟練の分析力が求められるようなレポートには、トップアナリストしか効果的に対応することができないため、コストはさらに高くなります。場合によっては、繰り返し分析することが必要となるレポートや、膨大な手作業による分析作業が必要となるレポートが避けられないこともあります。ですが、アナリストはレポート分析の組み立てラインに鎖でつながれた人間機械ではありません。繰り返して分析することが必要なレポートには注意してください。というのも、こうした種類のレポートを分析する際の残念な副作用に、うっかりミスがあるからです。もう1つ、リスクもリターンも高いレポートも、アナリストにさまざまなストレスや不安を与えます。核ミサイルの発射やエボラウイルス発生を追うようなレポートは恐らくないと思いますが、アナリストからすればミッションクリティカルなレポートや高度な可視性を提供するレポートにおいても同様の恐怖があります。こうしたレポートではトゥルーポジティブを見逃したり、フォルスポジティブをうっかりトゥルーポジティブと判定した場合の副次的影響が極めて大きく、だからこそレポートの品質を高く保つようあらゆる努力を徹底しなければならないでしょう。

　何よりも、コストがメリットを上回ったと感じたら、恐れずレポートを却下、破棄してください。セキュリティの状況は常に変化しており、脅威だっていつまでも続くわけではありません。これまで良い結果を出してきたレポートでも、その実行にともなうコストを正当化するだけの結果が出せなくなることがあります。また、実行するレポート数にノルマがあると考えるべきではありません。たとえパフォーマンスの低いレポートを無効化、却下しても、解放されたリソースはすぐに別の場所で有効活用されるはずです。もしかして、もっと新しく素晴らしいレポートの作成に活用されるかもしれません。実行に移すことが容易で包括的な結果ほどレポートの数を気にすることはありません。

8.5　チェーンは最弱リンクと同程度の強度しかない

　不正なアクティビティが単発の振る舞いとして検知されることは減多にありません。その大半は、極悪な目標を達成すべく多くの「可動部品」を連携させながら極めて複雑なシステムを作り上げているのが実情です。実際の攻撃やマルウェアが複雑なのは、攻撃対象のソフトウェア、コンピュータ、ネットワークがかなり複雑であるからで、必然と言えます。こうした攻撃の複雑さは、守る側にとってはかなり手強く感じるものですが、そこで生まれる非対称性を利用して攻撃を検知し、さらには防ぐ方向で役立てることもできます。

　システムの一部を攻撃する上で内部の動作を知る必要がないように、私たちも攻撃側のシステムの内

部を理解せずとも防ぐことは可能です。

マルウェアを使ったクリック詐欺のような、技術的には地味な攻撃であっても、攻撃を開始して次へ進めるには驚くほどの数のインフラストラクチャが必要です（図8-1を参照）。

被害ホストを感染させるための、何らかのマルウェア配信システム

これは通常、エクスプロイトの開発または購入、スパム送信、不正広告の設定、脆弱なシステムを探すための積極的なスキャンが含まれます。

被害ホストがマルウェアをダウンロードするよう騙す方法や強制する方法

一般的に、ドメイン名（の登録またはホスティング）やIPアドレスの解決が含まれます。

ホストに感染させるマルウェアの購入または開発

マルウェアは、クリック先のドメインリストや不正行為を行うコマンドを受信するためのC2インフラストラクチャが必要です。

堅牢なシステム

システムはマルウェアの更新、機能の追加、バグ修正、C2の動作変更を柔軟に実施できなければなりません。

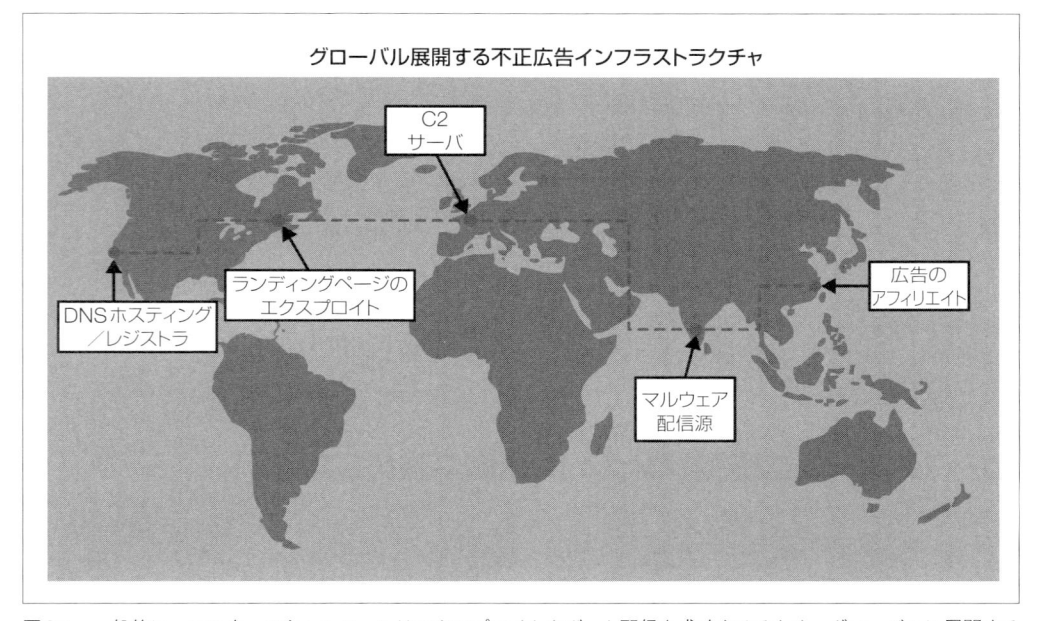

図8-1.　一般的に、マルウェアキャンペーンはエクスプロイトやボット配信を成功させるため、グローバルに展開するインフラストラクチャを利用する。大抵の場合、インフラストラクチャ自体の利用状況と防御側の行動によって生じたチャンスに基づきインフラストラクチャの活用を決めるため、攻撃者は手法を常に変えなければならない。そこで、攻撃者はインフラストラクチャをコンポーネントに分割し、必要に応じて常時リプレースをかけられるようにしている。

　簡単に言うと、大半の攻撃は複雑で、攻撃者は大量のインフラストラクチャを開発、維持しなければ
ならないということです。一方で、防御側が反撃できるポイントは無数にあります。ロッキード・マー
ティンのキルチェーンモデルと同様に、次のどれかを検知できれば攻撃を見つけることができます。

- エクスプロイト
- マルウェア配信プロセス
- ホスト上のマルウェア
- 不正コントローラへのコールバック

　攻撃の過程で発生する長いイベントの連鎖のどこかを確実に検知できれば、レポートを開発するチャ
ンスに変えられます。

8.6　チェーンではなく、そのつながりを検知する

　イベントの連鎖から攻撃を考えるべき理由は、連鎖のすべてを検知するためではありません。それぞ
れのイベントがどのような関連性や相関を持っているかを見ることでチェーンを検知するというのは、
マーケティング的なうわ言です。これだけ複雑なものになるとチェーン全体を検知することはベストな
対策にならず、さらに優れた検知戦略になるということは、ほぼありません。それよりも、攻撃の中で
最も簡単に、もしくは確実に検知できるチェーンの最弱リンクを探す方がよいでしょう。

　もしもマルウェア作成者がボットの検知を難しくするために膨大な時間と労力を費やし、ポリモー
フィック型の性質、すなわちボット自身がファイルをパッケージ化し、暗号化することで常に姿を変化
させるようなものを仕込んできたら、ボット検知に悩むのは止めて、代わりにC2通信を追ってくださ
い。通信を検知するのが難しければ、攻撃に関連するドメインやIPアドレスなどの他の側面を探しま
しょう。結局のところ、攻撃者が大きな成果をあげるには、マルウェアはどこかの時点でネットワーク
を使わなければなりません。信頼度の高い手法で攻撃チェーンの最弱リンクを1つ以上見つけることが
できるのであれば、それらが同時に発生していることを調べるレポートを作成する必要はありません。
それよりも、多層防御の戦略に基づき、いずれかを見つけるレポートを作成してください。

　攻撃は変化します。チェーン内のイベントを示すインジケータが順番に発生しなければ見つからない
ような複雑なレポートを作成してしまうと、攻撃が少しでも変化したら、そのレポートは役に立たなく
なります。ですが、攻撃の最弱リンクをどれかしら検知できるレポートであれば、インジケータのすべ
てが変更されない限り、攻撃に変化があったとしてもアラームをトリガすることができるでしょう。

　特定の不正なアクティビティを検知するための目標は、シンプルであるべきです。検知しようとして
いる攻撃の側面が単純であるほど、レポートやクエリのロジックも単純でなければなりません。「Aおよ
びB」のようなクエリは、「AまたはB」よりも複合的な条件になるため、結果が得づらくなります。イ
ベントAとイベントBのいずれもが高品質なインジケータであるのならば、レポートはより確実性の高
いものになるでしょう。

8.7　クエリ作成入門

　有効なレポートでプレイブックを作成するとき、最も大変なのは最初にレポートをいくつか作成するときです。壮大な構想はすぐに思いつきますが、実際の導入方法がぼんやりしていることはよくあります。それでもめげず、落ち込まないでください。直感に反するかもしれませんが、初めてレポートを作成するときは、簡単な高信頼度レポートをいくつか作成するのが楽です。高信頼度レポートを作成する方がしばしば楽である主な理由は、内容が非常に具体的であることが多い点が挙げられます。高信頼度レポートは通常、非常に信頼性の高い1つのインジケータをベースに作成されます。たとえば、あるパターンと明確に一致する一部の不正ドメインに対するリクエストといった具合です。疑う余地のない合理的な侵害のインジケータを見つけることができたのであれば、そのインジケータを探すレポートは簡単に作成でき、クエリ結果の分析も必要ありません。調査対象レポートを作成するには、レポートにかかるコストとその効果について、ある程度の主観的な感覚が必要になりますが、高信頼度レポートにとっては避けられる要素です。

　一番簡単なのは、単純かつ明確なアイディアをいくつか選び、すぐに作成を開始することです。明確なアイディアがない場合も、心配いりません。見つかる場所はいくらでもあります。客観的かつ経験的に何を探すべきかが分かる、そのようなタスクを適切に実行できるアルゴリズムは存在しません。人間の脳とセキュリティに対する直感を信じましょう。まずはどこから手を付ければいいか、いくつかヒントをご紹介します。

既存または過去の案件の調査データを見直す

　過去にマシンが侵害されたことはありますか。そのとき、どうやって問題を調査し、どうやってそのマシンが侵害されたと突き止めましたか。セキュリティインシデントを示す「証拠」がログに残っていましたか。調査を始める上で特に有効なインジケータは、悪性のドメイン名やIPアドレスなどで、侵害されたマシンがルックアップしていたものや、通信していたものが対象となります。アンチウイルスソフトウェアをインストールしているのであれば、そのソフトウェアが判定した具体的なマルウェア名から他への感染がないかログをもとに探すことができます。これにより、他のホストでの痕跡や、オンラインで公開されているそのマルウェアに関するインジケータが見つかることもあります。これらインジケータは、インシデント発生時のネットワークトラフィックのサンプルが利用できる場合には、IDSシグネチャの作成に利用することができます。同様に、検索可能なフルパケットキャプチャシステムがあれば、同じインジケータを使用してトラフィック検索をすることができます。また、このインシデントが発生したことで予期せぬログインがあった場合、認証のログから関連する追加情報を掘り起こすことができるでしょう。認証ログ単体でも、ブルートフォース攻撃によるログイン試行といったひどい侵害行為を検知する際に役立ちます。

オンラインで公開されているインジケータを検索する

　情報セキュリティは、監視やインシデント対応に関する情報が大量に公開されるところまで成

熟しました。多くの著名な研究者や大手企業はブログを持っており、最新の研究結果やセキュリティトレンドを公開しています。こうした研究ブログの多くには、最近出現した具体的な脅威に関するインジケータの例やその他の技術情報が書かれています。何を探すべきかを網羅しているリストはありませんが、まずは大手のセキュリティ会社やアンチウイルス会社を起点とし、あなたにとって関連のある分野を取り上げた最近のセキュリティトレンドや研究者へと手を広げていきます。最終的には、メーリングリストからブログ、Twitter、さらにはセキュリティエンジニアが攻撃について議論し書き込みをするその他サイトまで、最高の情報源を記述した長いリストができあがるでしょう。技術情報がいくつか手に入ったら、前述のインジケータに関するデータを検索してみてください。多くの場合、ドメイン、IPアドレス、正規表現などの1つのインジケータを取り上げるだけで、関連するインジケータが多数見つかるはずです。このほか、自組織のネットワークログ内でインジケータを探して組織のリスク状況をより深く把握したり、オンラインで公開されているインジケータを検索し、さまざまな場所で公開されている情報から全体像を捉えたりすることも可能です。

セキュリティログから不正なアクティビティを見つける

レポートの数がそれほど多くなければ、ログの中から対処が容易な脅威を見つけるのは簡単なことです。アンチウイルスやHIPSのログのような、不正なアクティビティを検知するのに最適なログから始めれば、無害なアクティビティをさほど分類しなくてもレポートの基礎として利用できる好ましいインジケータが見つかります。たとえば、ホストに対するセキュリティソフトウェアであれば、クライアント上のマルウェアや望ましくないソフトウェアを特定し、ログを通じてこれらの情報をレポートに反映することができます。アンチウイルスやHIPSソフトウェアが攻撃のすべてを検知し止めることは滅多にありません。しかし、煙がたてば、近くに火元があるはずです。アンチウイルスやHIPSソフトウェアが不正なアクティビティをログに残した時間帯に他のイベントソースではどのようなアクティビティがあったのかをまず調べることは、他インジケータを探すのにうってつけです。複数のデータソースのインジケータを使って攻撃を検知するレポートを作成することは、優れた多層防御の監視戦略では重要なことです。

レポートをいくつか作成すれば、新規レポートの作成も自然に行えるようになるでしょう。また、高信頼度レポートを作成する上でどんなインジケータが必要かも見えてくるはずです。そして何が何でも、絵に描いた餅のようなレポートのアイディアを最初に思い描かないようにしましょう。主要なセキュリティ脅威を検知する高度なレポートを作成するというアイディアは、非常に魅力的です。ですが、そのアイディアが、複数の異なるデータソースから複数のイベントを抽出し、その特定のシーケンスを調査するようなものであれば、手始めにしては高度すぎます。また、アイディアが汎用すぎても、無害なイベントの数をおさえたり、人間による分析の時間を減らしたりすることができず、信頼できるレポートを作成するのは難しいでしょう。最初に取りかかるレポートは、**具体的かつ単純であるべきです**。データに潜むあらゆるパターンに基づく、より高度なレポートまで範囲を広げるのは、そうしたレポートをい

くつか作成してからです。

　私たちがこの取り組みを始めたとき、最初に成果をあげた高信頼度レポートの1つは、スイスのabuse.chサービスから得た非常に具体的な情報に基づく、情報窃取犯のZeuSファミリを追跡するというものでした。ZeuS Trackerサービスは、ZeuS関連のドメイン、IPアドレス、URLなどの情報を高度に整理したリストを提供します。侵害されたURLのリストはhttps://zeus-tracker.abuse.ch/blocklist.php?download=compromisedで提供されており、ZeuS ダウンロードやC2サーバに関連するURLの長いリストが含まれています。本書の執筆時点では、http://anlacviettravel.com.vn/home/plugins/system/tmp/bot.scrやhttp://albrecht-pie.net/new/gate.phpなどのエントリが含まれていました。これだけ具体的かつ高品質なURLのリストがあれば、レポートのロジックはすでに用意されているようなものです。私たちは常時変更されるZeuS Tracker URLリストが反映されるよう、レポートのクエリを定期的（自動的）に再構成し、次のクエリに統合しています。

- HTTPリクエスト
- リクエストされたURLで次に一致するもの：
  - <ZeuS Tracker URL全リスト>

　このクエリは具体的な条件のリストに基づくものであるため、インテリジェンスベースのレポートカテゴリに分類されます。これについては、本章の後半で詳しく説明します。

8.8　不正アクティビティのサンプルをレポートのクエリに変える

　子ども向けボードゲーム「Guess Who?」は、2人のプレイヤーがグリッド上に置かれたキャラクターをそれぞれ選び、「はい」「いいえ」のシンプルな質問で互いにどのキャラクターを選んだか当てるゲームです。グリッド上の絵はプラスティックでできた小型のヒンジにそれぞれ留められており、質問に対する答えで除外されたキャラクターは後ろに倒していきます。こうして除外作業を進め、最後に残ったキャラクターが相手のプレイヤーが選んだキャラクターというわけです。よくある質問には、「その人物は赤いシャツを着ていますか？」「その人物は女性ですか？」「その人物はひげを生やしていますか？」があります。ひげやシャツの色といった特徴が共通するキャラクターは多くいますが、特徴を総合的に見るとそれぞれ異なります。セキュリティログから特定のイベントを探す作業も、実行に移すことが容易なセキュリティ情報を含むログを見つけるために、どのような質問が適切か考えるという点が人気ゲーム「Guess Who?」と非常に似ています。

　データサイエンスの世界では、対象（オブジェクト）が持つ特性のことをしばしば**属性（アトリビュート）**と呼びます。より一般的には、機械学習の世界では何かを目立たせる役割を果たす情報を**特徴（フィーチャー）**と呼びます。特徴という単語のほうがより一般的で包括的な言葉なので、本書ではこの

単語を使うこととします。次の例は、Confickerというマルウェアの HTTP C2 コールバックのリクエストです。

```
GET /search?q=149 HTTP/1.0
User-Agent: Mozilla/4.0 (compatible; MSIE 6.0; Windows NT 5.1; SV1)
Host: 38.229.185.125
Pragma: no-cache
```

リクエストの特徴の1つに、HTTP/1.0を使っていることが挙げられます。もう1つは、38.229.185.125の値が与えられている Host ヘッダーです。もっとも、特徴はもっと広範囲に及ぶ場合もあり、またメタデータなどの分かりづらい特質を持つこともあります。たとえば藁の中で針を探す場合、針の特徴の1つは磁石を引き寄せる金属でできているという点があります。前述のConfickerの例で考えると、特徴は次のとおり、いくつか挙げられます。

- HTTPヘッダーが確実に3つある
- URL内の疑問符のあとに拡張子がないファイル名がある
- ホストはドメイン名ではなくIPアドレスである

イベントを探すための最初のステップは、イベントの特徴を特定することです。特徴のリストがある場合は、あまり一般的ではない特徴の組み合わせを使って、探したいもののパターンを独自に定義します。

イベントの特徴を組み合わせることでパターンを識別する方法を説明するために、まずは未熟なアプローチを取り上げ、なぜそれが失敗するのか考えたいと思います。たとえば、HTTPのログからURLとして http://38.229.185.125/search?q=149 そのものをリクエストしているログを探すアプローチがあるとします。もっともこれでは探していた1つのリクエストが見つかるのみで、その他のConfickerのリクエストは見つからないままです。そんな呆れるほどにピンポイントの高信頼度レポートは、あまり役に立ちません。もう1つ、未熟なアプローチの例として、search?= が含まれる URL を検索するというのを考えてみます。このクエリでは、Confickerのリクエストだけでなく、次のようなイベントも出力することになります。

```
GET /search?q=modi&prmd=ivnsl&source=lnms&tbm=nws HTTP/1.1
Host: www.google.com
User-Agent: Mozilla/5.0 (compatible; MSIE 10.0; Windows Phone 8.0; Trident/6.0;
IEMobile/10.0; ARM; Touch; NOKIA; Lumia 820)
Referer: http://www.google.com/m/search?=client=ms-nokia-wp&q=%6D%6F%64%69
```

これは、フォルスポジティブです。クエリでフォルスポジティブが返ってくるほど、結果を分析するための労力は増します。Conficker向けの有用な高信頼度レポートを作成するには、リクエストの特徴をリストアップし、これら特徴がどれだけ一般的か評価する必要があります。不慣れなデータソースである場合、または特徴がどれだけ特有のものか評価できない場合は、データソースに対してその特徴だけを使ってクエリを送り、どんな結果が返ってくるか確認するのもよいでしょう。実際、特定の脅威固有の特徴かどうかを判断する際は、まさにこれを実行します。評価できる場合も、これは大抵において

良い方法です。というのも、同じ特徴で探す方が、フォルスポジティブがどのようなものか分かるようになるからです。なお、この検索方法にはもう1つ付随するメリットがあります。それは、共通する特徴を持つその他不正なアクティビティが見つかる可能性があるという点です。当初のレポートの分析中に他レポートの証拠が見つかるのは、まるで採掘していたら巨大な金脈にぶつかり、あらゆる場所に金塊が見つかるような感覚です。

　次の例は、Webプロキシのデータ全体において見ることのできる可能性が高い順に、Confickerの HTTPリクエストの特徴を分類したものです。

非常によく見かける：

- HTTPを使用
- GETリクエスト

よく見かける：

- Internet Explorer ユーザーエージェントのストリング

あまり見かけない：

- HTTP プロトコル1.0
- Referer ヘッダーを含まない
- "q=" パラメータをとる
- URL内のファイル名に拡張子が含まれない
- IPアドレスへ直接リクエストが送られている
- URLのファイルパスがベースディレクトリ

　よく見かけるか見かけないかという分類方法はまったく科学的ではなく、双方を区別する境目も存在しません。そこで、双方をグループに分けます。これにより、ある特徴の有用性がどれくらいかを推し量ることができるでしょう。あまり見かけない特徴を数多く識別できれば、それらを組み合わせることで、より優れたレポートを作成できる可能性は高まります。ログに対して通常は見かけない特徴をクエリすることで、まさに探したい特徴にフォーカスすることができます。具体性が欠如していることで不正なアクティビティを見逃したり、クエリが一般的であるために無害なアクティビティを検知したりしてしまうということもありません。クエリ条件の検討は非常に重要です。というのも、非常に具体的なクエリを書いてしまうと、次のConfickerの亜種の一部にあるような、ちょっとした変化を見逃してしまう可能性が出てくるからです。

```
GET /search?q=0&aq=7 HTTP/1.0
User-Agent: Mozilla/4.0 (compatible; MSIE 6.0; Windows NT 5.1; SV1; .NET CLR
1.1.4322; .NET CLR 2.0.50727)
Host: 216.38.198.78
Pragma: no-cache
```

　いろいろな特徴や特徴の組み合わせを試したあとは、Confickerを検知するための高信頼度クエリの作成に取りかかりましょう。私たちは次のようなクエリを採用しています。

- Refererヘッダーを含まない
- URLに "/search?q=" が含まれる
- リクエストはHTTP 1.0を使用している
- フルURLが正規表現 "^http://[0-9]+\.[0-9]+\.[0-9]+\.[0-9]+/search\?q=[0-9]{1,3}(&aq=[^&]*)?$" と一致する

この正規表現は、始まり（^）がhttp://で、そのあとにIPアドレスが続くURLを、3つのピリオド（ドット区切りの四つ組み）で4つのセクションに分割された数字から探します。IPアドレスの有効性を確認する上で、正規表現はこれ以上詳しい必要はありません。
それ以外の正規表現の部分は、q=パラメータでは1桁から3桁の値を探し、オプションのaq=パラメータではURLのお尻の部分（$）よりも前に入る値を探します。
正規表現について詳細は、Jeffrey Friedl氏の『Mastering Regular Expressions』*（O'Reilly）を参照してください。

　Confickerの例は、簡単にイベントが見つかる典型例です。一連の特徴は十分ユニークで、比較的容易に高信頼度の検知方法を開発することができます。もっとも、現在のところConfickerの活動はあまり見られません。亜種もわずかで、アップデートもされていません。大半の場合、検知しようとしているアクティビティは常に新規ドメインや新しいIPアドレスへの変更を行っており、悪者は常に特徴や機能を追加しながら戦術を変え、マルウェアをアップデートしています。

8.9　レポートはパターン、パターンはレポート

　レポート作成を始めるときに必ず思い至る疑問は、レポート作成の基準をどうするべきかでしょう。何をレポートにすべきか判断するとき、私たちは通常、具体的なインジケータではなくアクティビティの**パターン**を探すようにしています。つまり、データをチェックしていて不正なドメインへのリクエストを発見したときは、次のようなクエリに基づいたレポートを作成しないということです。

- HTTP GETリクエスト
- ドメインがverybaddomain.com

こうしたレポートの問題の1つは、終わりが見えないことです。何千もの新しい不正ドメインが日々登場する中で、このようなレポートを作成し続けるなど無理です。また、面倒なのはドメインばかりではありません。不正なIPアドレス、既知の不正なUser-Agentヘッダー、ファイルの暗号学的ハッシュ、その他の非常に具体的なインジケータは、いずれも単一のインジケータだけでレポートを個別作成するには、あまりにも具体的すぎます。具体的なインジケータが信頼できないというわけではありません。むしろ、大抵は信頼できる指標です。問題は、絞り込まれすぎたレポートでプレイブックが埋め尽くされてしまうと、扱いづらい上に管理も難しく、新規レポートの作成にかかる時間がレポートの価値を上回ることです。既知の不正ドメインやIPなどの具体的なインジケータは、不正なパターンを見つけるのに役立ち、不正なイベントの検知で重要な役割を果たします。しかし、これらに完全に基づく検知ロジックは、特別な取り扱いが必要です。本章の最後にある「8.11.3.1 インテリジェンス：プレイブックに追加したい情報（187ページ）で、運用維持しやすい方法でプレイブックにインジケータを統合する方法について解説します。

8.10　ゴルディロックスの信頼度

有名な子ども向け物語「Goldilocks and the Three Bears（ゴルディロックスと3匹のクマ）」では、通りすがりの子どもが、3匹のクマが住む家で、3つのお粥のうちどれが食べるのにちょうど適した温度か考えてからお粥を口にします。進化する脅威を検知するレポートのためのクエリを作成するときは、この「ゴルディロックスの信頼度」を目指しましょう。つまり、わずかなイベントしか検出できないほど具体的な絞り込みはせず、他のイベントまで大量に検出してしまうほど汎用的ではないレベルです。ゴルディロックスの信頼度を見つけるには、レポート作成を進める際に避けることはできない、ある程度の経験的な勘が必要で、科学というよりも職人技と言えます。レポートにおけるフォルスポジティブやフォルスネガティブをどれだけ許容するかは、探しているイベントの価値や結果をふるいにかけて分析するために使える時間の長さによります。

やや複雑なイベントの良い例として、Javaを悪用するNuclear Exploit Pack（https://www.trustwave.com/Resources/SpiderLabs-Blog/A-New-Neighbor-in-Town--The-Nuclear-Pack-v2-0-Exploit-Kit/）のとあるバージョンにリクエストを送信するイベントを見てみましょう。エクスプロイトへのリクエスト例は、次のとおりです。

```
GET /f/1/1394255520/1269354546/2 HTTP/1.1
Host: bfeverb.nwdsystems.com.ar
User-Agent: Mozilla/4.0 (Windows 7 6.1) Java/1.7.0_09
```

別のイベントは、次のとおりです。

```
GET /f/3/1395062100/1826964273/2/2 HTTP/1.1
Host: interrupt.laurencarddesign.com
User-Agent: Mozilla/4.0 (Windows 7 6.1) Java/1.7.0_05
```

これらリクエストに対して特徴リストを作成することも可能ですが、取りかかるには特徴の数が少な

すぎます。

非常によく見かける：

- HTTP 1.1を使用している
- GETリクエスト

よく見かける：

- User-AgentがJava

あまり見かけない：

- URLに数字が多く含まれる
- URLにスラッシュが多く含まれる
- URLが/f/で始まる
- URLが2で終わる

めったに見かけない：

- URLのスラッシュ間にUnixのタイムスタンプが含まれる

　こうした特徴リストでは、他のイベントを探す際にどこから手を付けていいか判断が難しくなります。すべての不正なリクエストは/f/で始まり、2で終わるのでしょうか。大抵の場合、ヒントはありません。そのため、クエリを試しながら他の特徴を探す必要があります。仮に、過去の不正なアクティビティに両方の特徴が含まれていたとしても、残念ながら今後のアクティビティにも含まれる可能性はあまりないと言えます。データソースについては経験に頼る部分があり、勘が必要です。こうしたケースだと、ドメインやIPアドレスのリストを作って監視するといった別の手段を採用したほうがよいかもしれません。たとえば、90日間に行われたNuclear Exploit Packのリクエストでログに残っていたのは6ドメインのみだったことから、次のようなクエリが妥当のように思います。

- User-Agentに"Java"が含まれる
- ドメインが次のいずれか（OR）：
    - "edge.stroudland.com"
    - "interrupt.laurencarddesign.com"
    - "instruct.laurencard.com"
    - "lawyer.actionuniforms.com"
    - "bfeverb.nwdsystems.com.ar"
    - "jbps61lz.djempress.pw"

　ただし、ドメインやIPアドレスは通常、使い捨てのリソースとして扱われているので、今（もしくは過去に）使われているものから今後使われるものを予測するのは難しいでしょう。クエリを維持しながら現在のドメインやIPを更新し続けるのは、こうした理由から非常に大変です。値のリストに基づくクエリは、手動での検索では非常に有用です。セキュリティインシデントに関連するイベントの種類やバリエーションにどんなものがあるか理解することができます。ですが、本番用のレポートで採用する場合は最終手段としてください。イベント自体のパターンは変わらなくても、ドメインやIPアドレスが頻繁に変わるようなセキュリティイベントはよくあることです。扱いづらい単体のレポートにドメインや具体的なその他インジケータを並べるよりも、遭遇したイベントをセキュリティインテリジェンス管理システムに追加し、インテリジェンスベースのレポートで引っかけるようにした方がよいでしょう。

　以上を念頭に、毎回同じ情報を探すクエリではなく、パターンを見つけるクエリの作成を目標にしましょう。前述のNuclear Exploit Packのリクエストのサンプルにあるような特徴を使うことで、適切なクエリでは、次のようなアプローチでパターンを解明していくことができます。

- User-Agentが典型的なJavaリクエストストリングと一致する
- URLのhttp://部分のあとに少なくとも/が4つ含まれている
- URLに、/で区切られた20から30の連続した数字と、オプションで、/で区切られている数字が含まれている
- URLで、/文字の間にUnixのタイムスタンプのような数字がある
- URLには文字、数字、スラッシュのみが含まれる（ピリオド、はてなマークなどのよくあるURL文字は除外）

　このクエリは、Nuclear Exploit Packの亜種の検知に大変有効で、同時にホスティングされているドメインやIPアドレスが変更されたとしてもレポートへの影響が及ばないような十分な汎用性が確保されています。Nuclear Exploit Packの今後のバージョンもクエリと一致する可能性が高く、長期間使えるクエリです。クエリは一連の特徴に基づいたユニークなものであるため、フォルスポジティブの可能性は非常に低く、たとえフォルスポジティブが発生してもそれほど多くないはずです。1つか2つフォルスポジティブがあったとしても、通常はフォルスポジティブ固有の特徴を識別できるので、その特徴を指定してクエリから除外すればよいでしょう。ただし、フォルスポジティブの数や種類が増えると、この対応は危ない綱渡りになります。フォルスポジティブの特徴を指定してクエリから除外、チューニングする作業が煩雑になったら、否定条件によって除外するのではなく、フォルスポジティブには含まれていない、不正なイベントを識別する特徴のうち別のものを条件に追加してみてください。

一般的に、ポジティブな特徴（イベントの一致に必要な特徴）はネガティブな特徴（イベントの一致で除外される特徴）より強力で使いやすい傾向があります。高品質なクエリを作成するためのコツとしては、ログ内の他イベントよりも探したいイベントが目立つよう、有効な特徴の活用方法を見つけることです。探しているイベントを示す特質（特徴）一式が揃ったら、あとはこれら特徴を同時に選択するクエリを作成するだけです。探しているイベント自体にユニークな特徴が十分存在しない場合は、できることはもうあまりありません。

8.11　見える範囲を越えて模索する

　ここまでのレポート作成戦略の解説や例は、その大半が不正なアクティビティのサンプルをもとに作成する内容でした。特定イベントの固有の特徴を見つけて、同じ特徴を持つ他のイベントも含めて検出するクエリの作成方法について学んできました。ですが、不正なアクティビティのサンプルが常に手元にあるわけではありません。場合によっては、何か確かな情報があるのではなく、不正なアクティビティがどんなものかという**発想**のみで探すこともあります。一番分かりやすい戦略としては、不正なアクティビティがある具体的な特徴を持っていると想定し、これらをベースに検知するクエリを書くというものです。もっとも、完全に推測のみの特徴を定義したクエリだけでは、有意義な情報は返ってこないでしょう。それよりも、サンプルからの情報を活用することができない状態で新規レポートを作成する方法について、賢く、順序立てて考えるべきです。これにはいくつか方法が考えられますが、ここでは特に効果的な方法について取り上げたいと思います。

8.11.1　知っている情報にこだわる

　具体的なサンプルではなく勘でレポートを作成できるようになった頃には、すでにレポートをいくつか自分のものにしていることでしょう。大抵の場合、既存レポートは新規レポートの最適な発想の源です。個別イベントの特徴を特定し、これらイベント向けのクエリを開発する際は、イベント固有の特徴を求めて多くの時間が費やされます。最も具体的な特徴を除外しつつ、一般的な「悪性」を示すインジケータをいくつか含めれば、類似するイベントだけでなく、既知のイベントよりもはるかに幅広く、より包括的にログ内を検索できます。こうしたタイプのクエリは無害なイベントやフォルスポジティブを発生させることから、できの悪い調査対象レポートに仕上がることになるのですが、未知のイベントを見つける試験的クエリとしては最高です。

　たとえば、HTTPのログをベースに有効なレポート一式を作成した場合、Refererヘッダーのない POSTを探すレポートがいくつか見つかるはずです。Webブラウザがサーバに対して、Refererヘッダーのない POSTを送信することが正常な状態であることはまれです。ですが、両方の特徴に一致するイベントに絞って検索すると、プレイブックのレポートとしてはフォルスポジティブを出し過ぎることになります。大まかなクエリで疑わしいイベントが見つかった場合、そのイベントを取り入れてピボットさせながら、さらに調査を進めるとよいでしょう。具体的なピボット方法は、データソースや発見したイベントによって異なります。大抵は複数の可能性があり、経験やデータに対する理解に応じて最適

なものを選択してください。次のクエリは、RefererヘッダーなしのHTTP POSTを使って大まかな検索をする場合の例です。

- HTTP POST
- Refererヘッダーがない
- 送信元ホストによる重複したイベント

　想像どおり、検索結果は大量に返されます。最初の50の結果を簡単に手作業で振り分けると、次が見つかりました。

```
POST /index.php HTTP/1.1
Host: m0nplatin.ru
User-Agent: Mozilla/4.0 (compatible; MSIE 7.0; Windows NT 5.2; WOW64;
  .NET CLR 1.1.4322; .NET CLR 2.0.50727; .NET CLR 3.0.4506.2152;
  .NET CLR 3.5.30729; InfoPath.1)
```

　このイベントには明確に悪性を示す情報は見当たりません。しかし、ドメインは非常に怪しいです。.ruのTLD自体は本質的に悪性なものではありませんが、多くの攻撃者が悪用したことから、比較的評判はよろしくありません。ロシアを拠点とした組織でなければ、.ruを使うことはめったになく、これを悪性のインジケータとして扱うのは合理的でしょう。もっとも、.ru TLDよりも明らかに怪しいのは、実際のドメイン名であるm0nplatinです。人間が文字を入力するとき、アルファベットを数字に置き換えるl33t spe4kを使うことは通常ありません。よって、「o」の代わりに数字のゼロを入れるのは不自然です。よく使われているフォントの多くはゼロと大文字のOの見た目が区別できないため、ユーザー（やセキュリティアナリスト！）は実際は別の単語をある単語だと思い込まされることがあります。怪しいドメインをHTTP POSTやRefererがないという特徴と組み合わせれば、全体としては非常に怪しいイベントになります。

　ですが、ドメイン以外、このイベントがレポートにおいて特に有意義となるような特徴は、他には多くありません。使えるパターンがないと、特定のドメインを探すクエリを作成することになるでしょう。結果自体は高信頼度レポートに属するかもしれませんが、具体的すぎて、長期で使えない可能性があります。これだけピンポイントなレポートも本質的には問題ないのですが、重大な脅威または広く流行している脅威だと示す証拠がもっとないと、そのためにレポートを作成しても些細な効果しか得られません。このイベントを検知する1回限りのレポートを作成するよりも、ローカルで生成されるインテリジェントリストにドメインを追加する方が、あとで発生する同様の感染を効果的に検知できるでしょう。

　とはいえ、最も明らかなインジケータの使用を止める必要はありません。ドメインに対するRefererのないPOSTを探すレポートにも意味があります。ただ、調査の際は他の特徴も取り入れてピボットし、どんな結果が得られるか見るとよいでしょう。このイベントでピボットするならば、PHPスクリプトに

対するPOSTであることに目を付けて、その条件を試験的クエリに追加し、結果を見てみるという方法が考えられます。経験からすると、HTTPのログでは不正なアクティビティを探すためのクエリとして、手始めに次のことをお勧めします。

- HTTP POST
- Refererがない
- サーバ上のファイルがPHPスクリプト
- クライアントホスト側での重複

それでも結果は非常に汎用的で、以前のクエリが返していたような不正なアクティビティには大して近づくことはできないでしょう。そこでもう1つの選択肢は、同じホストから何らかの似たようなアクティビティがなかったかを確認し、他にも識別に使える特徴を持ったイベントがないか見てみる方法があります。

- HTTP POST
- Refererがない
- 同じ送信元ホストが以前m0nplatin.ruに対して不正なイベントを実行したことを確認

このクエリは、次のログを含む興味深い不正イベントを大量に返します。

```
POST / HTTP/1.1
Host: pluginz.ru
User-Agent: Mozilla/4.0 (compatible; MSIE 6.0; Windows NT 5.1; SV1)

POST / HTTP/1.1
Host: yellowstarcarpet.com
User-Agent: Mozilla/4.0 (compatible; MSIE 6.0; Windows NT 5.1; SV1)
```

　もちろん、他の多くのドメインとのつながりを示すイベントも見つかります。ただし、ほとんどのイベントではUser-AgentにおいてInternet Explorer 6を示す文字列が使われています（歴史的には、Internet Explorerやその他ほとんどのブラウザがMozillaのバージョンを使用します）。経験上、IE 6は古いバージョンで、標準的に導入しているところはほぼないはずです。また最近では、Windows NT 5.1（XP）に関しても、同じことが言えるようになってきています。これらの特徴を最初のクエリに追加すると、効果はかなり高くなります。

- HTTP POST
- Refererがない
- User-Agentが"MSIE 6.0"および"Windows NT 5.1"とする

　完全に悪意のあるものではないとしても、このクエリで得られた結果のほとんどは、かなり怪しく見えます。データによっては、調査対象レポートへ直接組み込んでも構わないほど良いクエリと感じるでしょう。あからさまに怪しい、または不正なアクティビティを出力結果からピックアップすることは、経験ある人間であれば比較的簡単です。多くの結果をピボットして、レポートに使えるアクティビティに変えることもできます。不審なアクティビティを見つける人間の脳の力は特筆すべきものがあります。より多くのイベントを目にするほど、組織内の正常なアクティビティがどのようなものか把握することができます。もちろん、Windows XPにInternet Explorer 6を大規模導入しているようなロシアの組織であれば、他の特徴を持つイベントを探すべきでしょう。ですが、人間の脳の力に頼るだけではなく、アクティビティを詳細に分析するには他の情報も活用すべきです。たとえば、HTTPログの収集で使っているシステムがIPやドメイン、URLのレピュテーションといった追加のコンテキストを提供できれば、アクティビティが実際にはどのようなものか結論をすぐに出すことができます。また、レピュテーションの低いリクエストを検索するようクエリに追加すれば、調査する出力結果の合計をさらに削減できるでしょう。このほか、不正なアクティビティとして一般的に知られている特徴を追加する方法もあります。たとえば、POSTをPHPスクリプトのみに制限する項目を追加し、次のような試験的クエリを新たに作成するなどです。

- HTTP POST
- Refererがない
- User-Agentが"MSIE 6.0"および"Windows NT 5.1"とする
- URLはドメイン名の代わりにIPアドレスを使用している
- URLのファイル拡張子が.php

　このクエリが出した結果を深掘りすれば、レポートに組み込めるパターン自体を見つけることができるでしょう。

8.11.2　「既知の良いもの」を求める

　未知の不正なアクティビティを探すときは、小説の登場人物であるシャーロック・ホームズが唱えた次の賢明な助言を検討しましょう。「不可能を排除したら、残されたものは、たとえありそうになくても、真実である」。一部のデータソース内のイベントは、非常に規則的で、予測可能です。こうした規則性は、異常なアクティビティの検知に大変役立ちます。イベントが通常**どう見えるべきか**、期待値を設定してくれるからです。通常発生するイベントを定量化するのが簡単であれば、その期待されるパターンに一致しないイベントは簡単に見つかります。こうした規則性は多様な形態をとることができ、データソースによってその形態は異なります。あるデータソースでは、ある特定のイベントが通常持っている属性情報を簡単に特定することができ、別のデータソースでは正規のイベントがどれも独自の形式を使用しているかもしれません。あるときは、データソースの大半をパターン化されていないデータが占めながら、特定の振る舞いに関連するイベントの一部がユニークな形式をとることがあります。

　たとえば、マルウェアでよくあるのは、システム上の一般的なプロセスと同じ名前を自身につけることです。Windowsの場合、一般的なプロセス名の1つにexplorer.exe（svchost.exe、winlogon.exe、rundll32.exeなども同様）があり、標準インストールでは常にc:\windows\に配置されています。HIPSやアンチウイルスなどホスト型のソフトウェアでは、explorer.exeをコピーしたときには常にアラートを生成するような既知のパターンを持っているはずです。このため、explorer.exeに関するすべてのアラートを探し、さらにexplorer.exeがc:\windows\以外に存在するという条件を探せばよいということです。

- プロセス名がexplorer.exeで終わる
- プロセスのディレクトリがc:\windows\ではない

　このクエリの出力結果からは、正当なアクティビティとして期待される特徴と完全には一致しない、正当なアクティビティを装ったマルウェアを見つけることができます。2つの特徴が常に同時に発生するようなイベントがあれば、レポートにおいて一方の条件は除外し、もう一方の特徴だけをチェックするとよいでしょう。

8.11.3　「悪性」のラベル付けがされた何かを探す

　よくあることですが、データソースにはイベントと関連するレピュテーション、脅威、重大度を示すメタデータが含まれています。たとえば、IDSのイベントにはアラートレベルや重大度のスコアが通常含まれており、HTTPプロキシのログにはドメインやIPのレピュテーション情報が含まれ、HIPSやアンチウイルスのログは不正なアクティビティのみをトリガーすることになっているといった具合です。SIEM内のデータを捨てるのであれば、まずはセキュリティイベントのアラートや優先順位付けに使わ

れるレピュテーションのメタデータが対象になります。こうしたメタデータのみでレポートを作成すると、落とし穴だらけになります。というのも、多くのレピュテーションスコアや他のメタデータは時間とともに変化することがあり、またその生成に使用されるプロセスもブラックボックスだからです。そのため、レピュテーションのメタデータがどのように作られているのか詳しく分からないと、こうしたブラックボックスの脅威スコアのみに依存するレポートでは、その信頼度を評価することはできません。

とはいっても、レピュテーションのメタデータはまったく使えないわけではありません。大抵の場合、データの中で「ここを見て！」と大きな赤い旗で知らせる役割があります。不正なアクティビティの新しいサンプルを探すときは、他のシステムが悪性と判断しているイベントを手始めに探すとよいでしょう。低いレピュテーションまたは高い脅威を示すイベントを探す本当の価値は、手持ちのスコアリング／レピュテーションのソースの品質に多分に依存します。まずは、レピュテーションが最低のイベント、または脅威スコアが最大のイベントを探すところから始めると分かりやすいでしょう。あなたの組織が保持しているデータを完全に理解して「直感」を習得できれば、データに関連するレピュテーションシステムを今よりもはるかに判断しやすくなります。

そうすれば、当初の未熟なアプローチの元も取れますし、特に最初の頃は新規レポートの情報源として使える実行に移すことが容易なイベントを見つけられるはずです。レピュテーションのメタデータだけでは良い結果が得られない場合も、「ブレンド型アプローチ」をとることはいつでもできます。ブレンド型アプローチでは、これまでに触れた試験的クエリのコツや技法とレピュテーションデータを組み合わせ、さらなるフィルタリング／優先順位付けでレビュー対象を決定します。

たとえば、私たちのHTTPプロキシのログでは、[−10, +10] の範囲のS字形曲線を使用してドメインの評価スコアを決定します。この場合、スコアが0であればレピュテーションは中立で、Nullスコアはレピュテーションが存在しないことを意味します。レピュテーション情報を奇妙な特徴を検索する他の一般的なクエリと組み合わせると、有用な結果が得られます。たとえば、次のような試験的なクエリがあるとします。

- HTTP POST
- Refererヘッダーがない
- User-Agentヘッダーに "MSIE"、"Firefox"、"Chrome" または "Safari" が含まれない

こうしたクエリは、多くの結果を返します。中には不正なイベントもありますが、多くは関係ないでしょう。そんなとき、ドメインのレピュテーションに関するメタデータは多くのイベントをフィルタリングし、最初に見るべきイベントの優先順位を決めてくれます。

- HTTP POST
- Refererヘッダーがない
- User-Agentヘッダーに"MSIE"、"Firefox"、"Chrome"または"Safari"が含まれない
- ドメインのレピュテーションが-3未満

このクエリで最初に返ってきたのは、次のイベントです。

```
POST /dron/g.php HTTP/1.1
Host: marmedladkos.com
User-Agent: Mozilla/4.0
```

　このリクエストを見ると、ドメインのレピュテーションスコアは-7.1で、レピュテーションに添付されたメモには「ドメインは直近の登録で不自然なまでのトラフィック量を記録」とあります。さらに調査したところ、該当アクティビティはGameOver Zeusという高度な情報窃取ボットによるものだと判明しました。低レピュテーションスコアが唯一の条件の場合、レピュテーションスコアのメタデータ自体には出力結果からソートするだけ十分な要素がありません。-7.1は比較的低い値ですが、これよりも低い値のリクエストは日々多数検知されます。ただし、他の特徴を補強するのにレピュテーションスコアを使うのであれば、対処することが非常に容易な結果が得られます。

　ここで解説したテクニックを使うにせよ、またはログの中から不正なアクティビティを新しく見つける別の方法を考えるにせよ、ログを調査することは確実に新規レポートにつながります。不正なアクティビティを求めて金鉱に深く潜り込むことを怖がらず、奥底には必ず金塊が眠っていることを覚えておいてください。どこから始めていいのか分からないときも、最初の十数件または数百件のイベントをランダムに調査すれば、何か引き出せるかもしれません。「正しいやり方」など存在しません。データの赴くままに興味深い方向へ進んでいくうちに、さらに調査できる場所が多く見つかるでしょう。こうした試験的クエリには、データソースにより一層慣れるという追加のメリットがあります。また、その中に含まれるイベントを検索する能力や理解する能力も向上する可能性があります。データソースを調査するほど、データソースに基づくレポート作成はさらに効率的、効果的になるわけです。

8.11.3.1　インテリジェンス：プレイブックに追加したい情報

　3章で触れましたが、攻撃や攻撃者は急速に進化しています。後れを取らないために、広範囲のデータを収集する事業者、インジケータの提供事業者、情報を共有する組織など多くの人たちが立ち上がり、情報のギャップを埋めようとしています。通常、個別の攻撃に関して利用可能な膨大な情報を、**インテリジェンス**と呼びます。セキュリティインテリジェンスの管理、準備、検証、自動化、体系化、共有、情報収集について語れば、1冊の本ができあがるでしょう。セキュリティ監視の観点では、インテリジェンスは急速に進化しています。インテリジェンスはプレイブックに置き換わるものではなく、プレ

イブックのレポートがインテリジェンス活用の代わりになるわけでもありません。

　セキュリティのインテリジェンスやインジケータをプレイブックに組み込むには、すべてのレポートは**パターン**に基づくという「ルール」を破らなければなりません。パターンのルールを破りながらプレイブックの維持しやすい状態に保つため、私たちはドメイン名、IPアドレス、既知のマルウェアのMD5といったフィールドや特徴に基づいてインテリジェンスをグループ分けしています。そして、それぞれのカテゴリを指定したインテリジェンスベースのレポートを開発しました。たとえば、不正ドメインに関する情報を提供するデータフィードは多数存在すると思いますが、不正ドメインに関する手持ちのインテリジェンスすべてをプレイブックに統合するために、私たちはインテリジェンス管理システムからすべてのドメインをプログラム的に抽出し、次のクエリを指定して1つのレポートを作成しました。

- 次のいずれかに該当する：
    - ドメインがbaddomain1.com
    - ドメインがotherbadomain.org
    - ドメインがverymaliciousdomain.biz
    - ドメインがyetanotherbaddomain.com
    - [....]

　このレポートとプレイブックにあるその他大半のレポートとの違いは、クエリをメンテナンスするのが人ではないため、レポートをチューニングする場合もクエリを直接変更しなくて済むという点です。その代わり、このレポートにおけるドメインリストの情報収集はすべてインテリジェンス管理システムが実行し、このレポートのクエリは必要に応じて実行されます。このアプローチは、自組織において蓄積しているインテリジェンスとも相性がよいです。新規レポートの作成に向けてデータを探しているとき、パターンレベルでは浮上しなかった不正なインジケータが見つかっても、インテリジェンス管理システムには追加することができ、インテリジェンスベースのレポートを通じてプレイブックへと取り込むことも可能です。

8.11.3.2　ゲームの90%は基本

　本章で網羅したコンセプトは、どれも特に高度な内容ではありません。ですが、おそらくプレイブックのレポートの大半は本章で取り上げた基本的な内容になると思われます。高度な対応手順は作成するのが難し過ぎるからというわけではありません。優れた信頼性を持つレポートを作成するときには、複雑なクエリよりもシンプルなクエリが勝るからです。新規レポートのベースを作成する際に、不正なアクティビティの例を見つけるため、シンプルな方法でデータを調査することは、効果が高く、確実に目的を達成することができます。

　プレイブックが効果を発揮するには、**自分たちの組織が直面する脅威**を検知できるよう、**自分たちの組織のニーズ**にあわせて調整された**自分たちのプレイブック**でなければなりません。具体的な不正アクティビティのサンプルから始めることで、プロセスに慣れることができ、データの扱い方や対応手順の作成も容易にできるようになるでしょう。最初の高信頼度レポートをいくつか作成できたら、ログを調査し、もっと汎用的な調査対象レポートの作成という、未開の領域へと乗り出すこともできます。高信頼度の検知ロジックでは、自組織のインフラストラクチャを活用して脅威を検知します。これにより、信頼度の低い検知方法の作成、分析、チューニングにかかる人的リソースの時間は解放されます。高度なクエリは必須ではありませんが、本章で網羅した基本的なアイディアが攻撃を見つける最善の方法とも限りません。そんなとき、統計、相関データ、その他の手法で不正なアクティビティを見つけたいと考えるでしょう。9章では、より高度なクエリの作成方法について解説します。

8.12　本章のまとめ

- データの検索方法はさまざまありますが、シンプルかつ大まかなクエリから始めることで、大きなデータセットを機能的かつ実行可能な要素へと落とし込むことができます。
- フォルスポジティブは分析のペースを落としますが、慎重に調整すれば削減できます。
- 攻撃は複数のステージで発生し、ほとんどのステージで検知方法が用意されています。
- データ固有の特徴を調査、開発することで、効率的なクエリを作成できます。
- 理解と実行が容易な対応手順にするため、インジケータを連続処理したり、複雑で論理的に不確実な条件は避けましょう。
- 大抵のレポートはパターンを検知すべきで、非常に具体的な項目はインジケータに組み込むべきです。
- 具体的なインジケータは、多数の異なるレポートにリストとして展開するよりも、インテリジェンス管理システムで取り扱うのが最適です。

9章
高度なクエリ作成

"The world is full of obvious things which nobody by any chance ever observes."
（世界は明快な答えであふれているが、それを誰も観測しようとしない）
—Sherlock Holmes

　前の章で、利用可能なデータに基づいたレポートのためのクエリを作成する方法について、その基本を紹介しました。その際に提示したクエリの考え方の大半は、特定のインジケータや既知のアクティビティを探すという、限定されたものでした。また、ほとんどのクエリは単一データソース内のイベント、または単一ホストのアクティビティに関連したイベントを探すことに基づいていました。確かに、新規レポートを作成するとき、既知のインジケータを使用したりデータ内のインジケータを見つけたりすることは非常に有用です。ですが、イベントデータに対してさらに高度な分析を実施し、もう少し深く掘り下げることができれば、基本的な探し方では見えなかったインジケータやパターンが発見できるかもしれません。統計によって、イベントを単一の静的なインジケータにマッチングさせるような直接的な方法とは異なる方法で、セキュリティイベントデータを取り出すツールや手法を得ることができます。このほか、データに含まれる異常や共通した性質を探すのにも役立ち、貴重な情報をもたらしてくれます。

　本章では、次を取り扱います。

- フォルスポジティブをさらに除外するための戦略
- 一般的なトラフィックの識別とフィルタリングの方法
- 異常なトラフィックの検知方法
- 統計学の数式とセキュリティイベントデータを組み合わせてインシデントを検知する方法

9.1　基本vs.高度

　基本的なクエリと高度なクエリを隔てる具体的かつ客観的な「境界線」は存在しないと言われても、誰も驚かないかもしれません。クエリがレポートの目的を効率的かつ効果的に達成する限りは、どちら

でも構いません。本章の目的において、高度なクエリを分ける一般的な境界線は、クエリが特定の既知のインジケータや単純なパターンをベースとしていないことです。複数のデータソースに対して実施する個別のクエリ、もしくは複数のホストにおける振る舞いの共通点を探すことが、例として挙げられます。クエリが複雑になると、疑わしいアクティビティをより柔軟に見つけることができます。しかし、複雑さが高まるほどにクエリ結果を理解し分析するための分析作業や調査作業は増えます。

　高度なクエリの信頼度を見積もることは困難です。というのも、1つの絞られたインジケータを見るのではなく、複数のイベント、ときには複数のホストやデータソースから得られるイベントが入り交じった結果を見ることになることが多いからです。多種多様なイベント間のやりとりを理解するのは、一般的にはひと仕事と言えます。高度なクエリの場合、クエリの結果から現実世界で起きていることを完全に予測することは難しいでしょう。そのため、フォルスポジティブの可能性を考慮したり、信頼度を見積もることはたやすくないでしょう。

　もう1つ、基本的なクエリと高度なクエリの違いは、結果におけるフォルスポジティブの性質、種類、そして影響です。ドメイン、ユーザーエージェント、具体的なリクエスト、その他固有のデータなど、既知の不正に対するインジケータを使って基本のレポートを作成するとき、通常は高信頼度のレポートに行き着きます。基本クエリにおいて、複数の特徴の組み合わせによってフォルスポジティブが生まれたとしても、これらを分析すれば、それほど具体的、一意的でない特徴を簡単に突き止めることができるでしょう。単純なクエリにおいて、具体性に乏しくなると、信頼度が低下する一方で、汎用性が向上するというトレードオフの関係になります（図9-1を参照）。複数のまれなイベントの特徴を活用する基本クエリの多くでは、レポートの信頼度が下がる代わりにクエリの汎用性が上がる傾向が見られます。

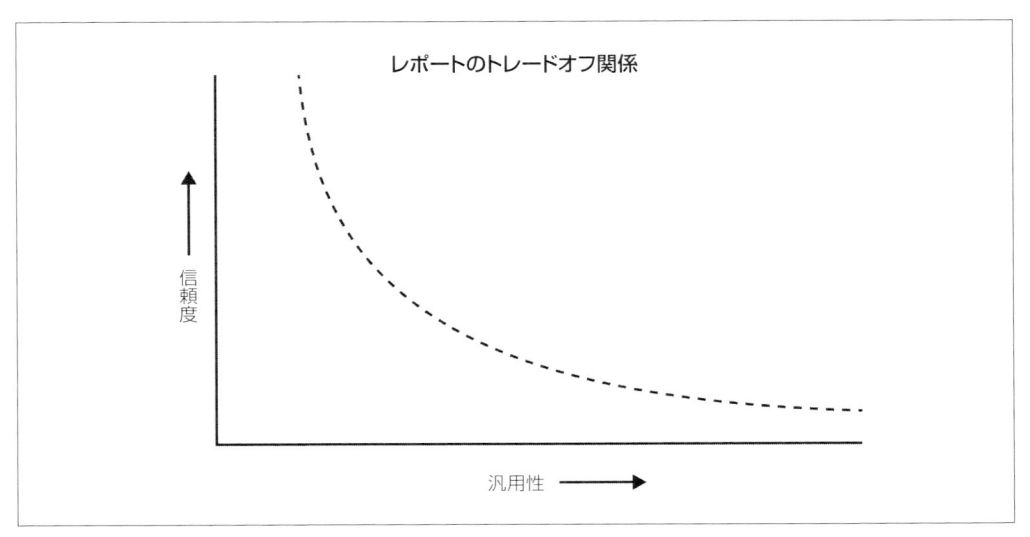

図9-1.　レポートの大半は、信頼度を犠牲にしてより汎用的にするか、より具体的にして高い信頼度を得るかという調整ができる

　レポートは、より汎用性を高めればフォルスポジティブが増加し、結果の総合的な信頼度を下げるという曲線に従います。このトレードオフに正しい選択はありません。プレイブックでは、非常に具体的で信頼度の高いレポートだけでなく、やや汎用的で信頼度の低いレポートを採用することもできます。このトレードオフ曲線をさらに複雑にしているのは、レポートが曲線のどの時点に存在するかがはっきり分からないことです。フォルスポジティブは意外な形でレポートに紛れ込んできます。より高度なクエリでは、期待されるフォルスポジティブの割合が、理論上適切な値となるように、さらに高度なレベルでフォルスポジティブの制御に取り組む必要があります。

9.2　フォルスポジティブのパラドックス

　フォルスポジティブや大量に発生する無害な結果は、トゥルーポジティブの結果をかき消して多くの分析時間を無駄にさせることから、プレイブックにとって見過ごすことのできない敵です。フォルスポジティブの可能性を推測することはなかなか難しく、想像よりも簡単ではありません。統計はレポート作成の武器としては優秀ですが、フォルスポジティブの回避においては常に計算通りにいくとは限りません。

　たとえば、通信の多いWebサーバが攻撃され、それを受けて攻撃を検知するIDSシグネチャを記述することに決めたとします。実際の攻撃トラフィックであれば容易に検知可能で、常に90%の確率で攻撃を検知できます。しかし、正規のリクエストが攻撃に見える場合もあり、こうした悪意のない正規のトラフィックをシグネチャがフォルスポジティブとして検知する確率は常に0.015%存在します。では、100万件に1件のリクエストのみが不正な攻撃であると想定した場合、シグネチャによるアラートの何パーセントが本物の攻撃でしょうか。IDSシグネチャの精度が90%とした場合、直感的には90%近いのではないかと考えるでしょう。しかし、実際のトゥルーポジティブの検知率はわずか0.59%です。つまり、何百万件の結果のうち、1件のトゥルーポジティブあたり約165件のフォルスポジティブがあるということです。こうした結果に直面すると、トゥルーポジティブの検知で100%の精度が出るようIDSシグネチャを記述しようと考えるかもしれません。ですが、フォルスポジティブの割合が0.015%のままでは、アラートがトゥルーポジティブである確率は0.66%にしか改善されません。また、フォルスポジティブの割合を0.001%まで下げたとしても、アラートがトゥルーポジティブである可能性は9%にしか上昇しないでしょう。フォルスポジティブはなかなか厄介な存在なわけです。

　想定されるフォルスポジティブの割合を無視したためにレポートの正確さを見誤った場合、それは**基準率錯誤**と呼ばれる過ちを犯したことになります。クエリの全体的な有効性を評価する際に、最も重要な要素はクエリが無害なイベントに対してフォルスポジティブを生成する可能性を考えることです。前述の例では、100万件に1件のみが不正なイベントでした。無害なイベントがクエリをトリガーする頻度が、100万件に1件より低くない限り、結果の全体的な品質は非常に低くなります。ただし実務上、ログ内に存在する不正イベントの実際の割合（**基準レート**）を知ることは滅多になく、不正ではないイベントにより誤ってクエリがトリガーされる可能性に至ってはさらにわからないでしょう。これら両方の値を知らないと、クエリの精度は想像するしかありません。そして、唯一確証が持てるのは、フォルス

ポジティブは直感に逆らい、予期せぬ形で結果に忍び込んでいるということです。

　直感に反するベイズ統計の結果に対処しなくてはならないのは、情報セキュリティの分野だけではありません。珍しい病気のフォルスポジティブ検査の確率は、その病気の実際の件数よりも高いことを医者は知っています。医者が二次検査なしで初期診断結果を患者に報告したがらないのは、こうした理由があります。空港のセキュリティチェックも、フォルスポジティブによりトゥルーポジティブが埋もれてしまう例として分かりやすいでしょう。セキュリティチェックを通過するテロリストではない搭乗者の総数と比べれば、日々搭乗するテロリストの数はそれほど多くありません。無関係な旅行者が定期的に本物のテロリストとして検知される低い検知率を考えると、拘束または尋問される搭乗者の100％近くはフォルスポジティブの結果となります。

9.3　優れた示唆

　レポートを作成するときは、フォルスポジティブを最小限に抑えることを意識してください。クエリの品質を評価する良い方法がない場合は、常に直感よりも低いと想定しましょう。通常、クエリ開発の取り組みの大部分は、不正イベントを捉えつつ、不正ではないイベントは返さないクエリを慎重に作成することに割かれます。別の言い方をすると、時間の大半は不正イベントの検知ではなく、不正ではないイベントを避けるために割くべきということです。何よりも、クエリの品質に対する最も優れた指標は、過去のデータに対して実行し、精度を評価することです。

　　　検索の対象となるような過去ログは、もしも過去にこのクエリがあったらどんな結果が返ってくるか教えてくれる「タイムマシン」です。過去に攻撃の痕跡がない、まったく新しい攻撃であっても、過去データに対してクエリを実行することで無害な結果やフォルスポジティブの結果の数を推測することに役立つでしょう。

9.4　インジケータとしてのコンセンサス（set演算子と異常値の発見）

　すべてのデータソースは平等に作られているわけではありません。豊富な情報を持つデータソースであっても、藁の中から針を探すための有用な特徴をあまり含んでいないこともあります。HTTPのログのような、情報も特徴も豊富なデータソースは、特徴が少ないデータソースよりもクエリの対象にできる可能性は高くなります。特徴が少ないデータソースは、ニュアンスや直感で判別することができず、記録保持程度の希薄な情報しか提供しません。DNSクエリログ、NetFlow、DHCPログ、認証ログ、ファイアウォールログのいずれも、通常は特徴が少ないデータソースです。クエリ開発に使える特徴が少ないと、使えないデータソース、または特定の状況でのみ使えるデータソースとして見過ごされることが増えます。しかし、幸いなことに特徴が多くなくても使えるクエリ戦略は存在します。

　スプーン1杯の泥を見ても豊富な金脈がどこにあるか分からないように、既知の不正を正すインジケータがなければ、個々にイベントを検証して十分な洞察を得ることはできません。特徴の少ないデー

タソースでは、一歩下がってイベントを俯瞰し、アクティビティの全体像を把握するのが適切です。その方法は多数あり、本章では努力に見合った成果が得られることが分かっているいくつかの方法を取り上げます。

9.5　特徴の調査に向けて作業を設定する

　たとえば、自組織のネットワークから発生しているDDoS攻撃を調査していたところ、いくつかのマシンがすでに侵害されていることが分かっているものの、使用されたマルウェアや、どのようにコントロールされているかについては分からない状況だとします。そんな場合の次のステップとしては、侵害されたホストの振る舞いの共通点を探すのが自然でしょう。ここで登場するのが、set演算子です。

　set演算子は、非常に単純なアイディアを過剰なまでに複雑化した数学的体系のことで、項目のグループ（set）を操作することでグループ内の要素が持つあるプロパティに基づいて別のグループを作成することです。最も一般的なset演算子には、次の3つが挙げられます。

- Union
- Intersection
- Difference

Unionは、2つのグループを双方に含まれる要素すべてで構成される1つの大きなグループにまとめることを指します。Intersectionは、双方のグループに存在する項目のみで新規グループを生成すること。そしてDifferenceは、2つめのグループに含まれない項目で1つめのグループに含まれる項目すべてを提供します。これらset演算子を使うことで、大量のデータを自動処理するのが簡単になり、侵害されたホストの共通点を探すようなときにはまさに望ましいものです。

　DoS攻撃を実行する2つのホストの共通点を探すには、Intersection演算子が一番有効です。まず、共通する振る舞いを検索するデータソースを選び、各ホストのアクティビティをホストごとのグループにまとめます。DNSクエリは、次のように見えるでしょう。

ホスト1	ホスト2
accounts.google.com	a.adroll.com
ad.wsod.com	a.disquscdn.com
adfarm.mediaplex.com	a.visualrevenue.com
adserver.wenxuecity.com	about.bgov.com
aph.ppstream.com	about.bloomberg.co.jp
api-public.addthis.com	about.bloomberglaw.com
[...]	[...]

　ほとんどのアクティブなホストは、アクティビティのグループもかなり大きくなります。双方の Intersection を取ると、結果は大幅に削減されます。

ホスト1 intersect ホスト2
accounts.google.com
apis.google.com
br.pps.tv.iqiyi.com
cdn.api.twitter.com
clients1.google.com
cm.g.doubleclick.net
connect.facebook.net
edge.quantserve.com
googleads.g.doubleclick.net
ib.adnxs.com
lh4.googleusercontent.com
[...]

　2つのホストのアクティビティにおける Intersection は通常、それぞれのホストでの全アクティビティと比べてデータははるかに少なくなりますが、それでも手作業で精査するには多すぎます。明らかに不正ではないドメインの一部を手動で破棄することはできますが（よく知られている既知のサイトやコンテンツネットワークなど）、時間がかかり、ミスも発生しやすく、拡張性もありません。ここでも一役買うのが、set 演算子です。感染していない（良い）ホストは、マルウェア感染ホストが示す不正な振る舞いがありません。この違いから、非感染ホストにはなく、感染ホストに共通して見られる悪意あるアクティビティを特定することができます。感染が疑われない複数のホストのアクティビティに対して Union を取ることで、ドメインのホワイトリストを作成することは簡単です。

　ホワイトリスト用にどうやって**良いホスト**を選定するかは、それほど重要ではありません。良いホストが最も役に立つのは、調査中のホストに共通する不正ではないアクティビティが大量にあるときです。共通する正規アクティビティが多いほど、クエリ結果から不正ではない結果を排除するのに最適なホストと言えます。たくさんの無害なアクティビティをグループ化できたら（union 演算子）、set 演算の Difference 演算子を使って正規アクティビティを取り除きます。

　DoS 攻撃を実行しているホストについて、結果から2つのドメインに絞られました。www.frade8c.com と vh12.ppstream.com です。

　図で示すと、演算は図9-2のようになります。

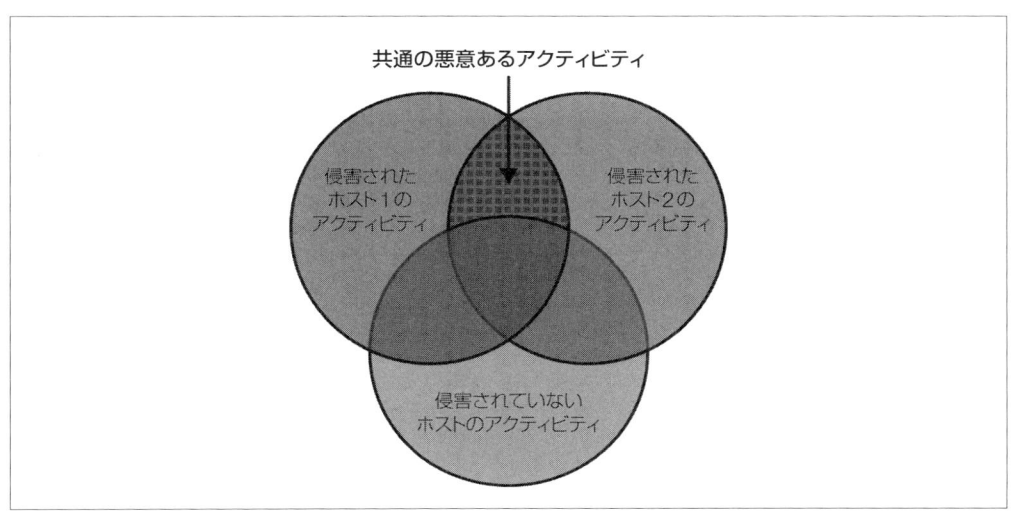

図9-2. 侵害ホスト2つのアクティビティでIntersectionを取り、そこから侵害されていないホストでも確認されるアクティビティを除外することで、不正ホストの共通部分を素早く絞り込むことができる

　同じ「Intersection + Difference」演算子のイベントは、いずれも不正と確定されます。前述の結果からWeb検索したところwww.frade8c.comはDoSマルウェア亜種の既知のC2ドメインであることが分かりました。この知識を武器に、同様の振る舞いを示すその他の侵害されたホストを見つけ出し、軽減策を導入し、連続するset演算で見つかる関連アクティビティを探します。

9.6　黒い羊を探して

　不審な振る舞いをプロファイリングする別の方法に、単一ホストのネットワークアクティビティを見るというものがあります。新たに感染したホストは、感染前の平常時の振る舞いからかけ離れた不審な動きをするため、対策を始めるきっかけとなります。たとえば、クライアントホストの大半はDNSクエリのニーズに合わせて少数のDNSネームサーバ（通常は2台か3台）を使用するよう設定されています。DNSクエリの振る舞いのパターンは、1つではありません。マシンの設定方法が違うことや、ネームサーバ間でDNSクエリのバランスをとる方法がOSごとに異なるなどが理由です。もっとも、マシン間での違いが大きくても、個々のマシンのDNSクエリのパターンは時間経過で見た場合、一貫しています。よくあるホストのパターンの例は、次のとおりです。

ネームサーバ	クエリ
172.30.87.157	1344
172.30.115.191	110
172.29.131.10	88

　DNSクエリの分布は均一ではありませんが、完全に外れているものもありません。一方で、ハードコードされたネームサーバを利用するマルウェアに感染したホストは分布に異常値が見られます。

ネームサーバ	クエリ
172.30.166.165	1438
10.70.168.183	286
172.30.136.148	179
8.8.8.8	1

　見て分かるとおり、非常にむらのあるDNSクエリのアクティビティの中で、8.8.8.8のクエリが目立っています。この例では、クエリされたドメインはqwe.affairedhonneur.usで、ホストには不正なアクティビティの痕跡が多く残されています。このアクティビティを検知するためのクエリ条件やしきい値は、あなたのネットワーク上のホストのタイプと設定方法によって異なります。すべてのホストが単一のネームサーバを使っている場合、検知は簡単です。2つのネームサーバにDNSクエリを送っているホストがあれば、何かがおかしいと分かるからです。その他の設定においては、どれが一番うまくはまるかクエリを試してください。サンプルの表にあるようにデータに一貫性がない場合は、DNSクエリの絶対数ではなく、各ネームサーバに対するDNSクエリの対数を見てください。対数を使うことで、最もクエリされているネームサーバと最もクエリされていないネームサーバの差異を見て合理的なしきい値を決めることができます。もしもしきい値を超えるような差があれば、まれに登場するネームサーバへのDNSクエリにフラグ付けし、詳細なレビューを実施します。

 データの1og()は、指数関数的な分布が発生している場合に有効です。ネームサーバのDNSクエリパターンの場合は、最も多くクエリされたネームサーバは、次に多くクエリされたネームサーバよりもはるかにクエリ回数が多いケースがほとんどです。こうしたデータの1og()を使うことで、大きな差異をならすことができ、2つのデータポイント間の絶対差よりもうまく活かせます。

　ネームサーバのクエリ数以外にも、DNSの不正利用を検知する方法があります。一般的なDoS攻撃の手法に、DNS増幅攻撃があります。この攻撃では、標的にされた被害ホストから送られたかのように偽装されたDNSクエリパケットを、応答するネームサーバすべてに送信します。ネームサーバがDNSクエリを受け取ると、リクエストを処理し、被害ホストに応答を返します。ネームサーバの視点では、DNSクエリを受け取って応答を返したように見えます。しかし、被害ホストの視点では、送ってもいないDNSクエリに対する応答をフラッディングしているネームサーバがいるように見えます。この攻撃は、被害ホストから実際の攻撃者が見えないということ以外にも、DNSへの問い合わせが非常に小さい割に応答が非常に大きいという理由から、よく使われる手法でもあります。攻撃者はDoSを増幅させ、実際に送信した以上のトラフィックを被害ホストに送りつけることができます。増幅率は、25倍よりも大きいことが一般的で

す。

　こうした種類の攻撃は、NetFlowで簡単に検知できます。DNS増幅攻撃の特徴は、DNSサーバを出入りするトラフィック量が著しくアンバランスである点です。権威ネームサーバの過去のアクティビティを見れば、外に向かうDNSレスポンスは通常、問い合わせでやってくるクエリの2倍程度であることが分かると思います。つまり、フロー全体の合計バイト数の約33%は入ってくる問い合わせで、レスポンスで出て行く合計バイト数は約66%ということです。もちろん、受け取るDNSクエリのタイプに応じてサーバが処理するバイト数はまったく異なりますが、外に向かうバイト数が95%を超えることはまずないでしょう。しかし、DNS増幅攻撃ではサーバが合計バイト数の95%以上をレスポンスとして返しているのを見て取れるはずです。図9-3に、その状態を図示します。

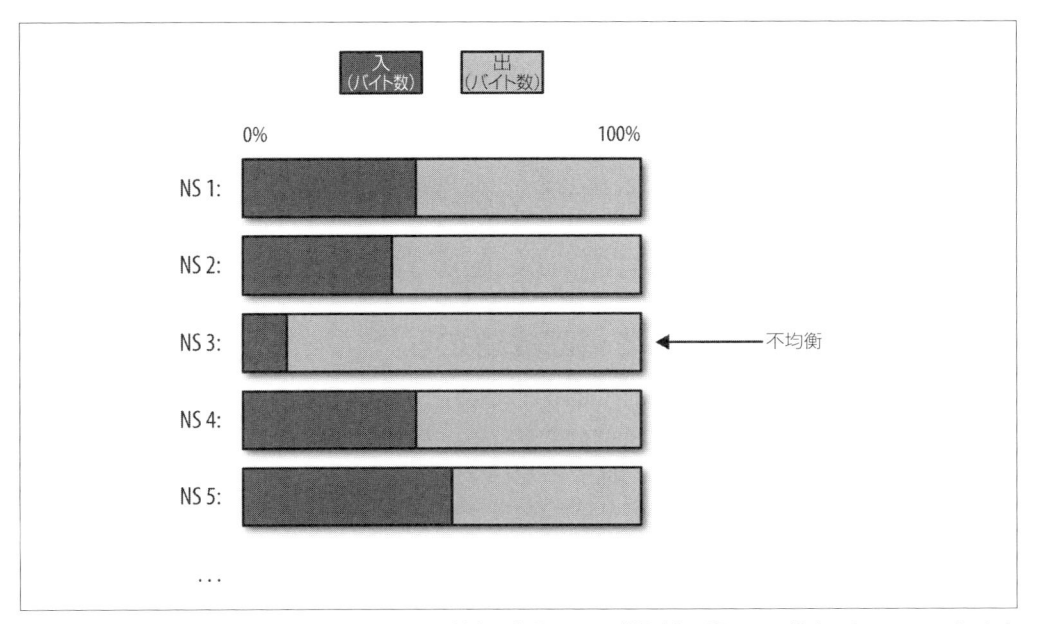

図9-3.　ネームサーバを出入りするトラフィックの割合の内訳。DNS増幅攻撃が行われた場合、ネームサーバから出て行くトラフィック量がアンバランスに陥ることを示す

　NetFlowを使用すると、次に挙げるような兆候を見つけることでUDP増幅攻撃を検知することができきます。

- パケット合計数が急増する
- クライアントから送信されるバイト数と比べて、UDPサーバのレスポンスのバイト数に不均衡が生じている
- UDPサービスのトラフィック合計が急増する
- 上記いずれかのインジケータが今後廃止されるようなサービスと関連付けられている（chargen、

daytime、echoなど）

　上記を用いたクエリの例は、次のとおりです。

- UDPのトラフィックで、ローカルネットワーク内ホストの53番ポートを使用しているもの
- 外部ホストと内部ホストのそれぞれのペアについて
  - ホスト間の合計パケット数が1000以上
  - ホスト間のトラフィック合計が1MB以上
  - サーバのトラフィックがフロー合計バイト数の95%以上を占める

　このクエリの信頼度は、相当に高いです。クライアントと比べて著しい量のトラフィックをサーバが送信することは異常です。小さなフローだと、簡単に基準から逸脱することがありますが、パケット数やバイト数が多いフローの場合、平常時の振る舞いによって平均化されるため、しきい値を超えることはありません。一部の人はこれを「大数の法則」と呼びますが、法則と見なすかどうかは別にして、手持ちのデータが多ければ多いほど、統計を味方に付けることができます。

9.7　統計：60%の確率で毎回成功する

　特に有用なのは、統計とデータ集約です。信頼度の高い「証拠」イベントは頻繁に発生することがなく、範囲も狭いからです。統計は、複雑になりがちですし、誰も理解できないレポートは大問題です。基本的なクエリの時と同様に、どんな場合もシンプルさを目標にしてください。多くのケースで、合計、平均、標準偏差を利用すれば、さらに高度な統計機構がなくても、十分レポートで役立ちます。

　一部のデータソースは他のデータソースよりも統計分析の恩恵を受けられます。個々のイベントの信頼度が比較的低いデータソースは、イベント数をカウントする、ユニークなイベントの値を合計する、イベントの異常値を見つける、といった統計処理の主な対象となります。データソースに個々ではまったく使えないイベントが含まれている場合も、イベントを集約することで使える結果が得られる可能性もあります。よく使われているデータソースで、統計が役に立つことが多いのは、IDSのイベントとNetFlowの2つです。IDSのアラートは、純粋に情報を提供するイベントから非常に具体的なマルウェアのシグネチャまで、その信頼度の幅は広範囲に及びます。信頼度の高いイベントを含むレポートを作成したら、次はノイズとなっている振る舞いに注目します。ノイズが発生する大半の原因は、多数のホストに対して実行された低品質のシグネチャにあります。

9.8 IDSの不要物を取り除く

　エクスプロイト検知で使用される従来のIDSシグネチャはノイズが大半で、それ自体は大した価値がありません。ですが集約することで、非常に低品質なイベントのかたまりであっても、**何か**悪いことが起こったことを示す、優れたインジケータになり得ます。ネットワーク上でホストの不正なアクティビティを検知することが目的の場合、攻撃対象ではなく攻撃元のホストを優先的に対処すべきです。エクスプロイト検知シグネチャにおける最大の欠陥の1つは、ホストが実際に侵害された時に正しく通知することが、一般的にとても不得意であるという点です。Unixのpasswdファイルの奪取試行、SQLが埋め込まれたWebトラフィック、インターネットに面したホストに対するポートのプローブなど、何百件ものエクスプロイト試行がIDSで毎日観測されることでしょう。そこで、攻撃に成功したかどうかを推測しようとするよりも、組織内のホストが侵害されたことを示すインジケータとして、あなたのネットワーク上のホストが攻撃元となっているIDSイベントを探してください。

　それでも、多くのIDSシグネチャはフォルスポジティブをトリガーし、実際の不正な振る舞いが見えなくなるほどフォルスポジティブを発生させることがあります。そうした状況下でも、最も怪しいホストを特定しなければなりません。一番良い方法は、イベントを1対多の関係で集約することです。イベントを集約する理由は、単一の攻撃者によるイベントすべてを振る舞いの集計としてグループ化し、個々のイベントを調査して行き詰まることがないようにするためです。イベントを集約すると多くの詳細情報が失われますが、アクティビティをハイレベルで俯瞰する場合、イベントのシーケンスなどの詳細情報はそれほど重要ではありません。多くのケースでは、1つのソースからの多数のイベントを理解しやすい形へと圧縮し、マシンが何をしているか分かるように要約することができます。この手法を用いたクエリの例は、次のとおりです。

- IDSイベントにおける攻撃者（通常は送信元）が内部ネットワークのホストである
- 攻撃者ごとに、それが送信元となっているイベントすべてを集約する
  - タイムスタンプとともにトリガーされた一意のIDSシグネチャをそれぞれ集計、記録する
  - 一意の被害ホストをそれぞれ集計、記録する
  - 通知されたイベント総数を集計する

　このクエリでは特定の脅威やアクティビティのパターンを探す代わりに、ハイレベルで詳細情報をより簡単に分析できるよう、単純に結果をグループ化しています。結果を使えるものにするためには、グループを調べる際の優先順位付けを考える必要があります。まずは最も多く通知されたイベントから順にグループをソートします。これにより、価値がなくノイズとなるシグネチャが見えてくるので、それらは無効化したりチューニングしたりするべきです。このほか、被害ホスト、シグネチャ、ネットワークロケーション、ホストの機密性、その他のコンテキストを表す要素に基づき結果をソートして、優先順位

付けや検知に活用することも考えられます。

　複数のホストから多種多様なイベントを大量に集約する場合、ソートの方法によって、結果の上位に来るホストが決まります。イベントのトータル数でソートする場合、すべてのイベントについて最も多くアラートを出したホストがトップに表示されることになります。また、一意の被害ホストの合計でソートすると、ネットワーク全体をスキャンした攻撃者が上位に表示されます。ソートによってさまざまな切り口でデータを表示することができますが、大抵の場合、集約されたフィールドのどれでソートすればよいか「最善」の選択肢は存在しません。むしろ、どのフィールドもそれ自体ではソートにあまり適していない可能性の方が高いでしょう。こうした状況では、各フィールドの重み付けを均等に設定し、複数カテゴリでソートして浮上するホストを、1つのカテゴリでソートして浮上するホストより上位に表示するようにします。複数のフィールドの値を合計して平均値をとることもできますが、たった1つの数値、たとえばトータルのイベント数が他の数値より大きな値だったりします。平均値に意味がないのは、こうした理由があります。すべての値を合計してソートする場合も同様です。10種類のシグネチャという数字は単一ホストが引っかかるにしては多いですが、イベント数の合計が10個であればそれほど多くはありません。たとえば、シグネチャ1つのみに対して1,000個のイベントを上げるホストがある場合、数値を合計すると1,001になります。また別のホストで、900個のイベントが6種類のシグネチャに対して上がってきた場合、合計は906です。この際、合計からソートする方法を使うと、後者のホストの方が攻撃の幅（シグネチャが6つ、イベント多数）の点では重要であるのに、前者のホストが上位に表示されてしまいます。こうしたデータに対して、単純に合計や平均をとる代わりに使える統計が、幾何平均です。

　幾何平均は、データセットの平均値に相当するような値を探したいがデータの各要素の範囲がまったく異なる場合に最適です。3つのデータの幾何平均は、3つのデータを掛け合わせた積の3乗根です。大まかに言えば、n個のデータの幾何平均は全n個を掛け合わせた値のn乗根です。データの幾何平均は、他よりも優勢な要素からの影響を受けにくく、必然的に各要素を平等に重み付けすることができます。

　幾何平均を計算して前述のクエリをソートすると、表9-1の例のように実行可能な結果が上位に表示されます。

表9-1.　幾何平均でレポート結果をソートした場合

攻撃者	イベント合計	シグネチャ合計	シグネチャ	被害者合計	被害者	幾何平均
10.129.63.43	99	4	（DNSルックアップとTCP/445の幾何平均）	87	12.109.104.145 12.109.104.146 [...]	33
172.27.3.12	83	2	（TCP/445の幾何平均）	82	128.79.103.57 128.79.103.58 [...]	24
172.17.20.151	972	1	（Active Directoryのパスワード失敗）	2	64.100.10.100 64.100.10.101	12
72.163.4.161	1330	1	（ICMP Flood）	1	89.64.128.5	11

　表を見ると、上位2つの結果は他よりもバランスが取れています。これは、イベント、シグネチャ、被害者の数が高いからです。（一番下の結果のような）1つのシグネチャが繰り返し通知されるようなノイズが発生しても、他の興味深い結果が埋もれることはありません。反復が非常に多いイベントを正規化する幾何平均の力を最も感じるのは、972のパスワード試行失敗に関する結果でしょう。イベント合計だけでソートすると、最も反復されるイベントが上位になり、もっと多様な振る舞いからアナリストの目をそらしてしまう可能性があります。多数のイベントがトリガーされる原因が不適切なスクリプトや環境における設定ミスだったというのは、よくあることです。また、正規のアクティビティもイベントを大量に生成することがあります。軽くチューニングしただけのレポートでは、通知の多い反復的なイベントがあると、疑わしいアクティビティにたどり着かないことがあります。定期的に繰り返しイベントが通知されても、他イベントの10倍も通知を出すそのイベントが、他よりも10倍悪質なイベントとは限らないのが現状です。平均や、その他の通常のソートが、極端なノイズとなるようなイベントに対してうまく機能しない状況では、幾何平均の方が優れているかも知れません。

　通知が多いデータソースは、IDSのイベントだけとは限りません。NetFlowは、統計があることで有用な検知が行えます。1つのフローだけでは、何かの有益なインジケータになることはまれです。むしろ、大量の関連フローを分析する方が、P2Pへの参加、ポートスキャン（垂直および水平の両方向）、多様なワーム活動といったすべての振る舞いを検知できます。

 統計を採用する際のもう1つの難関は、データストレージとクエリシステムです。クエリシステムでは、平均値や標準偏差といったシンプルな統計をとることは可能でしょうか。望むとおりに統計関数をデータに適用できない場合は、想像力を発揮してクエリシステムに取り組む必要が出てきます。場合によって、データに統計を適用する最も合理的な方法は、システムからデータをエクスポートすることかもしれません。クエリシステムの範疇を超えたら、別のツールを使って統計関数を適用するとよいでしょう。このアプローチは、データソース、クエリシステム、インシデントのケースに対して有効です。統計処理する前に膨大なデータソースをフィルタリングできていないと、結果の出力について、使えるレベルでの信頼性が得られません。可能であれば、統計処理の入力として直接使える結果のみを生成するクエリを作成し、データを事前にフィルタリングするようにしてください。

9.9　NetFlowからパターンを引き出す

　どの技術的な取り組みもそうですが、統計を効果的に活用するには、初めに課題や検知目標を慎重に設定する必要があります。そうすることで、振る舞いの検知方法や検知の限界を明確に説明できるようになるからです。たとえば、NetFlowのデータソースを使ってポートスキャン行為を検知したいとします。このとき、統計に基づく検知ロジックを考える前に、その振る舞いがどのように見えて、検知するにはイベントをどう集約すべきかを理解しなければなりません。ポートスキャンには、いくつか異なるアクティビティが含まれます。

9.9.1 水平ポートスキャン

水平ポートスキャンを実行するホストは、膨大な数の他ホストに対して同じ宛先ポートに接続を試みます。たとえば、SSHスキャンでは宛先ポート22番に接続しようとします。もっとも、水平ポートスキャンのスキャン先は1つのポートに限定されるわけではありません。Windowsベースのワームの多くは、ポート139番や445番の両方を狙い、それ以外もターゲットにすることがあります。また、連番のIPアドレスや狭いCIDR範囲だけがスキャンの対象ではなく、標的はランダムに選ばれることもあります。それでも、連続するIPアドレスに対するスキャンは水平ポートスキャンの決定的証拠となります。ランダムスキャニングの方がより目立たず、よりステルス性が高いですが、シーケンシャルスキャンは今でも広く実行されています。

9.9.2 垂直ポートスキャン

垂直ポートスキャンを実行するホストは、別のホストの膨大な数の宛先ポートに対して接続しようと試みます。ポート数は非連続的で、スキャン対象も1つ以上のホストである場合があります。

水平ポートスキャンと垂直ポートスキャンはいずれも、スキャン行為の中でも理想的な形態です。より複雑なシナリオでは、ポート445番に対して水平スキャンを行い、445, openと応答を返すホストに対しては、すべてのポートへの垂直スキャンを実行するといったことがあります。ポートスキャンのように多様性のある行為に対する検知ロジックを適用するには、まずは可能性のある振る舞いすべてに対して、分析する価値のある特定のパターンを切り出します。たとえば、1つのホストから多数のホストへと水平ポートスキャンを急激に進める「ワームのような」ものを検知したい場合、その考え方を念頭に特徴のリストを作成します。

- 短期間
- 任意の単一の送信元ホスト
- 任意の単一の宛先ポートおよびプロトコル
  - 宛先ホストが多数
  - パケットが比較的小さい

これら特徴はいずれも、探すにはあまり具体的かつ確定的な値ではありません。具体的なバイト文字列や数字を探すのとは異なり、統計分析に役立つ特徴の多くは曖昧です。確定的な特徴に変えるには、しきい値の範囲を設定する必要があります。いくつか特徴を入手したら、クエリを作成してデータ内に潜む興味深い振る舞いを探しましょう。

9.10 統計からビーコニングを探す

人の振る舞いの特徴は、そのほとんどがランダムであるということです。人は一秒ごとにボタンを押すよう指示されたとき、近いところまではいくものの、どんなに頑張ってもその間隔は一定にならず、大きなランダムの偏差が生じます。一方で、コンピュータにボタンを押すようプログラムすると、かな

り完璧に近い間隔で実行できるでしょう。人がボタンを押す不正確さをコンピュータでエミュレートするようプログラミングするのは、実は驚くほど大変です。人とコンピュータの振る舞いの違いは非常に明確で、後の分析で自動化された振る舞いを検知する際に役立ちます。

　もちろん、自動化された振る舞いすべてが悪質というわけではありません。バックグラウンドのアクティビティやネットワークトラフィックの大半は人によるものではありません。ソフトウェアによる、アップデートのチェックはその一例です。ストックティッカーや天気予報のアプレットなど、その他多くのソフトウェアも定期的に確認を行っています。このように、マルウェアだけが自動化されたアクティビティの発信源ではないのですが、その他の特徴と組み合わせることで信頼度の高い、意味のある調査対象レポートを作成できるでしょう。C2サーバとの自動化通信やビーコニングを検知することで、侵害されたホストを素早く特定できます。ビーコニングとは、マルウェアが離れた場所に対して定期的に実行する「チェックイン」や「コールバック」、または「C2への連絡」を指します。幸いなことに、ほとんどのビーコニングは基本的な統計で簡単に検知できます。

　ビーコニングを検知するには、コンピュータが非常に高い精度で動作するという性質を特定する方法が必要です。最初のステップは、アクションの間隔を計測することです。これには、ラグド階差演算子を使います。それぞれのアクティビティは、関連するタイムスタンプを持っています。これをT1、T2、T3などと呼ぶことにします。続いて、ラグド階差演算子を使い、間隔のI1やI2などはI1　＝　T2　－　T1、I2　＝　T3　－　T2などになります。自動化されたビーコニングのトラフィックでは、間隔は一貫しています。一貫性を計測する場合は、間隔の標準偏差を平均値で正規化した値（変動係数）を使います。正規化によって、異なるアクティビティから引き出された値と比較することができるようになります。

　正規化を行ったら、最も定期的な間隔で発生するアクティビティから順にソートします。あとはいくつか特徴を足したら、次のクエリでうまくいくはずです。

- HTTP POST
- Refererヘッダーがない
- 各ホストについて
  - 各宛先ドメインについて
    - ドメインに対して少なくとも11のリクエストがある
    - リクエストが少なくとも1秒間隔で行われる
      - ラグド階差を計算する
      - ラグド階差の変動係数を計算する
        - 出力結果を変動係数でソートする（低から高）

　4時間の間隔で出力された上位結果の一部を、表9-2にまとめました。

表9-2. 時間のばらつきがもっとも小さいものから順にソートした、ビーコニングを実行しているホストの例

送信元	宛先	リクエスト合計	平均	標準偏差	変動に関する係数
10.19.34.140	204.176.49.2	14	903.122571	0.13807	0.000152881
10.79.126.41	portal.wandoujia.com	14	299.976571	0.113251	0.000377533
10.99.107.11	militarysurpluspotsandpans.com	14	617.416429	0.249535	0.00040416
10.51.15.199	6.1.1.111	48	149.470979	0.06968	0.00046618
172.20.14.241	militarysurpluspotsandpans.com	21	616.192143	0.291051	0.000472338
10.99.38.68	militarysurpluspotsandpans.com	17	616.951059	0.317271	0.000514256
10.21.70.121	addonlist.sync.maxthon.com	10	601.6654	0.310379	0.000515866
10.155.1.142	militarysurpluspotsandpans.com	21	616.27919	0.356551	0.000578554

　その後調査した結果、militarysurpluspotsandpans.comへのリクエストが既知のマルウェアと関連していることを突き止めました。悪意のないビーコニングを無視するよう少し調整すれば、このクエリ自体を調査対象の対応手順で使うことができるでしょう。ビーコニングの結果に関連するアクティビティを探すことで、さらなる不正なアクティビティやインジケータを見つけることは、試験的クエリの最初のステップとしても最適です。

9.11　7はランダムな数字か?

　前のセクションで、振る舞いが規則的な場合には、一定間隔で実行される動作を探すことが簡単であることが分かりました。もちろん、データは常にクリーンな訳ではありません。自動化された振る舞いにも、複数のタイマーを組み込んでいるものや、自動的なアクティビティに人間が実施するようなランダムな要素を組み合わせているものがあります。イベントの発生間隔から規則性や自動化された振る舞いのタイプを一部特定することはできますが、他の検証を必要とする場合がほとんどです。その検証方法の1つに、ピアソンのカイ二乗検定があります（詳しくは、Chao Michael Zhang氏とVern Paxson氏著の「Detecting and Analyzing Automated Activity on Twitter」[※1]を参照）。この検定からは、データの一要素が別の要素とどれだけ相関付けられているのか、または観測されたデータが期待分布とどれだけ一致しているかが分かります。

　たとえばWebのブラウジングをするとき、Webページを閲覧したのが1時間単位で見た場合に何分経過したときで、1分単位で見た場合に具体的に何秒経過したときか、その分と秒の関係性は考えないでしょう。これはページ内のリンクをクリックする操作、コメントの投稿、メールの送信、インスタントメッセージの送信、その他の日常的に実施するアクティビティでも同様です。ホストから十分なアクティビティ情報を収集できれば、関連するはずのないアクティビティの関係性が見えてきます。次のグラフは、

※1　訳注：http://www.icir.org/vern/papers/pam11.autotwit.pdf

C2サーバのボットのアクティビティを示したものです。1時間単位で見た場合の分を横軸、1分単位で見た場合の秒を縦軸で表示しています。ボットの各イベントは丸でプロットされています（図9-4）。

ひと目見ただけで、このアクティビティにはランダム性がまったくないことが分かります。こうしたタイプの分析は、人のアクティビティに偽装したコンピュータによる不正なアクティビティを検知する際に役立ちます。マルウェアによるブログへのスパムコメント投稿や偽のTwitterによるツイートなどが、よくある例です。

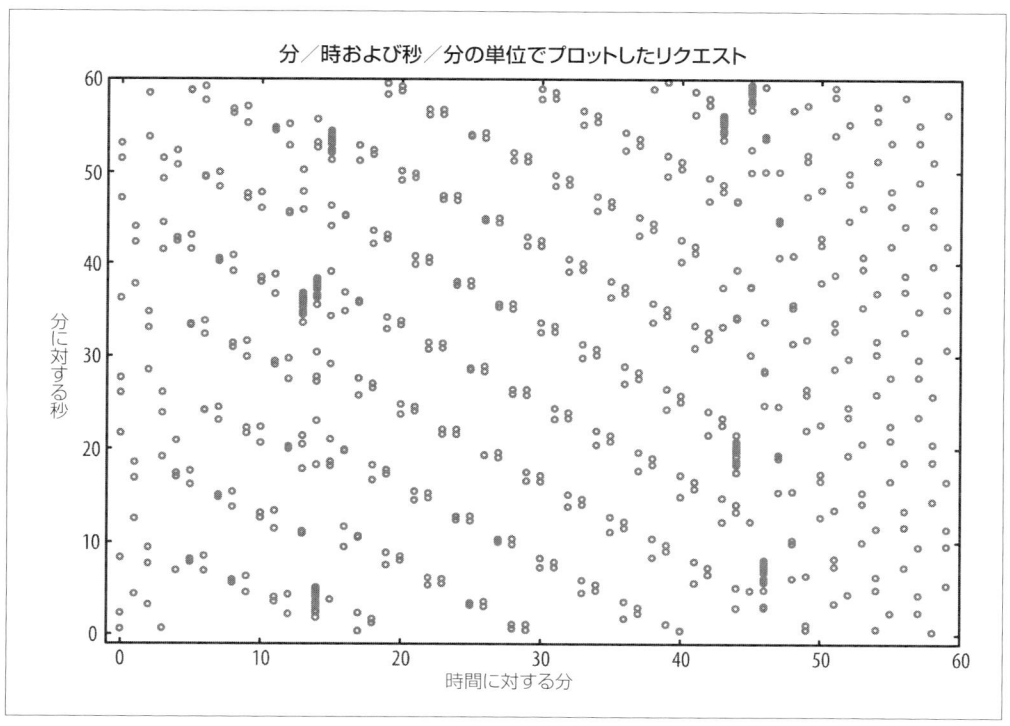

図9-4. 1時間単位の分と1分単位の秒でプロットされた自動化リクエストの振る舞い

人とコンピュータとの区別をつける方法は、振る舞い分析以外にもあります。たとえばメールアドレスを人に教えるとき、mikehockey85@gmail.comの方がythuaydiavdqvwu@gmail.comよりも伝えやすいです。前者は普通に見えますが、後者はでたらめに見えます。ドメイン名についても同様です。ドメイン名を覚えてもらいたい場合、長くてでたらめに見えるものよりも、発音できるか短いものの方がよいでしょう。しかし、マルウェアが本物に見えるメールアドレスまたはドメイン名を生成したくても、大抵はすでに登録されています。一方で、ランダムで長い文字列は簡単にプログラミングでき、実際に存在する名前と衝突する可能性が低くなります。これを実現する方法の1つが、ドメイン生成アルゴリズム（DGA）です。3章でも触れましたが、仮にボットマスターがマルウェアにwww.mycommand–

domain.comを参照するようコーディングした場合、このドメインが遮断されたらマルウェアは使い物にならなくなってしまいます。これを避けるために考え出されたのがDGAです。マルウェアの武装競走が激化する中で、一部のマルウェアは定期的に新規ドメインを生成し、防御側の一歩先を行こうとします。今マルウェアがwww.ydyaihqwu.comを使っていたとしても、明日にはwww.fvjkpcmv.netに切り替わっている可能性があります。こうした戦術を採用することで、ドメイン遮断やブロックに対抗することができるわけです。

 極端な例で、2009年にConfickerマルウェアファミリの亜種がDGAに切り替えた結果、毎日8つの異なるTLDで50,000の新規ドメインが生成されるようになりました。Confickerを阻止するため、防御側は世界中の多くの国やレジストラと協力し、すべてのドメインを登録またはブロックしました。

　防御側にとって、攻撃者がランダムに見えるドメイン名を使うことは優位に働きます。というのも、特にでたらめに見えるため、他のドメインから突出して目立つからです。ランダムではないデータからランダムなものを抽出するには、マルコフ連鎖が最適です。マルコフ連鎖はさまざまな課題に広く適用できますが、特に長けている分野が言語の複雑さのモデリングと、テキストの文字列における「ランダム性」の特定です。マルコフ連鎖は、ある状態が以前の状態から連続しているという可能性を示す確率テーブルです。自然言語処理であれば、単語の中の各文字が状態に該当し、どの文字がどの文字の後に続くか説明するために確率テーブルが作成されます。たとえば、「h」は「t」の後に続く可能性が高く、「b」は「t」の後に続く可能性はあまりありません。「q」のテーブルでは、後に続く可能性のある文字は「u」のみとなり、特に偏っています。マルコフ連鎖はこうした関係性をすべて符号化し、入力されたテキストがどの程度テーブルと一致するか検出することができます。マルコフ連鎖のモデルは、英単語、一般的な名前、一般的なドメイン名、その他テキストソースといったサンプルテキストで簡単に学習できます。その後、モデルに対してドメインのスコアを判定、文字のシーケンスがどうモデルと一致したかを判断します。babybottles.comといったドメインのスコアは比較的低く（モデルと高い確率で一致）、一方でfvjkpcmv.netはハイスコアとなり、つまりは学習データとはまったく一致しないということです。

　マルコフ連鎖は、テキストが使われているところや学習用のデータセットがあるところに適用できます。ドメイン名は、基本用語、名前、よくあるドメイン名を学習用データとして使えるので簡単です。これ以外にも、ファイル名、メールアドレス、スクリプト、URL内のページ名、人が生成または消費したコンテンツなどにマルコフ連鎖は適用できます。マルウェアは一般的にランダムなファイル名やレジストリキーを生成します。ランダムにすることで、防御側がシグネチャを記述したりアーティファクトを排除したりするのを難しくするためです。何を検索したらいいのか分からなければ、何に対してシグネチャを書けばいいのかも分かりません。HIPSのログのようなホストのデータを使ってレポートを作成するとき、ランダムなファイル名を見つけるようにすると分析の優先順位が付けやすくなります。学習用のデータセットは、クリーンなシステムに一般的なソフトウェアをインストールし、そのシステムの上ですべてのファイル名をマルコフ連鎖に覚えさせることで作成します。この方法ではsystem32.exeという名前の

マルウェアは捕まえられませんが、yfd458jwk.exeという名前のマルウェアは確実に捕まえられるでしょう。

　ランダム性（またはランダム性が期待されている場合はその欠如）は、それ自体を検知手段にする必要はありません。DNSやHTTPのログ内にある、最もランダムに見えるドメイン名を探すだけでも調査対象レポートは作成できます。しかし、効果はほどほどにしか得られないでしょう。というのも、ランダム性の評価は組織が採用する評価方法に強く依存するからです。ランダム性の評価は、他の機能と併用することで効果を発揮します。たとえば、低ランダム性から高ランダム性までの基準に基づいて、振る舞いの特定やスコア判定をする機能は、別の機能としてレポートに統合することが可能です。また、他の統計以外の機能と併用してランダム性のスコア判定機能を使用する方法には、次のようなクエリがあります。

- HTTP POST
- HTTP Refererヘッダーなし
- ドメイン名が非常にランダムに見える

　次のようなものでもよいでしょう。

- HIPSイベントで新規システムサービスの作成を検知する
- および、次のいずれかに該当：
  - サービス名が非常にランダムに見える
  - 実行ファイル名が非常にランダムに見える

9.12　偶発的なデータによる相関付け

　データ間に隠された関係が存在するという考え方は、以前にも増して高まっています。データサイエンスやビッグデータの解説（もしくはマーケティング！）を見ると、**相関性**という用語があまり深く意味を考えることなく使われているのを見かけます。データに隠された相関性を見つける秘密のアルゴリズムが製品に実装されているというアイディアは売上を伸ばすのに役立つかもしれませんが、現実を正確に表現してはいません。最も実行に移すことが容易なレポートは、データの明確な関係性を見るクエリに基づき構成されます。明確な関係性は見つけるのが簡単で、理解もしやすく、ミスリードやフォルスポジティブもあまりありません。データの相関性だけがマーケティングに使われているわけではありませんが、相関性を見ることが効果的な場面もあります。

　特徴が豊富なデータソースは一般的に、隠れた関係性がデータ内に存在する可能性が高くなります。しかし、NetFlowのような特徴がそれほどないデータソースでも相関性がある場合もあります。たとえば、トランスポート層のプロトコル（TCPまたはUDP）はポートとの関連性があります。宛先ポートが80番と分かっていれば、そのプロトコルはUDPではなくTCPを使用する可能性が高くなるわけで、UDPポート80番のトラフィックは怪しいということになります。また、宛先ポートが53番と分かっていれば、そのプロトコルはUDPを使用する可能性が高くなります。実際、UDPを最も多く使うサービスはDNSなので、プロトコルがUDPであれば、フローの送信元または宛先ポートは53番を使用するフローである可能性はとても高いでしょう。

　隠れた関係性は大抵のケースで、防御側にとって有利に働きます。攻撃者にすら見えないデータの関係性を見つけることができれば、検知で優勢に立つことができます。特にHTTPは、攻撃者が隠れた関係性を見落とすことが多い特徴豊富なデータソースとなります。HTTPの仕様は非常に緩く、多くのことが問題になりません。たとえば、HTTPリクエストのヘッダーはどんな順番になっていても構いません。ブラウザがUser-AgentヘッダーをAccept-Languageヘッダーよりも前に置いても、その逆の場合と同様に機能します。ヘッダーがN個あったら、N!（Nの階乗）の順番が可能で、どんな順番でも問題ないので選択肢は任意になります。とは言っても、たとえばFirefoxの特定のバージョンでプロファイルを作成した場合、実際に提示される順番はわずかしかありません。これはFirefoxに限った話ではなく、HTTPリクエストを行うほとんどのコードもリクエストの構成方法は一貫しているからです。

　HTTPプロキシデータをソートすることで、すべての主要なブラウザのバージョンが順番に記載されたヘッダーのプロファイルを作成できます。マルウェア作者がブラウザのふりをして身を隠すとき、異なるヘッダーや順番を違えた同じヘッダーを使ってきた場合、HTTPリクエストはブラウザのプロファイルと一致しません。Internet Explorer 9では常にUser-Agentヘッダーの後にRefererを配置することを知っていれば、User-Agentを最初に持ってきたIE 9と偽るリクエストを見ても、IE 9ではないとすぐに分かるでしょう。偽るソフトウェアが必ずしも不正とは限りませんが、他の不審な特徴とIE 9を偽るリクエストという情報を組み合わせることで質の高い結果のレポートを作成できるはずです。

　ブラウザのヘッダーの順番がどちらかといえば一貫している理由は、明確にコーディングされていないとソフトウェアが何も実行しないからです。つまり、ブラウザ開発者がヘッダーをランダムに変化させるという余分な手間をかけない限り、一貫した順番になるわけです。ヘッダーの順番はやや些末な特徴で、リクエストをぱっと確認するだけでも見つかります。ですが、それ以上に複雑な関係性の場合は、他の技が必要になってきます。

　その1つが、分割表です。分割表の基本的な考え方は、2つの異なる特徴に相関性がある場合、一方の値が得られたときに、もう一方の値が得られる尤度に違いが見えるというものです。たとえばInternet Explorerを示すUser-Agent情報を含んだHTTPリクエストを見ているとき、いくつかの異なる違いが確認されたとします。

- Mozilla/4.0 (compatible; MSIE 8.0; Windows NT 6.1; Trident/4.0)
- Mozilla/5.0 (compatible; MSIE 9.0; Windows NT 6.1; WOW64; Trident/5.0)

- `Mozilla/5.0 (compatible; MSIE 10.0; Windows NT 6.2; WOW64; Trident/6.0)`

IEのUser-Agentヘッダーには4つの異なる特徴があるようです。Mozillaバージョン、IEバージョン、Windowsバージョン、そしてTridentバージョンです。ここで「これらバージョン番号には何らかの関係性があるのだろうか」と疑問に思うかもしれません。こうした疑問を解消するのに役立つのが、分割表です。例として、表9-3を挙げます。

表9-3. IEを示す30,000近くのリクエストを、Mozillaバージョンを縦軸に、IEバージョンを横軸にして示した

Mozilla バージョン	Internet Explorer バージョン									
	1.0	4.0	5.0	5.5	6.0	7.0	8.0	9.0	10.0	11.0
3.0	0	27	0	0	0	0	0	0	0	0
4.0	0	0	30	504	1052	16912	902	520	24	1
5.0	1	0	0	0	0	0	7	8510	2842	0
合計	1	27	30	504	1052	16912	909	9030	2866	1

すぐに目立った数字がいくつか見つかります。1つは、IE 6以前のバージョンです。これは古すぎて正規で使われているのを見ることはなくなったため、これだけ古いバージョンのIEを謳うリクエストは自動的に不審と分類して構わないでしょう。2つめは、IEのバージョン6から8が常にMozilla 4.0であることを示している点です。このことから、IE 8であるのにMozilla 5.0として送られた7つのリクエストは不審であることが分かります。また、IE 10では常にMozilla 5.0と主張していることから、Mozilla 4.0として送られた24のリクエストは不審と判断できます。一方で、IE 9はやや決定しづらい結果です。というのも、520という数は8510と比べてそれほど少なくないからです。このことから、通常のIE 9のリクエストがいくつか混ざっている可能性があります。分割表を1つで終える理由はありません。表9-4では、IEバージョンとTridentのバージョンを抜き出しました。

表9-4. IEを示す30,000近くのリクエストを、IEバージョンを縦軸に、Tridentバージョンを横軸にして示した

IEバージョン	Tridentバージョン				
	3.1	4.0	5.0	6.0	7.0
4.0	0	0	0	0	0
5.0	0	0	0	0	0
5.5	0	0	0	0	0
6.0	0	3	0	0	0
7.0	2	574	6075	3891	55
8.0	0	453	5	1	0
9.0	0	0	4784	22	1

10.0	0	0	1	1727	0
合計	2	1034	10865	5641	56

表9-4を見ると、IE 8はTrident 4としてのみリクエストすべきで、IE 9はTrident 5、IE 10はTrident 6としてのみリクエストすべきです。一方で、IE 7はリクエストを送るTridentのバージョンがまちまちですが、Trident 3.1またはTrident 7として送られたリクエストは偽物であると確信できます。

　データのさまざまな要素が他の要素と関連することが分かったら、これらの関係性を調べるロジックを構築しましょう。クエリの決定木の1つとして、次のクエリ（抜粋）のように、IEと偽るリクエストをチェックします。

- IEバージョンが7.0の場合
  - Mozillaバージョンが4.0ではない
- IEバージョンが8.0の場合
  - 次のいずれかが真である場合
    - Mozillaバージョンが4.0ではない
    - Tridentバージョンが4.0ではない
- IEバージョンが9.0の場合
  - Tridentバージョンが5.0ではない

　IEバージョンとWindows NTバージョンで分割表を作成する場合、決定木のロジックはさらに複雑になります。IEのUser-Agent情報から決定木全体を作成できれば、それはIEと明らかに偽るリクエストを検知する強力なツールとなるでしょう。そして、イベント内の他の不審な特徴と組み合わせることで、より詳細な検査を必要とするアクティビティを検出するための堅実なレポートが得られます。

　イベント内の1つのペアまたは数個のペアに基づく単純な相関性をベースとした分割表は、前述のクエリからも分かるとおり、手作業で簡単に作成できます。分割表が読みやすい理由は、バージョン間の相関性が強いからです。たとえば、IEバージョン「N」があればMozillaバージョンは確実に「M」であるという、曖昧さを一切持たずに確定できます。しかし、相関データを決定する関係性は曖昧で、詳細な分析が難しいことがあります。例として、図9-5のような2つのパラメータを持つデータセットがあるとします。

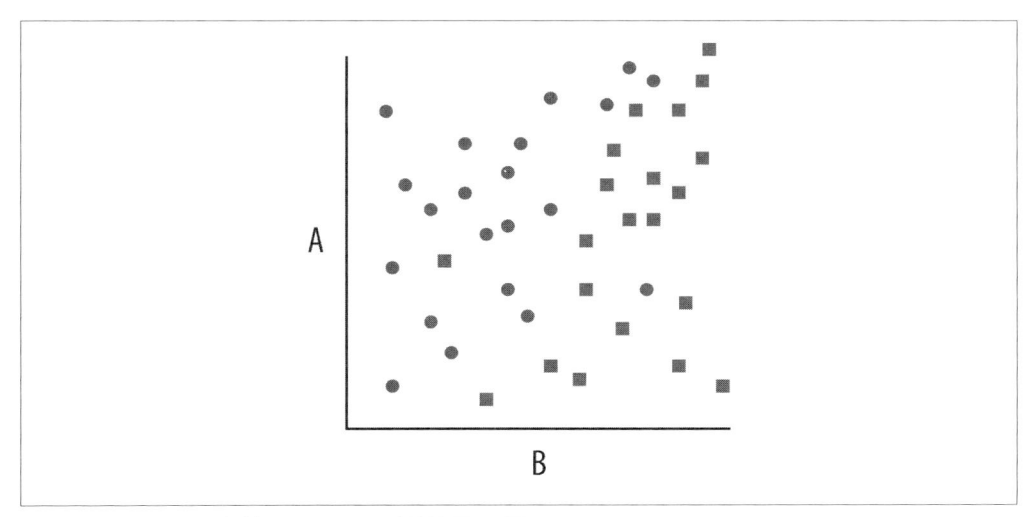

図9-5. 特徴AとBの関係性を明らかにする仮説を示した図

ここでは、AとBが2つの異なる特徴であり、丸や四角の印はそれぞれ不正なアクティビティと不正ではないアクティビティを示しています。2つのグループは単純に縦線または横線で分けることができないため、「if A＞x, or B＞y」といったシンプルなロジックで決定木を構築できません。双方を分ける方法はありますが、単純なブール論理やしきい値で説明するのは難しいです。線の先端がどこに到達するかを求める簡単な代数でロジックを構築することもできますが、データセットが大きくなった場合、またはパラメータを追加した場合、その計算はたちまち煩雑になります。このように分割されたデータを分類する機械学習ツールに、サポートベクターマシン（SVM）があります。

SVMは、手作業ではデータの関係性を見つけづらい場合でもデータ間を線形で分離することができます。2つの特徴しか持たないデータセットの分離線は、例で示したとおり、線形です。パラメータが3つになると分離線は平面になり、4つ以上だと多次元の超平面になります。分割表や手動作成のロジックに対するSVMの最大の利点は、SVMは自動化されており、同時に多数のパラメータを扱うことができる点です。パラメータ間の関係性が間接的であっても、SVMで容易に扱うことができます。分割表は目視での検査や単純な関係性を見つけるのに便利ですが、SVMはパラメータが多い、またはパラメータ間の関係性が多くて手作業で確認するのが難しい場合に、識別器を作成してくれます。

機械学習において、SVMは唯一のツールではなく、あらゆる状況に対応する最善または強力なツールでもありません。User-Agentの例では手動で作成した決定木を出しましたが、決定木を自動作成する機械学習のアルゴリズムは多数あります。データを抽出できないときは（パラメータの一部が数値ではないなど）、決定木学習を用いるとよいでしょう。また、アクティビティに複数の異なるカテゴリが存在し、類似する振る舞いに基づきデータをグループ分けしたい場合は、クラスタリングアルゴリズムが最適な選択肢です。

1冊で機械学習の広大な領域を網羅するなど無理な話です。あなたのセキュリティイベントや課題に

最適な機械学習のモデルは、経験や検証を通じてあなたが判断するのがベストです。もちろん、プレイブックは機械学習のロジックに従って作成されたレポートだけで作られるものではありません。しかし、難しい課題に行き当たったとき、データ内に隠された関係性を見つけ出して機械学習で分析することは、非常に強力なレポートの作成に役立つはずです。

9.13　カイザー・ソゼの正体

　犯罪捜査映画の多くには、捜査に没頭している探偵が、壁中に人物の関係性が分かるようそれぞれの写真を貼り付けるという定番シーンがあります。警察用語ではこれを**リンクチャート**と呼び、その利便性はフィクションの犯罪捜査だけに留まりません。リンクチャートの抽象的な概念では、イベントやデータの一部をノード（点）で表し、イベント同士のつながりはリンク（線）で表します。リンクチャートのグラフを描いてデータを見ることは、次のような基本的な理由から役立ちます。

- ノード間がつながっているということは、それらノードが何らかの性質を共有していることを示す
- 個々のノードが他のすべての関連ノードと直接つながっていることは滅多にない

セキュリティイベントのデータ分析では、ノードはさまざまな意味を持つことがあります。

- 通知が必要なイベントを発生させているホスト（IDSやHIPSのイベントなど）
- イベントの対象
- ルックアップされているドメイン名
- IPアドレス
- マルウェアのサンプル（名前別、MD5ハッシュ別、アンチウイルスヒット別など）
- ユーザー
- イベントの個々の特徴（User-Agentヘッダー、TCPポートなど）

　ノードが持つ最も重要な性質は、それらを再利用できることや複数のイベントに出現する可能性があるというものです。ノードが複数のイベントに出現しない場合、そのノードは他のイベントに関連付けられているどのノードともつながっていないことになり、グラフに配置する意味がありません。たとえば、正確なタイムスタンプは良いノードになりません。なぜなら、特定のタイムスタンプは1つのイベントとのみ関連付けられるからです。ノードがより多くのイベントと関連付けられるほど、つながりも増えます。グラフ内でノード同士をつなげているリンクは、ノードが互いにどんな関係でつながっているかを表します。たとえば、HTTPアクティビティに関するグラフを作成する場合、ノードにはクライアントのIPアドレス、サーバドメイン名、サーバのIPアドレス、User-Agentストリング、Refererドメインが含まれます。クライアントからのリクエストは、ドメインノード、サーバのIPノード、User-AgentおよびRefererノードに向かって線が伸びます。逆に、User-Agentノードはドメイン、Referer、サーバのIPアドレス、ドメインのノードに向かって線が伸びます。各イベントは、イベントと緊密につながる複数ノードの組み合わせを持っています。イベントがグラフに追加されるほど、多くのイベントがす

でにグラフ内にあるノードを再利用します。グラフは、イベント間の複雑な関係性すべてを高度に構造化された形式に変換します。これはグラフなしでは実施が難しい高度なクエリをサポートできるようにするためです。

　引き続きHTTPを例にとりますが、HTTPイベントからグラフを作成したら、単純なものから相当複雑なものまで、グラフ内を横断する様々な形式のクエリを実行できるようになります。単純なものの場合、通常のHTTPの動作では、クライアントの大半がUser-Agentの情報に少ない文字数のみ使うことを想定できます。User-Agentに使われる文字列のバリエーションを考えると、ほとんどのクライアントはドメインにリクエストを送信するとき、固有のUser-Agent情報を使うはずです。グラフ内のすべてのUser-Agentノードに対するクエリを送信し、各User-Agentノードからクライアントノードへの接続数の中央値を計算すると、ほとんどのUser-Agentノードにおいて、接続性を持つクライアントノードが少数であることが分かります。つまり、大半のクライアントは固有のUser-Agent情報を使用しており、あるドメインと通信するクライアントの数と、User-Agentの数が著しくバランスに欠けるのは非常に奇妙ということになります（図9-6）。

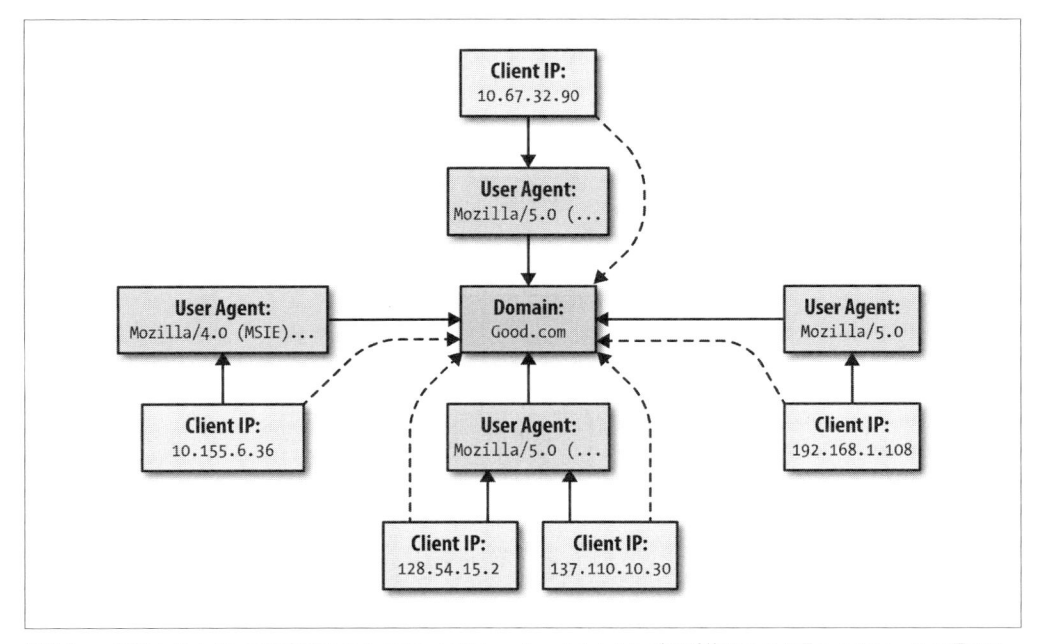

図9-6. 一般的なドメインでは多数のクライアントでUser-Agentストリングの重複はあまり見られない。この図では、5つの固有のクライアントと4つの固有のUser-Agentストリングが、1つのドメインのアクティビティと関連している様子を表わす（図9-7との比較）

　これは、必然的に次のクエリへと変換できます。

- グラフ内の各ドメインノードにおいて
  - つながっているクライアントノードの数をN
  - つながっているUser-Agentノードの数をM
    - N：Mの比率を計算
    - N：Mが1.33以上、0.75未満の場合、そのドメインをアンバランスとフラグ付けする

　もちろん、1.33と0.75のしきい値は説明の都合上、任意に選んだ値で、実際のしきい値はデータに合わせる必要があります。このほか、ドメインノードに接続しているクライアントノードの最小数といった追加のしきい値も、実際のデータセットでは必要です。とてもシンプルではありますが、このクエリで返されるドメインはUser-Agentが固有かどうかを示す比率に想定外のアンバランスが起きており、他の情報と組み合わせることで実行可能なレポートを作成できます。多数のマシンに感染した同じマルウェアからの接続が発生しているドメインでは、クライアントとUser-Agentの比率がアンバランスになることがあります（図9-7）。

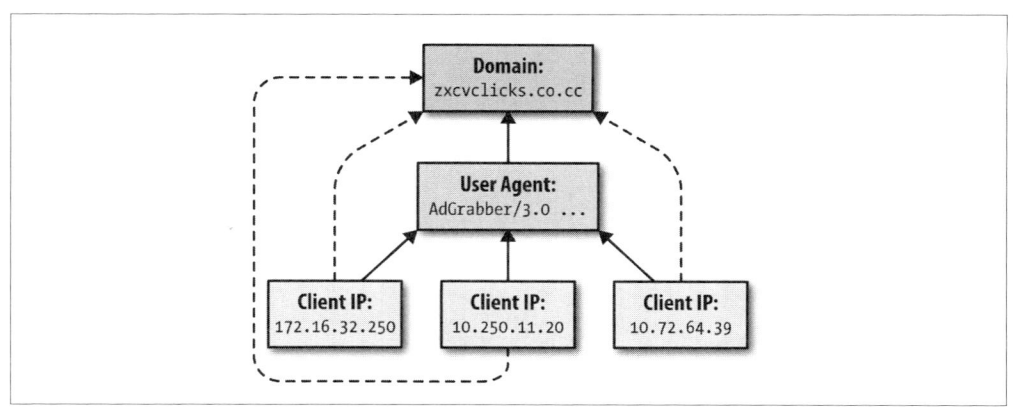

図9-7. マルウェアのC2ドメインの多くでは、マルウェア内にUser-Agentストリングを1つハードコードする。ここでは、1つの固有のUser-Agentと3つの固有のクライアントがドメインに対してリクエストしている（図9-6との比較）

　こうした種類のクエリがとても単純である理由の1つは、グラフが示す高度な関連性すべてを無理に利用しようとしないからです。クエリはドメインノードと直接つながっているノードのみを見て、その先のつながりまでは探索しません。グラフ内の多くのノードを探索するクエリを作成する場合は、コードの追加やすでに処理したノードを追跡するためのデータ構造が必要になることがあります。

9.14　関係者は同罪

　グラフにデータがあることで、相互接続の構造を活用するクエリも簡単に実装できます。現実世界のシナリオの多くでは、ドメインが不正であると分かっている場合、そのドメインに紐付くIPアドレスなど関連する項目も不正であるか、またはそのドメインをルックアップしているクライアントは侵害されている可能性が高くなります。単純な例として、もし不正なドメインと関連しているすべてのIPアドレスが不正であると想定し、不正なIPアドレスと関連しているすべてのドメインが不正であると想定するなら、既知の不正ドメインをもとに、そのドメインが共通で持っているIPアドレスから他の不正ドメインを見つけることができます。前述のHTTPグラフを使う場合、さらに多くの不正ドメインを見つけるには次のクエリが自然です。

- 既知の不正ドメインリスト内の各ドメインノードにおいて
  - つながっている各サーバのIPノード
    - そのIPノードにつながっている各ドメインノード
      - 既知の不正ドメインリストに含まれていないドメインを発見した場合は報告

　このクエリは、既知の不正ドメインとIPアドレスを共有するドメインすべてを見つけ出します。この関連性による不正判定が事実であれば、このクエリを使用することで、手作業で探すよりも驚くほど短時間で新しい不正ドメインを見つけることができます。こうした種類のクエリは、ドメインやIPアドレスだけでなく、その他多くのノードの関連を見る際にも有効です。また、このクエリは1回の実行に限定されません。たとえば新たに見つけたドメインを不正ドメインのリストに追加し、新規ドメインが見つからなくなるまでこのクエリを繰り返し実行するといった使い方も考えられます。この種の検索は、**幅優先探索**（BFS: Breadth-First Search）と呼ばれ、不正なアクティビティとつながる領域すべてを見つけ出すことができます。

　グラフベースのクエリで最も難しい点の1つは、うまくつながっているグラフでどの線を追うべきか見極めることです。でたらめに線を追うのでは、すぐにクエリの範囲から外れてしまいます。前述の例では、評判の良い、または不正ではないドメインやIPアドレスが、いつの間にか不正ドメインに変わっていたり、不正ドメインとの関連性を持つようになると、不正ではないドメインが多数検出されてしまいます。このことから、BFSベースのクエリを使用して不正なデータセットを使うときは、慎重な情報収集が必要となります。データセットの範囲拡大をアルゴリズムに任せるのではなく、結果が出力された次のステップとして人による分析を取り入れれば、有用なレポートが作成できます。そうすれば、アナリストが結果を見て不正か不正ではないか判断できるでしょう。何度かこれを繰り返し、不正なIPアドレスやドメインのデータセットが作成でき、何らかのタイミングで新規のIPアドレスやドメインが追加されてようやく、レポートからアラートが上がってくるようになります。こうしたクエリは特に、特定

のハッキンググループ、エクスプロイトキット、マルウェアの追跡にぴったりです。

　グラフの相互接続的な性質を活用すれば、手作業で不正アクティビティをまとめる以上のことができます。BFSは、ノード間の線が不正接続を意味しない場合、無駄に多くの結果を生成してしまいます。白黒はっきりしていないつながりは、難題です。データからグラフを作成するとき、できるだけ多くの不正なノードとつながったノードを見つけたいと思うかもしれません。つまり、不正と思われるドメインのリストがあれば、これらドメインに紐付けられているIPアドレスは、たった1つの不審なドメインに紐付けられたIPアドレスよりも、より疑わしいということです。

　一般的に、1つのノードに対して確信を持っていることは、そのノードとつながっている他ノードにも伝搬させたいと考えます。これは**確率伝搬**と呼ばれ、こうしたアルゴリズムは不正なアクティビティを探す際に強力なツールとなります。アルゴリズムは、グラフ内のデータソースやノード間で伝搬させたい情報の種類に強く依存します。適切に取り入れて慎重にチューニングしたら、マイナスとプラスのレピュテーションデータをグラフ全体に伝搬させ、隣接するノードのレピュテーションに基づくレピュテーションをノードに割り当てて、それを繰り返していきます。確率伝搬アルゴリズムの導入方法の詳細は、本書の対象範囲から大きく外れます。

9.15　本章のまとめ

- フォルスポジティブを回避することで、セキュリティインシデントの検知および対応に必要な全体の分析時間を削減することができ、検知成功率の向上が実現します。
- set演算子は、大規模なデータセット内に隠れた一般的なアクティビティを素早く暴き出します。
- 分割表は、イベントの特徴に基づく相関性を測定したり、偽装されたイベントを検知したりする際に強力なツールとなります。
- グラフ分析、統計的な関係性、機械学習はプレイブックを次のレベルへと引き上げ、イベントごとの分析という単純な分析を越えた検知能力を与えてくれます。
- グラフや関係性を通じてデータを可視化すると、明らかに不正なインジケータへとつながる不審なパターンを簡単に検知でき、その他インジケータを探す指針となります。

10章
インシデント発生! どう対応する?

"We kill people based on metadata."
（我々はメタデータに基づき人を殺す）
—General Michael Hayden
元NSAディレクター

　ここまで、脅威を理解する方法、セキュリティ監視システムの構築および運用の方法、ログ分析やプレイブックの開発を通じたセキュリティインシデントの独創的な発見方法について解説してきました。オイルを十分差した検知マシンを活用し、インシデントや新しい脅威を検知しながら、従業員や外部組織などから上がってきたインシデントアラートをうまく処理できるようになったはずです。アナリストはプレイブックの手法に基づき、対応手順の研究および作成、インシデントの調査、確認された不正な振る舞いにおけるフォルスポジティブの選別を行えるようになりました。もっとも、インシデント対応のプレイブックはただ検知するだけのものではありません。プレイブックには、「どのように対応するか」に関する指示が書かれている必要があります。

　これまで不正な振る舞いに備えて準備、検知、分析する体系的アプローチについて解説してきました。しかし、検知フェーズにこのような多大な労力を必要とする一方で、これはあくまでもインシデント対応のライフサイクルにおける始まりに過ぎません。インシデントの検知に続く最も重要なステップは、問題を封じ込めて組織に対する被害を最小限に抑えることです。結局のところ、総合的なセキュリティ戦略の重要な要素は、ダウンタイムやデータ損失を軽減するためにセキュリティインシデントを可能な限り早く阻止する監視システムおよびプレイブックを開発することにあります。インシデントがトリアージされ、被害が食い止められたら、次に取りかかるのは元凶となる問題の除去です。修復では、攻撃者の行為を取り消すだけでなく（システムからマルウェアを排除する、改ざんされたWebサイトやファイルをバックアップから復元するなど）、同様のインシデントが今後発生しないよう防止計画を立てることも大切です。同じインシデントを防止する計画がないと、インシデントによる被害が繰り返され、組織への攻撃の複合化を招き、検知や防御の取り組みを弱体化させるリスクとなります。

　コンピュータセキュリティインシデントがネットワークやデータに対して大損害を与えることをアナ

リストが防げるようにするためには、一貫性のある徹底したインシデント処理の手順が必要なのは明白です。検知や分析のプレイブックをインシデント対応ハンドブックと組み合わせると、セキュリティ脅威発生時の一貫した対応手順やガイドラインが手に入ります。発火した油に水をかけてはならないことを知っている消防士のように、インシデント対応チームはセキュリティインシデント時に何をすべきか、何をしてはならないかを知っていなければなりません。

本章は、プレイブックの対応面について解説します。具体的には、次のとおりです。

準備
脅威対応モデルの構築と実践方法。

封じ込め（軽減）
攻撃検知後に攻撃の断片を拾い集め、それを食い止める方法。

修復
根本原因を調査すべきタイミング、特定したときの対処法、修復に対する組織内の責任者。

長期的な修正
今後の同様のインシデント発生を防止するために活用できる教訓。

10.1　防御を強化する

図10-1では、右側の六角形はインシデントの判明時にインシデント対応チームが実施する主な機能を示しています。インシデントの発生源は、内部ツール（プレイブック）や従業員または外部組織など、さまざまな場所が考えられます。インシデントが内部で検知されたのか、それとも外部組織からの通知で判明したかをその件数で比較することで、チームの対応時間や有効性が可視化されます。なお、侵害されて攻撃を続けているようなホストをある組織がホスティングしてしまっている場合、その組織に通知を行う外部ソースとしては、MyNetwatchman、Spamhaus、SANSなどのほか、多数の組織が存在します。内部でのインシデント検知率が高ければ、有効かつ迅速な攻撃の検知が実現できていることになります。もしもセキュリティ侵害の通知を外部組織に依存している場合、それは対応プロセスで大幅な後れを意味し、検知能力の改善が必須です。

さらに、脆弱性へのパッチ適用、欠陥コードの修正、将来的な攻撃の防止に向けたポリシーの作成または改正といった長期タスクもすべて対応プロセスの一環です。大規模なインシデントが発生したとき、対応チームの役割は軽減、連携、コンサルティング、ドキュメント化を実施することです。

軽減
攻撃をブロックし、インシデントが原因で発生するさらなる問題を阻止します。

連携
インシデント対応プロセス全体を管理するほか、利害関係者がそれぞれ役割、責任、期待されるものを把握しているよう保証します。

コンサルティング

　関連する利害関係者（システム所有者、経営層、広報など）に技術的な分析結果を伝え、関連するIT上の実績を活かして長期修復について提案します。

ドキュメント化

　必要に応じて、インシデントの報告、追跡、対応の促進を図ります。

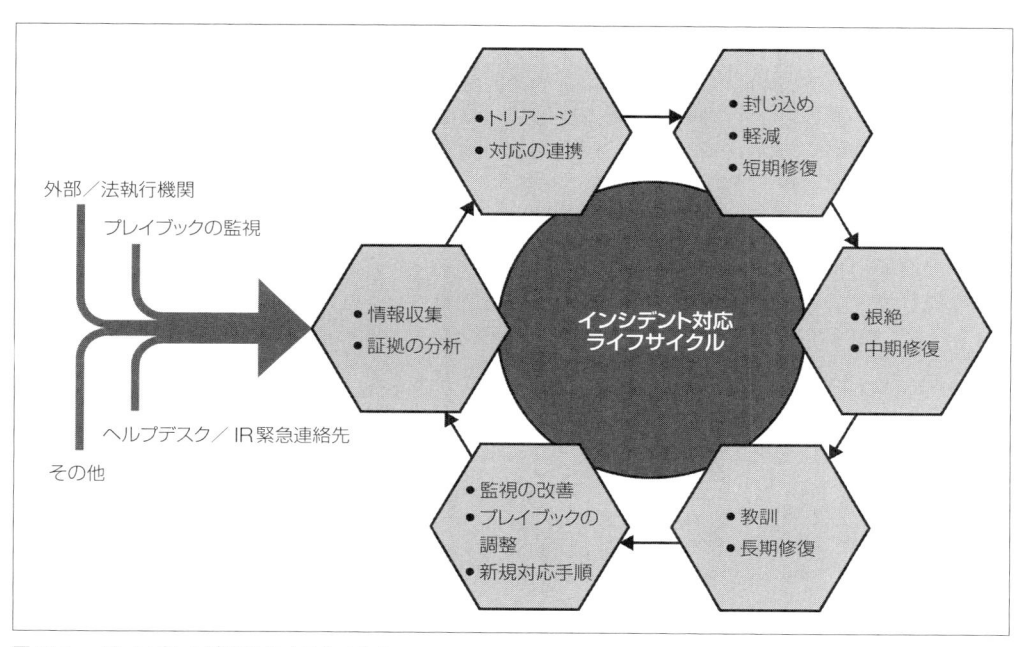

図10-1.　インシデント対応のライフサイクル

　IT人員の少ない組織の方が、セキュリティインシデントへの対応連携が楽に感じるかもしれません。インシデント対応チームとその他IT組織との関係が近いほど、情報を早く共有でき、長期修復も展開できるからです。一方で、大規模な組織で、特に部署やパートナー組織が多数あるような場合、対応時間ははるかに遅くなる可能性があります。情報セキュリティ組織は組織全体のすべてのITチームと緊密に連携しているべきですが、残念ながら常にそうとは限りません。インシデントが発生しているとき、ITチームはトリアージや短期修復、通知のフェーズにおいて、インシデント対応チームを信頼し、指示に従わなければなりません。しかし、インシデント対応チームもさらなるインシデントにつながる可能性がある、より大きな問題を解決するために、自身のシステムやアーキテクチャの専門家であるITチームを頼る必要があります。

　このように、大規模なインシデントでは危機的状況への対応が得意な人と、短期および長期修復における予期せぬ結果を把握できる立場の人とが連携しなければなりません。1章ではCSIRTが構築すべき

さまざまな連携体制について解説し、ITチームとの関係は中でも最たるものだと強調しました。ITインフラストラクチャが侵害されたとき、ITチームとの関係ほど信頼できるものはないでしょう。

10.2　ロックダウン

　封じ込めの重要性を理解する最高の例として、ネットワーク型のワームがあります。抑制されなければ、ワームは設計上、脆弱なシステムすべてに感染し続けます。「患者第1号」のシステム（と以降の感染者）を封じ込めなければ、ワームは可能な限り多くのシステムを攻撃しようと活動し、感染数は指数関数的に増大、問題は解決困難な方向に進む可能性があります。そうなると、1つのマルウェア感染からネットワークのメルトダウンへ、あっという間に手に負えない状況に陥るでしょう。

　同様に、DoS攻撃を実行するマルウェアも、外部の被害者に向けて大量の攻撃データを送りつけ、ネットワーク回線を簡単に詰まらせることができます。これはシステムの抵抗力を侵害するだけでなく、意図せず攻撃に加担することでオンライン上の評判を落とす可能性があります。また、組織自体がDoSや分散型DoS（DDoS）攻撃のターゲットになる可能性もあります。

　送信元IPアドレスでこの種の攻撃をブロックすることはインシデント対応ツールキットで対応できますが、ツールを利用する場合は注意が必要です。個々のホストをブロックするのは煩雑で時間のかかる作業で、終わりが見えないこともあります。こうした作業を私たちは、**モグラたたき型アプローチ**と呼んでいます。大規模なDDoS攻撃では、1つずつ、または一度に数件ずつブロックするには多すぎる数の攻撃者から標的にされる可能性があります。さらに、あるアドレスやサブネットとの通信をすべてブロックした結果、同一アドレスからの正規のトラフィックまでブロックしてしまうという、意図しない結果を招く恐れがあります。加えて、攻撃の送信元ホストの数が制御可能なレベルだったとしても、送信元は動的アドレスまたはプールされたアドレスを活用していることがほとんどで、以降は同じ送信元から不正なアクティビティが送られてこない可能性もあります。攻撃のタイプによっては、ISPレベルでブロックしたり、経路切り替えをお願いしたりと、より適切な解決策も考えられます。ただし、いずれの対策もある問いに直面することになります。それは、過去のIPブロックを見直す、または期限切れにするプロセスを設定しているか、それともサービスが利用できないと苦情が上がらない限りはブロックを続けるかということです。

　8章と9章で述べたとおり、プレイブックの分析セクションには結果のデータを解釈する方法のほか、各イベントへの適切な対処方法についての具体的な指示を記載する必要があります。インシデントのタイプによっては、適切に問題を封じ込める方法についても詳細を含めるべきです。封じ込め方法は、従業員のデータ窃取や侵害に関するインシデントと、ネットワークシステムにおけるマルウェアの大規模感染とでは異なります。ドキュメントの窃取、破壊工作、悪用行為といった内部犯行は、アカウントのアクセスを一時停止または終了して人事や関連部署に報告するのが最善の修復方法です。不満を抱く従業員がメールやVPN、その他コンピュータシステムにログインするのを防ぐことで、被害を与えたり、機密情報を窃取したりできないようにできます。

10.2.1　放送メディア

　セキュリティインシデントへの対応および封じ込めは、マルウェアを一掃し、不満を持つ従業員に対処するという以上の意味を持ちます。これは特に顧客データやプライバシーが流出するようなインシデントの場合に当てはまります。組織は信頼の失墜という世論の裁きに対処しなければならないばかりか、法律上の面倒な問題にも対応しなければなりません。多くの国や州では、情報開示を義務とする法律があります。そして多くの法律では、国民を守るため、もしくは少なくともある組織のせいでプライバシーの損失が起こった可能性があったことを知らせるため、過去のプライバシーデータが外部の目に晒される状態となった場合には消費者と顧客に通知することを要求します。

　世間に公表されたインシデントを封じ込めることは難しく、広報、組織を代表する法的部門、組織の幹部からの協力なしでは達成できません。対外的な危機管理におけるインシデント対応チームの役割は、反論の余地がない事実を組織の代表者に提供することです。特別な承認がない限り、広報で選出された人物以外はメディアや外部組織にインシデント関連の話をしてはなりません。あまりに多くの詳細や不正確な情報が共有されると、元のインシデントを上回るイメージ低下につながる可能性があります。

　サンフランシスコ市のとあるネットワーク管理者が退職後、市全体のネットワークインフラストラクチャのパスワードを人質にとった事件がありました（https://www.wired.com/2008/07/sf-city-charged/）。恨みを持つその職員が正しいパスワードを知る**唯一**の人物だったため、彼がパスワードを明かすまで、または（想像以上に高額かつ複雑な選択肢ですが）ネットワークが再構築されるまで、ITインフラストラクチャは完全に停止するという事態になりました。検知の観点では、管理者アカウントのパスワード変更、不自然なタイミングでのログイン、重要なシステムへの認証を監視していれば、何か不正な動きがあった場合にインシデント対応チームへ通知されていたでしょう。しかし、この事件では管理者がパスワードを一切変更しておらず、単純に唯一の保有者でした。もしも該当のネットワーク管理者が解雇予告を受けていた、または解雇予定だったことをインシデント対応チームが事前に知らされていれば、被害が悪化する前に管理者のアカウントを即時停止していたかもしれません。組織内のメンバーに関するインシデントでは、インシデント対応チームと人事とが連携することで、（願わくば）積極的に脅威を軽減することが可能です。防ぐことが可能なはずのインシデントに対して事後対応に回ることもありません。

　一方で、高度な標的型の攻撃は本質的に封じ込めがかなり難しくなります。そのために、この攻撃は集中して取り組むべき最も重要な攻撃となっています。高度な攻撃を封じ込める方法は、侵害されたシステムやリモートホストのネットワーク接続を切る方法から、影響を受ける既知のアカウントのユーザーをロックしつつパスワードをリセットする方法、プロトコルをブロックしたり、さらには組織全体のインターネット接続を停止したりする方法などさまざまあります。覚えておきたいのは、100%の確率で攻撃をブロックすることはできないということです。高度な攻撃者は、検知されて新規インジケータを採用した対応手順が更新されるまでは、少なくとも初期の段階では検知されずにネットワークへ侵入することができます。重要なのは、すべてのインシデントが発見できなくても、最悪のシナリオへの対応を考える必要があることです。

　このほか、標的型攻撃は表沙汰になることでも制御と封じ込めが難しくなります。組織の従業員やトップのプライベート情報が公開される、または**晒し行為**に遭うことは大惨事になりかねません。また、

さまざまな方法で暴露され、侵害される可能性もあります。組織への攻撃に関するニュースがTwitterでトレンドに入る、または大手メディアや技術系メディアで定期的に取り上げられる場合も、事態を収束させるのは難しいでしょう。攻撃に対する注目度が高いときは、調査や封じ込めに追加のリソースを求めるのも手です。そうすることで、インシデント対応チームにかかる負担がいくらか軽減され、根本原因の究明や被害の規模やタイプ、積極的な封じ込め、ビジネスの継続性、セキュリティアーキテクチャの改善などに集中することができます。

10.3　ルートを断つ

　ネットワークに接続されたシステムに関して言えば、封じ込めはやや実現が難しい問題となります。ネットワークやシステムのレベルでインシデントを軽減する方法は多くあります。大抵の場合、ネットワーク接続をブロックするのが最善の選択肢で、詳細なフォレンジックが実施できます。ちなみに、この方法はIT管理されていないシステムでは唯一の選択肢となることが多いです。また、隔離VLANやネットワークセグメントにMACアドレスを割り当てる方法も、組織の他の領域への被害を防ぐことができます。さらに、新しい802.1xのアクセス制御ポリシー、ファイアウォールのポリシー、単純な拡張ACLでも不正な振る舞いをするデバイスの接続を制限できます。ただし、このアプローチには課題があります。大抵の組織は何らかの変更管理ポリシーを順守しており、つまりはルータ、スイッチ、ファイアウォールといった重要なインフラストラクチャへの変更は、指定の認められた時間枠のみしか実施することを許可されていません。この時間枠により、定期的なACL変更が実施できる時間は制限されます。さらに、エントリにエラーがある場合（サブネットや綴りの誤りなど）や、侵害されたホストのトラフィック量が膨大でファイアウォールやルータなどのパケットフィルタリングデバイスのCPU負荷が上がっていて、ACLを追加することによるCPU負荷の増加に耐えられそうにない場合などには、新たなアクセス制御エントリやファイアウォールの拒否文の追加が不安定さをもたらす可能性もあります。

　Nullルーティングやブラックホール化は、もう少し受け入れやすい、即効性のある軽減策を提供します。採用した場合も、それによるネットワークのデグレードもありません。ブラックホール化は2つのタイプがあります。送信元と宛先です。**宛先ブラックホール化**は、特定のIPアドレスを宛先とするトラフィックをドロップすることで、インターネットのC2サーバへの応答トラフィックを遮断するといった状況で効果を発揮します。宛先ブラックホール化により、ルータはホストに対するスタティックルートのネクストホップとして、Null0や機種ごとのvoid（Null0に相当するもの）を設定します。ブラックホール化されたホスト宛ての接続は、ルーティングデバイスにnullルートで到達した時点でドロップされます。

　一方の**送信元ブラックホール化**は、ワームの拡散やDoS攻撃など、内部または外部いずれかのIPアドレスを送信元とするすべてのトラフィックを宛先にかかわらずブロックする必要があるインシデントで効果があります。本質的にルータは接続元の識別が苦手で、TCPやUDPパケットを偽装して大きな問題を発生させることが可能だからです。送信元を識別するには、Reverse Path Forwarding（RPF）の一種であるUnicast Reverse Path Forwarding（uRPF：https://www.cisco.com/c/dam/en/us/products/collateral/security/ios-network-

foundation-protection-nfp/prod_white_paper0900aecd80313fac.pdf）が必要です。ルーティングデバイスがパケットを受け取ると、uRPFは受信したインターフェイスの先にコネクションのソースに対するルートがあることを確認します（uRPF strictモード：https://www.cisco.com/c/en/us/about/security-center/unicast-reverse-path-forwarding.html）。または、非同期ルーティングのネットワークであれば、ルーティングテーブルから接続元へのルートがあることを検証します（uRPF looseモード）。

　ルーティングデバイスが接続元へのルートを持っていない場合（偽装アドレスなど）、または接続元へ戻るルートがnull0である場合（ブラックホール）、パケットはドロップされます。そうすることで、uRPF looseモードのブラックホール化されたアドレスはそのアドレスとの双方向のトラフィックを適した方法でドロップすることができます。

　ブラックホール化の効果は、iBGPやRemotely Triggered Blackhole（RTBH）ルータを通じて素早くネットワーク全体に伝搬させることができます。iBGP経由でトリガールータからネットワーク内の他のルータとピアを張ることで、RTBHから新しいnull0を広報でき、数秒以内にアドレスを組織全体でブラックホール化できます（図10-2および10-3）。なお、nullルートと一致するまでパケットはネットワーク内をルーティングされ続けますし、さらにiBGPはネットワークのすべてのルーティングデバイスで採用されている訳ではないので、nullルートが適用されたネットワークのトポグラフィーは把握しておいてください。

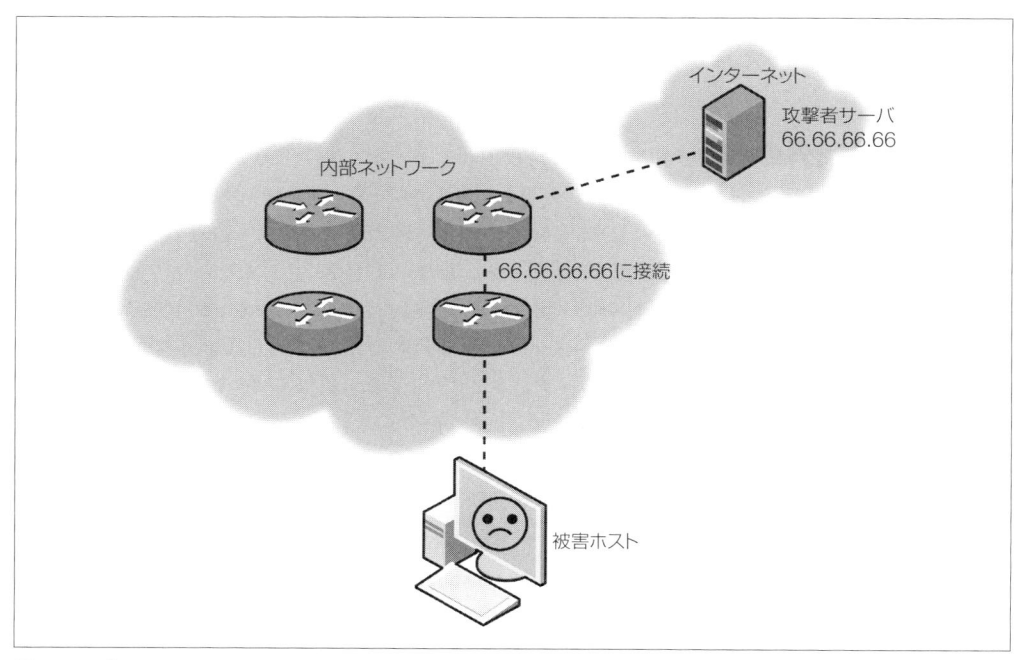

図10-2. ブラックホールルートがない場合の不正な通信

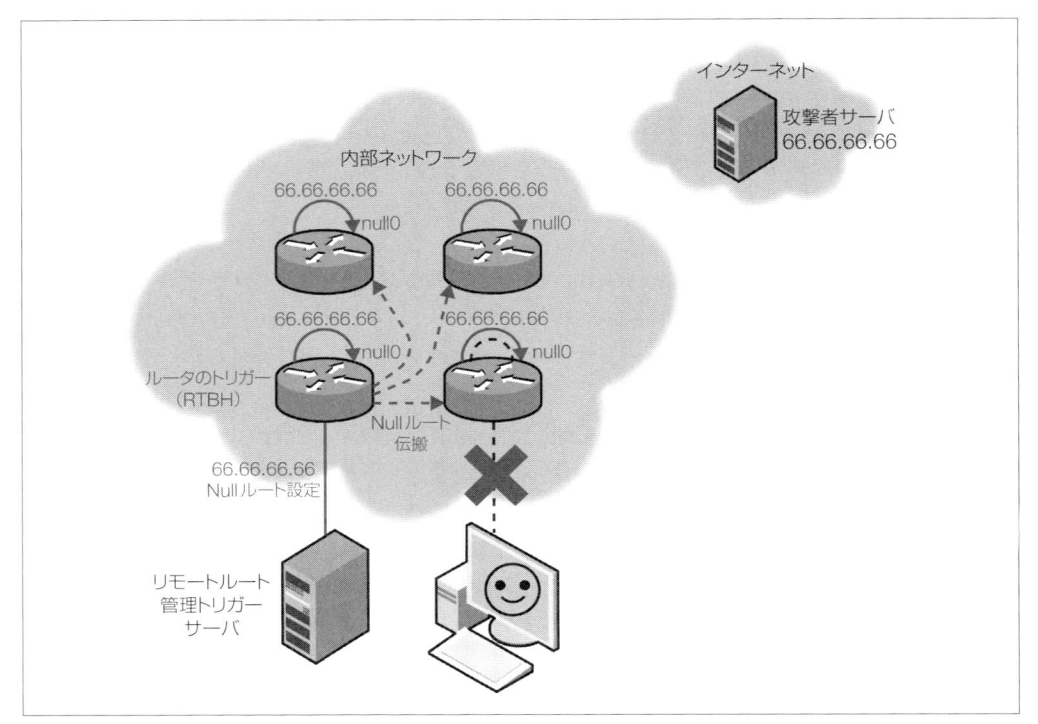

図10-3. nullルーティングがあることで、ACL管理に伴う煩雑さや拡張性の制限なしで、迅速に不正なトラフィックをブロック可能

10.3.1　専門外のこと

　感染ホストを封じ込めるもう1つの方法に、基礎となるインターネットプロトコルのDNSを活用する方法があります。7章で触れましたが、DNSトラフィックの収集はセキュリティ監視業務に恩恵をもたらします。しかし、DNSは軽減策の観点でも有用です。たとえばRPZは、DNSファイアウォールのようなものを構築するのに役立ちます。DNSファイアウォールは、クライアントがどのドメインを解決できるか制御するための、4つの異なるポリシーをトリガーします。IPアドレスによる外部C2システムのブロックでは柔軟性が足りない場合は、クライアントがクエリする名前に基づきポリシーを定義できます（QNAMEポリシートリガー）。そうすることで、ネームキャッシュサーバのクエリの取り扱いを制御することができます。QNAMEによるポリシーでは足りない場合、DNS RPZはより強力なポリシー制御を実現できます。たとえば、特定のIPアドレスに解決されるドメインすべてをブロックするなどです（IPアドレスポリシートリガー）。不正なネームサーバ自体を対象とする場合は、RPZでネームサーバ名（NSDNAMEポリシートリガー）、またはネームサーバのIPアドレス（NSIPポリシートリガー）のいずれかを利用できます。RPZポリシーは簡単な管理手法で、あらゆるドメインに対して権威を持つことのできる特別なゾーンを提供します。RPZはDNSレスポンスの柔軟性の高さによって、特に強力なツー

ルとなっています。RPZではNXDOMAINレコードを返すような標準的なブロックも可能ですが、クライアントの外部ドメインに対するアクティビティについて、さらに情報を取得したい場合には、クライアントを内部のホストにリダイレクトさせるようDNSレスポンスを改ざんすることもできます。

　最後に、RPZはBIND DNSサーバでのみサポートされており、Microsoft DNS Servicesでは動きません。Microsoft DNS Serversは権威BIND DNSサーバをポイントすることで、RPZ機能を利用できます。ただし、Microsoft DNS Server自身には、レスポンスゾーンにホスト名を追加する方法は現在のところありません。

10.4　ポテト1つ、ポテト2つ、ポテト3つ、あなたのポテト[※1]

　インシデントの引継ぎを行うタイミングや理由は、組織内の役割や責任の共通理解によって異なります。サッカーで、ディフェンダーがゴールエリアに近付いて得点のチャンスが巡ってくることはよくありますが、最終的には相手チームが攻撃を仕掛ける前にディフェンスの位置へ戻ってもらわなければなりません。プレイヤーのスキルセットはプレイするポジションと一致している必要があり、他の役割まで手を伸ばすことは主要な業務を効率的にこなすための品質と能力に影響を与えてしまいます。セキュリティ調査員はセキュリティアーキテクトと同様のスキルを多く備えている可能性はありますが、インシデントごとの長期修復計画の責任を引き受けることはできません。

　しかしながら、インシデント対応の成果物の1つに具体的なものがあります。それは、文書化されたアーキテクチャ上のギャップや不具合の証拠です。CSIRTはインシデント詳細に基づき、内在する問題を理解してセキュリティアーキテクトやエンジニアに適切かつ許容可能な対策を助言することができます。サッカーチームのプレイヤーと同じく、セキュリティ担当者は現在の脅威の状況、トレンド、インシデントについて伝えることができなければなりません。個々の貢献者が割り当てられた役割に参加、実践できたときに初めて、インシデントのライフサイクルを回すことができ、最終的に短期および長期の修復が実現するでしょう。

10.4.1　要点を言おう

　インシデントを引き継ぐときやクローズするときには、調査員はインシデント発生の原因を正確に判断する上で徹底的な根本原因解析（RCA：Root Cause Analysis）を実施すべきか否か、判断しなければなりません。多くの場合、RCAは必須事項です。重要なシステムが侵害された場合、今後同様の事態を避けるためにも、攻撃成功の条件を正確に見つけることは必要不可欠です。しかし、RCAに膨大な時間を専有されるために、他の業務に支障が出るような状況もあります。たとえば、組織のWebプレゼンスに対して外部組織がスキャンを実行、エクスプロイトを試行したとします。このとき、攻撃が成功したことを示す証拠が得られなかった場合は、すべての「攻撃」を追跡する必要はありません。こうしたタイプの攻撃について、大量の時間を割いて攻撃者の特定を行うことも可能ですが、インターネットにいればポートスキャンや攻撃を受けることは誰もが知っています。攻撃者がハッキングされた他の

[※1]　訳注：アメリカでよく知られている子どもの数え歌『One Potato, Two Potatoes』から。

システム、プロキシ、VPNアドレスなどを使って本当の出所を隠してしまうことを考えると、正確に特定したと言っても信頼できない可能性があります。

　多くの組織にとって、**誰がWebサイトをスキャンしたか**、**誰がフィッシング経由で広く出回っているトロイの木馬を送りつけてきたか**を知ったところで対応が必要だという結論に至るとは限らず、インシデントと見なされない可能性すらあります。スキャンされても喜んだり不安になったりしないでください。標的になったわけではないかもしれません。マルウェアはどこにでも存在し、イライラするアドウェアから高度なリモート制御のスパイウェアまで、その種類は幅広いです。すべてのエクスプロイト試行、プローブ、マルウェアサンプルを調査しても、要求される時間の投資には釣り合いません。もちろん、ホスト型の制御で当初**検知されなかった**、**または削除されなかった**マルウェアなどは明らかに調査対象となりますし、他の奇妙で独特な特徴を持つものなども、さらなるインジケータを探す上で調査の価値があるでしょう。

　携帯型のコンピュータシステム（ノートPC、スマートフォン、タブレットなど）は、自宅のLANからカフェ、バー、飛行機、その他さまざまな公共およびプライベートな場を通じて、管理下にないあらゆる種類の外部ネットワークに接続します。「常時有効」なHIPSといった適切なホスト制御が導入されていなければ、セキュリティ監視の外で発生する侵害については攻撃元を把握することすら困難です。攻撃やマルウェアの発信元が分からないと、組織内から将来的な攻撃をブロックするのは難しく、不可能ではないにしても、根本原因を特定するのは非常に厳しいでしょう。さらに、セキュリティインシデントにつながる各ステップを正確に辿るためのログデータもない可能性があります。セキュリティイベントソースの大半が通知するのは異常なアクティビティのみで、平常時の振る舞いは通知されません。一連の平常時の振る舞いが実際のインシデントにつながった場合、侵害につながる条件を生みだしたものが何かは気付かれず、ログにも残らないでしょう。

　攻撃や侵害の全サイクルを見直す時、多くのRCAでは十分な情報がないという単純な理由から調査が行き詰ってしまいます。ホストにドロップされた不正なバイナリすべての送信元を特定しようとしても、膨大な労力がかかってしまうだけで、それを行う以上の価値が得られないのはこうした理由からです。

10.5　得られた教訓

　インシデントが落ち着き、出血も止まったら、同様の問題を回避するための長期戦略を立てるときです。これは、監視の手法や対応を改良する最適なタイミングでもあります。インシデント対応プロセスの中で判明したミスや不備は、将来的な改善のきっかけを作ります。

　たとえば、極端な例ではなく、妥当な例を考えてみます。とある昼間、あなたが再び業務に入ったとき、インシデント対応チームはアプリケーション開発者から内々で連絡を受けました。本番稼働中のWebアプリサーバのwebrootディレクトリに、見たことのないWebアプリケーションを発見したという内容です。Webアプリケーションを眺めていたところ、単純なテキストボックスと実行ボタンが見つかりました。適当なテキストを入力して実行ボタンを押したところ、驚くことに次のようなテキストが表

示されました。-bash: asdf: command not found。Bash？ 外向けのWebサーバで？ あなたはすぐにプロセスのリスト化を試みて、アプリは全ps出力を生成しました。プロセスリストを見ると、システムデーモンの他にApacheやTomcatのプロセスもありました。最悪なことに、この出力結果からWebサーバのプロセスがrootで実行されていることが判明しました。最悪の事態を恐れつつ、あなたはWebアプリケーションからwhoamiを実行。出力結果にrootが表示され、恐れていたことが事実であると確信するはめになりました。

　あなたは問題の範囲を考えます。これは、本番環境のWebサーバの1つに対して、インターネットに面した箇所で認証されていないrootアクセスがあったということです。問題を修復するため、あなたはサービスをオフラインにし、影響のあるホストの範囲を数値化してから問題の封じ込めを実施、RCAを通じてホストの侵害方法やshellからコマンド実行した人物の特定に乗り出すでしょう。事後分析では、あなたはインシデントの発生中に起きたことを自問するでしょう。それがあらかじめ分かっていれば、このインシデントはより早く検知し、軽減策を実施し、封じ込めを行うことができたのです。

　検知の観点では、アプリケーション、Webアプリサーバ、Webサーバ、OS自体から生成されたログが役に立つと判明したかもしれません。Webアプリケーションが新規に実装されたとき、Webアプリサーバでイベントが生成される可能性は十分あります。また、shellが誰かのアクセスを受けたことを示す攻撃者の属性情報をWebサーバが提供することもあります。

　インシデント調査の中では、適切な修正を行うために専用のリソースや状況のトラッキング、コミットメントを必要とするような多くの長期的なインフラストラクチャの改善すべき点があることを学んだでしょう。先に挙げた例であれば、もしインフラストラクチャ全体でTomcatシステムをroot権限で実行しているならば、システムを堅牢化し、ビルドプロセスを変更、より低い権限のサーバ上でアプリケーションの品質保証検査を実施する必要があります。早急な製品の市場投入が求められるような環境において、こうしたインシデントから得られた教訓を採用するには、インシデント管理を実施するよりも、より多くの時間や人が必要となります。修正すべき弱点を特定するには、セキュリティアーキテクト、システム管理者、アプリケーション開発エンジニアの全員が集中して取り組まなければなりません。そのような弱点はセキュリティ監視やインシデント対応などのそれぞれの領域内のみに存在している訳ではないからです。では、インシデント対応の担当者として、責任を担う組織内のグループを特定し、彼らの領域に存在する弱点について自分たちで対処することのコミットメントを取り付けて、それが順守されることの確証を得るにはどうすればよいでしょうか。

　インシデントライフサイクルを通じて今回の例を詳細分析すると、対応が必要な他の弱点を知ることができるかもしれません。アプリケーションやシステムの実際の所有者を、資産管理システムから特定できるでしょうか。総合的な脆弱性スキャンからインシデントの影響範囲を素早く特定できますか。本番環境内の何百ものホストに渡る問題が存在するとき、インシデントを封じ込める拡張性の高い方法を組織は持っているでしょうか。インシデント対応チームが発見した問題があり、それを解決することで利があるとしても、問題の終結するまで管理することは、監視や対応の主要な役割ではなく、組織内の適切なチームが対応すべきです。

　すでに解決したインシデントは、文書化する中で、豊富な詳細情報を提供します。インシデント調査

時に正確かつ有用な記録を残すことは、新しいチームメンバーが入ってきた時に役立つだけでなく、セキュリティアーキテクチャを良い方向へ強化するのに役立つ、歴史的に確かめられてきた情報を提供します。それに加え、使用した手続き、必要となった問い合わせ先、非効率または使えないことが分かった古いプロセスは、インシデント対応ハンドブックへと展開されます。インシデント対応ハンドブックを最新の状態に維持することで、同様の戦術が要求されるインシデントが今後発生した際に、迅速に対応できるでしょう。インシデントのタイプや検知された方法によっては、将来のインシデントに対してさらに効果的に対応するために、プレイブックの分析セクションの更新が必要な場面も出てくるかもしれません。

10.6　本章のまとめ

- 検知後、インシデント対応チームはインシデントの軽減、連携、コンサルティング、ドキュメント化を担当します。
- 信頼できるプレイブックや有効な運用は、インシデント発見につながります。
- 対応プロセスは、大規模なインシデント発生時に素早く対応できるよう、十分テストされている必要があります。
- インシデントの封じ込めやさらなる損害の防止において、軽減システムは重要です。DNS RPZ や BGP ブラックホール化は、基本となるネットワーク接続を遮断する優れたツールです。
- インシデントは数分で終わるものもあれば、解決に何週間もかかるものがあります。解決の一環で長期修復が含まれることもありますが、インシデント対応チームはシステムやアーキテクチャ上の変更を進めているというよりは、その相談役や支援を行う用意をすることが重要です。

11章
適切な状態を維持するには

"Who controls the past, controls the future..."
（過去を統べるものは、未来をも統べる…）
— George Orwell

　1983年、消費者の購入できる最初の携帯電話が登場しました（図11-1）。それから30年以上が経ち、無線加入者はグローバルで70億を超え、世界人口のほぼ半分が携帯電話を少なくとも1台保有しています。1980年代の始め、最初の携帯電話を使っていた人たちは、これほどまで小型化されるとは想像すらできなかったでしょうし、（今や大半の人が1日のほとんどの時間利用している）携帯電話が社会や文化を永続的に変えてしまうとは思わなかったでしょう。今では、携帯電話は誰かと通話するためだけの道具ではありません。連絡先情報などに登録された人といつでも通信できます。携帯電話は情報源であり、テレビ、カメラ、GPSでもあり、お金のやり取りもできますが、これらの用途はほんの一部に過ぎません。文明はユビキタスコンピューティングへと急速に進化しており、それに伴いさまざまな課題も発見されています。プライバシーや情報セキュリティの課題もそのなかの1つです。携帯電話の現象は数多くある歴史上のテクノロジーシフトの1つに数えられ、将来的なトレンド、問題、課題を合理的に予測する上で学ぶところがあります。

図11-1. DynaTAC 8000X circa 1984

　コンピューティングのトレンドの多くは循環型で、流行ったり廃れたり、また流行ったりを繰り返します。たとえば、コンピューティングリソースはこれまで共有型のメインフレームコンピュータで集中管理されてきました。それが、ハードウェアの価格（と大きさ）が下がり、新たなコンピューティングモデルが開発されたことで、組織はオンプレミス型のソリューションへと移行しました。その後、仮想化が拡大したことで、組織は再び集中管理型のインフラストラクチャへと立ち戻り、外部の事業者が仮想化されたネットワーク、コンピューティング、ストレージのレイヤを管理できるようになりました。セキュリティ監視の観点では、こうした環境はそれぞれ独自の課題を抱えています。環境は変化しますが、監視すべき脅威は何か、そしてどのようにその脅威を検知し、対応していくのかを繰り返し確認するプロセスは、セキュリティ監視の方法論の基礎として十分根付かせる必要があります。メディアやハードウェアも変わりましたが、防御すべき攻撃、動機、守るべき資産タイプの多くは変わりません。プレイブックの方法論は、変化についていくためのサポートを提供します。テクノロジーや環境は、総合的なアプローチの変数に過ぎません。時代やトレンドが変化する中で、プレイブックはセキュリティ監視やインシデント対応プロセスを進化させるために必要なフレームワークとして存在し続けます。過去を見直して未来に備えることで、防御側は自分たちの組織やネットワークに対する避けられない攻撃を迎え

撃つことができます。

　本章では、日常生活におけるテクノロジー利用の拡大がセキュリティ対応にどのような影響もたらすのか、インシデント対応やセキュリティ監視プロセスが今後も適切な状態であり続けるには、プレイブックのアプローチをどのように活用していけばよいかなど、テクノロジーの変革に対応していくための社会的および文化的な要素について、いくつか取り上げたいと思います。

11.1　拡大する攻撃の対象領域

　この文章を読んでいる人は、おそらくテクノロジーが人生に多大な影響を与えていることでしょう。もしかしてノートPC、スマートフォン、その他Eリーダーなど、コンピュータデバイス上でこの本を読んでいる可能性もあります。同時に、あなたの周りにあるデバイスは携帯電話網、ローカルの無線IPネットワーク、パーソナルエリアネットワーク、Bluetooth接続、その他多くの無線プロトコルでつながっています。私たちはこれらのネットワーク接続された技術を使って、音声、動画、テキストなどを介して他の人と通信し、メディアの消費、行き先の確認、食事や他の商品の注文や支払い、オンライン銀行へのアクセス、ドアの施錠、自宅の環境設定の変更、ゲーム、新しい友達との出会い、その他数え切れないほどの日々の仕事を当然かのごとく行っています。ネットワークが拡大する中で、維持および作成される情報も拡大しています。メトカーフの法則では、通信ネットワークの価値はシステムに接続されたユーザー数の2乗に比例すると結論付けられていますが、それ以上を探す必要はありません。言い換えれば、ネットワークにより多くの人が相互接続されるほど、人々にとってそのネットワークの重要性や求められる役割は大きくなります。

　ネットワークの接続性は、こうした活動の基盤となる要素です。実際、オバマ元大統領はインターネットをユーティリティとして保護するという法令を定めたほど基盤的な要素を持っており（https://www.washingtonpost.com/news/the-switch/wp/2014/11/10/obama-to-the-fcc-adopt-the-strongest-possible-rules-on-net-neutrality-including-title-ii/）、人にとっては水道や電気のように一般的かつ必須の存在です。ムーアの法則でハードウェアの処理能力の成長が予測されたように、エドホルムの法則ではネットワーク帯域幅がいずれ現行のネットワークアクセス方法すべて（無線、モバイル、LAN）を集約できるほどに達するという仮説が示されています。ネットワーク接続デバイスを持つ誰もが接続タイプに関係なく、場所や時間を問わずデータを転送できます。これは階層型ネットワーキングの主なメリットの1つです。階層が変わっても、他の階層は機能し続けます。ユーザーエクスペリエンスの点では、オンラインで動画を視聴しているとき、接続プロトコルがIPv4であろうがIPv6であろうが、フレームがLTE、IEEE 802.3、802.11のどのリンク上で転送されていようが、何も変わりません。より多くのデバイスをより多くの人が手にすることは、追加のトラフィックを処理するために必要なネットワーク帯域幅が増えるだけですが、さらに革新的なネットワークアプリケーションが登場するきっかけにもなります。もっとも、スループットにおける需要と供給の関係に影響を及ぼすのは、ネットワークを利用するユーザーの増加だけではありません。テキストしか転送できないほどに帯域幅が狭かった頃は、大半の人は解像度の高い画像を転送するという発想に至りませんでした。画像を転送で

きるだけの帯域幅になったときも、動画を送信するという考えは誰も思いつかなかったでしょう。こうした過去は、今のニーズに応えることで未来のテクノロジーの実現につながるということを示しています。帯域幅やアクセスが増加する過程において、テクノロジーに関するアイディアや新規ユーザーの指数関数的な増加が実現されているわけです。ですが、スループットが高くなるということは、監視デバイスやストレージ側においても、増加するトラフィックやログデータを遅れずに処理できることが要求されるということを忘れてはいけません。

また、ディスクストレージが安価になり、ネットワークスループットが高速になったことで、オンラインバックアップやファイルホスティングサービスの環境が成熟しました。物理ストレージへローカルバックアップを取得することで、データ消失時に頭を悩ますことがなくなりますが、ローカルバックアップが破損するような惨事が起こったときは、ホスティングサービスを利用することで、インターネット経由でデータやファイルを取得することができます。必然的に、自分のデータを誰かに預けることは、データ侵害時に制御不能に陥ることを想定しなければなりません。サービスを利用する側としては、ホスティング会社が自分のデータを保存しているインフラストラクチャを安全に保護していることを期待します。

日常生活にテクノロジーが入り込んだことで、攻撃の対象領域にも多数の影響をもたらしています。1つは、利用可能なデバイスの規模の増大です。モバイルデバイス、ネットワーク対応自動車、スマートメーター、無線対応の電球やランプ、ウェアラブルの市場は拡大しており、インターネットには常時接続が必要なノードが何百万も追加されるでしょう（https://www.forbes.com/sites/gilpress/2014/08/22/internet-of-things-by-the-numbers-market-estimates-and-forecasts/）。交通監視や公共設備の利用状況測定など産業用制御システムや地方自治体システムも、ネットワーク接続されたデバイスが混在するところに追加されることになります。海運、貨物、トラック輸送などの物流業界では出荷物の追跡、計画、ルート再設定でインターネット接続に頼っています。非常に多くのノードに加えて、各デバイスは独自のネットワークスタックや一般的なアプリケーション、カスタムアプリケーションを実装しています。アプリケーションにはバグが付き物で、攻撃者が悪用する脆弱性をもたらします。ネットワーク上に存在する現在の脆弱性と同様に、こうした新しいネットワーク接続デバイスが追加されることで生じる問題を特定、検知、軽減する必要があります。プレイブックの方法論を新しい攻撃対象の領域に適用することで、これまでとは異なる、もしくは新しいログソース、修復プロセス、軽減方法が見つかり、新規デバイスの追加で発生する監視やインシデント対応に役立つでしょう。

デバイスの増加は、攻撃者のモチベーションにも影響を与えます。ここ10年間、犯罪的なハッキングやマルウェア「業界」は爆発的に成長しました。悪い人たちがようやくエクスプロイトを収益化する方法を見つけ出したからです。これまでウイルスはデジタル版の落書きで、スキルを自慢したり地下組織での信頼を獲得したりする方法でした。しかし今ではリアルマネーがやり取りされており、趣味でやっている人は多数派から消え、金銭的報酬はより多くの暴利をむさぼる人や犯罪組織を惹き付けています。どんなコンピューティングリソースでも、金銭がかかればエクスプロイトされる可能性があります。CPU能力で金銭を稼ぐ方法は以前より存在しましたが、暗号通貨はその関係性をさらに縮め、コンピューティングリソースを収益に結び付けることが非常に簡単になりました。オンライン広告やシン

ジケーションネットワークは、クリック詐欺によるネットワーク接続の収益化を容易にしました。また、常時ネットワーク接続によってDoS as a Serviceも簡単に実行できるようになりました（DoS攻撃代行サービスによる脅しなど）。また、モバイルデバイスが台頭したことで、プレミアムSMSメッセージングサービスが着信音のダウンロードやモバイル決済など正規のやり取りで悪用され始めました。要するに、リソース間がつながり、リソースの収益化方法が見つかると、悪い人たちが隙間を埋める方法を探し出すわけです。

デジタルデバイスから物理世界を制御する方法が増えれば、攻撃対象の領域が追加されるだけです。有能なハッカーによって、インターネットやクローンRFID、窃盗やなりすましで使われるその他トークンから車を盗む方法が紹介されています。攻撃者はすでに電車、バス、交通管制システムを侵害しています。ビルの電力、消火機能、エアコンが制御不能になったらどうなるでしょうか。重要な産業用制御システムが攻撃者に操作されたら、深刻な事態を招く可能性があります。エアコンが無効化されてからデータセンターがダウンするまで、どれくらい時間がかかるでしょうか。遠心分離機が爆発してから原子力発電所の燃料がなくなり停止するまで、どれくらいの時間がかかるのでしょうか。

11.2 暗号化の台頭

法執行機関は、暗号化技術の軍民両用の性質にずっと関心を寄せてきました。情報や通信を守るという意味で、政府から軍事、企業、個人まで幅広く適用することができます。一方で、追跡の回避手段や難読化という意味で、悪人にも安全を提供します。政府はこれまで暗号化技術の利用、配布、輸出を規制しており、暗号化アルゴリズムを「軍需物資」とラベル付けすることもありました。暗号化技術の公表禁止は、アメリカでは言論の自由に関する裁判でも議論されてきました（https://epic.org/crypto/export_controls/bernstein_decision_9_cir.html）。グローバルでは、ワッセナーアレンジメント（http://www.wassenaar.org/control-lists/）が挙げられます。これは、暗号を含む軍民両用の技術について輸出を規制する多国間協定です。

あるケースでは、犯罪に関するコンピュータベースの証拠が使えなくなることを恐れ、政府および法執行機関が暗号化技術の開発に関与したり、諜報活動を行ったりしました。

 政府が暗号化技術に干渉した良い事例に、Clipperチップがあります。このチップセットは暗号化通信向けに設計され、意図的にバックドアを仕込んだキーエスクロー（鍵供託方式）が実装されていました。これは激しい反発を受けました。

アメリカ連邦捜査局（FBI）は、フルディスク暗号化ソフトウエアのBitlockerにおいて、調査で使える機能を残すようマイクロソフトを説得したと疑われています。Dual Elliptic Curve Deterministic Random Bit Generator（Dual_EC_DRBG）にもNSAのバックドアが仕込まれており、この疑似乱数ジェネレータからシード値を受け取るすべてのアルゴリズムで平文を抽出できるようになっていました。Dual_EC_DRBGアルゴリズムには奇妙な特性があり、秘密鍵を持っている人であれば誰もがアル

ゴリズムを解読することができ、秘密鍵がない人にとっては完全な強度を提供するというものでした。NSAはこの秘密鍵やバックドア機能の存在について決して言及しませんでしたが、最終的に一般人がアルゴリズムに「機能」が実装されていることを突き止めました。公に知られたにもかかわらず、NSAはアメリカの標準技術局（NIST）にも標準化するよう迫り、結局は国際標準化機構（ISO）が折れてアルゴリズムを標準化します。NSAがアルゴリズムを意図的に設計したことを示す機密文書が暴露されるまでは、その証拠はつかめていませんでした。

　法執行機関は、証拠集めの手段が1つ失われることを理由に暗号の利用に懸念を示しています。FBIのディレクター、James Comey氏がブルッキングス研究所にて、スマートフォンの既定の暗号化について言及した発言を引用します。

> 暗号化はただの技術的な機能ではありません。マーケティングのための売り込み文句でもあります。しかし、警察や国家安全保障局にとって、あらゆるレベルで非常に重要な影響があります。高度な犯罪者は、検知の回避手段として利用するでしょう。それは開けられないクローゼットと同じです。破られない金庫です。私の疑問は、どんな犠牲が払われるのかという点です。

　間違った比較や誤った二者択一の推論は置いといて、FBIのディレクターは暗号化や技術全般における諸刃の側面を指摘しています。暗号化の採用が進めばプライバシーはより一層守られますが、セキュリティは全体的に下がる可能性があります。残念なことに、すべての暗号化通信や暗号化データが完全に潔白なものではありませんが、スマートフォンの暗号化を誰もが享受できる状況ではそれを知る術がありません。一般的に、テクノロジーは法執行機関の対応を上回るスピードで発展します。デジタル保護を無効にすることができなければ、証拠は得られません。こうしたケースでは、その他の検証済みかつ実績ある調査方法や犯罪捜査で具体的な証拠を探し出すことになります。

　インターネットが普及し、ネットワーク接続デバイスの台数が数百万台に膨れあがった現在、インターネット上にホスティングされたシステムに個人データを保存するということは、意図せずとも、破滅的なデータ損失の舞台を整えていることになります。有名な企業や組織での大規模なデータ侵害や漏えいは、インターネットの一般ユーザーに深刻な影響を及ぼしました。知識のあるユーザー層は、犯罪者、政府、軍などから個人データを保護するために、個人での暗号化の利用をますます要求しています。人々が暗号化を求める理由は、生活のすべてがオンライン上にあるからです。私たちは、クレジットカードやスマートフォンからの送金は暗号化され、保護されるべきと考えます。プライベートと思われる情報はプライベートなままで守られ、その情報にアクセスできる人を制御するのはなおさら必須と考えます。

11.3　すべて暗号化すべきか

　暗号化の広がりに対する不安から、セキュリティ監視担当者は眠れぬ夜を過ごすことになりました。攻撃者間のすべてのファイルやネットワーク送信が暗号化されているというのは、調査してもあまり成果が得られない悪夢のシナリオに感じます。結局のところ、組織から出ていくトラフィックを正確に

把握できなければ、失ったものが何かすら分かりません。セキュリティ監視の観点では、暗号化トラフィックに対処するための実用的な選択肢は2つしかありません。インターセプトし、復号化と検査を実施したあと、再度暗号化をする（Man-in-the-Middle、またはMITM）か、暗号化トラフィックのペイロードを無視するかです。MITMが容認できない、または不可能であれば、他にも調査できるデータはいくらでもあります。ネットワークトラフィックやその他セキュリティイベントソースのメタデータからさらなる調査の道筋を作ることができ、問題も解決できます。

　パッチが適用されていないインターネットの澱（よど）みで未だ動き続けているだろうConfickerワームを思い出すと、大規模に連携したテイクダウンの結果、今では活動不能の状態にすることに成功しています。そのワームはペイロードを暗号化していました。後半の亜種では最終的に鍵長が4096ビットになり、軍や政府を含む多くの組織に何百万ドルもの被害を出しました。また、ドメイン生成アルゴリズム（DGA）を使ってランダム生成されたドメインのリストを使い、ボットのチェックインコンポーネントを取得していました。このコンポーネントは（C2プロトコルの中でも特に）IPSで検知可能で、WebプロキシのログやパッシブDNS（pDNS）データでも検知できました。このほか、ConfickerはUDPベースのP2Pプロトコル通信を使っていましたが、IPSやその他監視ツールで簡単に識別できました。Confickerペイロードの暗号化されたコンテンツは、ネットワーク上でトラフィックパターンを検知して遮断できれば、あまり意味はありません。

　エンドツーエンド暗号化（E2EE）を正確に導入することは難しく、暗号化されていないデータを攻撃に晒すリスクもあります。POS端末を考えてみてください。E2EEをフル実装する場合、最低でもデータ（すなわちクレジットカードの情報）はカード自体で暗号化されている必要があり、またカードをスキャンするハードウェア端末、トランザクションを処理するPOSアプリケーション、ローカルに保存された一時データについてはディスクレベル、そして中央管理されたPOSシステム内のデータストレージ層でも暗号化が必要です。アメリカの量販店Targetが1億4,800万ドルの被害を出した事件（https://www.forbes.com/sites/samanthasharf/2014/08/05/target-shares-tumble-as-retailer-reveals-cost-of-data-breach/）では、ハッカーが暗号化されていないクレジットカードのトランザクションをPOS端末のメモリからスクレイピングしたのが原因の1つと考えると、実装はかなり難しいことが分かります。

　もっとも、組織に暗号化を実装することが難しいという理由と同じく、攻撃者も自分たちのソフトウェアやインフラストラクチャに暗号化を実装するのは大変です。高度な攻撃者やキャンペーンの多くでは暗号化されたC2通信（スクリーンショット、キーロガーのデータなど）が使われていますが、あまり高度ではない攻撃ではC2通信が暗号化されていることは滅多にありません。この事実自体が検知可能な異常につながります。暗号化の実装や維持にかかるコストは、マルウェア業界の利益を上回ります。フィッシングやマルウェアキャンペーンで複雑なPKIインフラストラクチャを運用することなく、また、より高度な暗号化アルゴリズムや鍵管理システムを運用したり、管理することなく高い利益が得られるのであれば、攻撃者は暗号化の実装には悩まないでしょう。機密性が必要な場合は、攻撃者も暗号化するでしょう。検知されないことが目的であれば、暗号化はまったく重要ではありません。

　攻撃者によっては、自分たちのデータを守るのではなく、被害者側がデータへアクセスすることを

ブロックするために暗号化を使います。これは3章で触れました。トロイの木馬型のランサムウェア Cryptolockerは（とりわけ）、AES暗号化と2048ビットRSA鍵の両方で被害者のファイルを暗号化し、人質にとります。

11.3.1　幽霊を捕まえる

　組織のネットワークを監視していると、いずれはネットワーク上で転送されている暗号化データやホスト上に保存されている暗号化データを扱う必要が出てきます。Webプロキシを導入している場合は、セキュアなHTTP接続でMITMを実施することが可能か評価する必要があります。監視の観点では、技術的には暗号化通信の一部を監視することは可能です。ですが、ポリシーの観点ではまったく違う話になります。あなたの組織のインターネットアクセスポリシーでは、意図的ではなくても、ユーザー個人のクレデンシャルをMTIMする可能性のある状態で、外部メールやオンラインバンキング、SNSサイトとの通信を許可しているでしょうか。組織のネットワーク利用ポリシーによっては、特定のサイトを復号化しないホワイトリストに登録する必要があるでしょう。また、パフォーマンスの理由から、明確に信頼できないサイトやアプリケーションの暗号化トラフィックのみを検査するのも得策です。

　通信上でデータを復号化できなくても、希望がすべて失われたわけではありません。IPアドレス、ホスト名、TCPポート、URL、転送されるバイトなど、調査で計り知れないほどのヒントが得られるメタデータコンポーネントは多数あります。侵入検知ではペイロードを記録できないかもしれませんが、特定のマルウェアキャンペーンのパケット構造が予測可能、または表現可能であれば、IPSで攻撃を検知、ブロックできます。NetFlowのようなメタデータは、通信のコンテキストを提供します。ホストに直接エージェントをインストールして、ネットワーク通信を復号化することも可能です。DNSクエリは、ドメインの変更や利用中止を追跡するための、さらなる調査のヒントとなります。システム、ネットワーク、アプリケーションログでは、暗号化通信の異なる箇所を識別できます。CSIRTは何年もの間、フルパケットインスペクションを実施しなくてもセキュリティインシデントを発見してきました。

　4章で解説しましたが、メタデータやログマイニングは、パケットの内容すべてを読むことができなくても、問題解決で使える詳細を掘り起こすことができます。すべての通信内容を完全に分析するのに越したことはありませんが、暗号化されていなくても、ストレージ制限という単純な理由から、すべてのデータは多くの場合、利用することができません。それでも、不審なメタデータのシーケンスや、怪しいホスト、またはアプリケーションに対してアラートを通知することはでき、データのパターンや異常値から、その振る舞いをしている人のプロファイリングが行えます。

　テクノロジーはものすごいスピードで進化していますが、私たちはまだ追いついて対応することができます。テクノロジーは間違いなく進化し続けますが、セキュリティインシデントの監視や対応ができなくなるような進化をするとは考えられません。どんなにテクノロジーやITのトレンドが変化しても、プレイブックのアプローチでは新しい変数や入力データを採用しても一貫性のある結果を得ることができ、安定したフレームワークとして色あせることはありません。

11.4　TL;DR（要約）

　これからも何百万台ものコンピュータが、何百万もの新しいアプリケーション、サービス、テクノロジー的な現象とともにやってくるでしょう。次世代のコンピュータやテクノロジーとともに、接続、データ、機能、さらには暗号化や難読化もさらに増えるでしょう。しかし、コンピュータネットワークがある限り、それがどんなに巨大になろうとも、それを監視する人が必ずいます。アプリケーションがある限り、役立つログデータが見つかる可能性はあります。最終的に、セキュリティ調査とは要約すると、適切な人に対して、適切なデータに関する適切な質問を行い、証拠として得られるすべてのログを分析するということです。ログデータの内容が読めなくても、**データに関するデータは必ず存在します**。

　情報セキュリティを適切な状態に維持するということは、持っているものを守る方法について知っているだけでなく、次に何が来るかを予測できることを意味します。テクノロジーがコンピューティング能力に基づくトレンドに沿って移り変わっているのは明らかで、人のイノベーションにおける無限の創造力を考えると、物事はあっという間に変化する可能性があります。何年もIT業界にいる人に話しかければ、以前は専門分野となっていたものが、今ではあまり意味がない、または完全に時代遅れになったという話を語ってくれるでしょう。また、長い年月に渡るさまざまなトレンドや、現行の運用に対する（プラスかマイナスにかかわらず）その影響についても耳にすることができます。テクノロジー業界や情報セキュリティ業界は、特に加速的に変化します。犯罪がデジタル化に適応する中で、サイバー犯罪者とネットワークの防御側は開発のペースを加速し、ますます速いスピードで互いに僅差を付けようと常に努力をしています。今日のコンピューティング環境やネットワークの複雑さを考えると、攻撃者の可能性は無制限に見え、一方の防御側は適切な状態を維持するために最先端のテクニックや手法を実践し続けなければなりません。

　2章で、プレイブックの方法論の中核となる4つの質問を紹介しました。

- 守りたいものは何か？
- 脅威は何か？
- どうやって検知するのか？
- どう対応するのか？

　これらの質問を提示し回答する環境が、時間の経過とともに変化したとしても、基礎となる方法論があれば、テクノロジー、ベンダー、製品の変化にも繰り返し適応していくことができます。ミクロのレベルでは、プレイブックは既存の監視方法に対する構造的な調整や見直し、置き換え、さらには撤廃を可能にすることさえあります。またマクロのレベルでは、プレイブックは使用するツールや直面する脅威、監視するネットワーク、追っているトレンドにかかわらず、新しい対応手順や方法を採用することを可能にします。6章で述べましたが、たとえ何とかしてシステムすべてを守り、いま直面する脅威すべてを検知できたとしても、テクノロジーは高速に進化しており、明日には新しい何かと直面することになるでしょう。成功するCSIRTには、その中核に確固たる基盤を形成するプレイブックがあり、その生きたフレームワークを、急速に変化するセキュリティの状況に適用できる力があります。

監訳者あとがき

　昨今多くの企業や組織が拡大するセキュリティインシデントやリスクに対応すべくさまざまな対策を施しています。そのような中で、いかに早くセキュリティ脅威を検知し、いかに早く発生したインシデントに対応するか、そしてその仕組みをいかに継続的に維持、強化していくかというセキュリティの運用が重視されるようになってきました。特にベンダー任せだった運用と対応を明確に役割分担し、組織内にCSIRT/CERTといった体制を構築するスタイルも増えています。一方で、そのCSIRT/CERTにおける役割の整理や限られた人員とスキルでの効果的な運用方法についてIPAやJPCERT/CCなどのガイダンスを出発点として、その次のステップをまだ模索されている方々も多いと思います。

　本書は、弊社シスコシステムズが2003年から運用を開始したCSIRTがそのときどきの脅威や対策の歴史を経て、模索の中でたどり着いた1つのベストプラクティスを書籍の形で皆様にご紹介するものです。データセントリックなセキュリティ監視のアプローチ、クエリを使った検知ロジック、レポートによるインシデント分析手法や対応方法など弊社のCSIRTが10年以上の運用経験から蓄積してきたノウハウは、皆様の組織におけるセキュリティ運用を高度化し、効率的かつ効果的なセキュリティ対策を実現するための一助になるものと考えています。

　現在企業や団体において、CSIRT/CERTにてセキュリティ運用に従事されている方、SOCにおいて実際のインシデントと日々格闘されているエンジニアやアナリスト、今後セキュリティの専門チームを設立しようと検討中の組織、そしてセキュリティをビジネスにおけるドライバと考え、ビジネス戦略の1つとして検討されている経営陣の皆様にも、本書はお薦めの1冊となっています。「守りたいものは何か。脅威は何か。どうやって検知するのか。どう対応するのか。」本書で紹介している中核となる4つの質問の答えとともに皆様がプレイブックを作成し、今後のセキュリティ監視やインシデント対応に活用していただければ、監訳者一同幸いです。

2018年4月吉日
シスコシステムズ合同会社
監訳者一同

索 引

さ行

ま行

●著者紹介

Jeff Bollinger （ジェフ・ボリンジャー）

10年以上の情報セキュリティ分野での実績を持つJeff Bollingerは、学術ネットワークと企業ネットワークの両方でセキュリティアーキテクトおよびインシデント対応担当として従事してきました。調査、ネットワークセキュリティ監視、侵入検知を専門とし、現在は情報セキュリティ調査員を務め、世界最大手企業のセキュリティ監視インフラストラクチャの構築および運用を行っています。FIRST国際会議の常連スピーカーで、Cisco Security Blogにも寄稿。最近は、ログマイニング、検索の最適化、脅威研究、セキュリティ調査に携わっています。

Brandon Enright （ブランドン・エンライト）

シスコシステムズの上級情報セキュリティ調査員。カリフォルニア大学サンディエゴ校でコンピュータ科学学士を取得、同大学ではシステムおよびネットワーキンググループで研究を行っていました。マルウェアボットネットのインフラと経済に関する論文や、SSL証明書の生成における低エントロピーシードの影響に関する論文など、複数で共著。暗号化に関する研究では、NIST SHA3の一部の競合候補技術に内在する、候補から外されるような致命的な脆弱性を調査。このほか、Password Hashing CompetitionでOmegaCryptのプロポーザルを執筆しています。高速かつ機能豊富なポートスキャナおよびセキュリティツールのnmapプロジェクトでは、長期コントリビュータです。自由な時間は、数学パズルやロジックゲームを解いています。

Matthew Valites （マシュー・ヴァリテス）

シスコシステムズのコンピュータセキュリティインシデント対応チーム（CSIRT）の上級調査員かつサイトリードを務めています。エンタープライズ向けクラウドおよびホステッドサービスのためのインシデント対応および監視プログラムの構築を専門とし、標的とされる高価値な資産に重点を置いています。記憶にあるかぎり昔からモノを分解して作り直すのが趣味で、現在はセキュリティ調査、大規模なデータセットから生成されるセキュリティアラームのマイニング、CSIRTの検知ロジックの実用化、モバイルデバイスのハッキングに従事。国際会議での講演に登壇し、CSIRTの知見やベストプラクティス、教訓の共有に積極的に取り組んでいます。

●監訳者紹介

飯島 卓也 (いいじま たくや)

2007年シスコシステムズ合同会社入社。セキュリティコンサルティングエンジニアとして、現在は主に認証やアクセス制御、NetFlowによる振る舞い検知ソリューションの導入や運用に関する技術支援を担当。以前は、テクニカルアシスタンスセンター（TAC）においてファイアウォールやVPN関連の製品サポートにも従事。

CCIE#18238（Routing and Switching, Security）, CISSP

小川 梢 (おがわ こずえ)

2000年シスコシステムズ合同会社入社。セキュリティコンサルティングエンジニアとして、セキュリティに関するネットワーク設計、アセスメントを担当。その他、クラウドセキュリティに関する技術支援やサイバーレンジの開発／講師を担当。以前は、テクニカルアシスタンスセンター(TAC)においてファイアウォール、IDS/IPS、VPN関連の製品サポートにも従事。

CCIE#28280（Routing and Switching, Security）, RHCE

柴田 亮 (しばた りょう)

2006年シスコシステムズ合同会社入社。セキュリティコンサルティングエンジニアとして、認証基盤やネットワークセキュリティに関連する設計、導入、技術支援を主に担当。また、レッドチームサービスやIoTセキュリティのプロジェクトにも携わる。

CCIE#19454（Routing and Switching, Security）, PMP

山田 正浩 (やまだ まさひろ)

2003年シスコシステムズ合同会社入社。セキュリティコンサルティングエンジニアとして、無線LANを含むネットワークセキュリティのアセスメントなどを担当。以前は、テクニカルアシスタンスセンター（TAC）でのセキュリティ関連全般の製品サポート、システムズエンジニアとして無線LANの案件サポートなどにも従事。

CCIE#15218（Routing and Switching）

●訳者紹介

谷崎 朋子 (たにざき ともこ)

翻訳とライターを兼業。エンタープライズIT向け雑誌の編集を経てフリーランスに。翻訳業では、テクニカルブログやユーザーマニュアル、アプリケーションのUIなど。ライター業では、IT系ニュースサイトを中心にイベントの取材記事などを執筆。温泉に住みたい。

カバーの説明

表紙の動物は、アメリカワニ（Crocodylus acutus）で、アメリカで最も広範に分布するワニの種類。半塩水または塩水の熱帯沿岸近くに生息し、カリブ海、フロリダ州、メキシコ、中央アメリカ、南アメリカの一部で見かけることができます。crocodylusの名称は、背中のでこぼこした皮膚や典型的な這い回る動きから、ギリシャ語の「小石のミミズ」が由来。

実践 CSIRTプレイブック
―セキュリティ監視とインシデント対応の基本計画

2018年 5 月18日　初版第 1 刷発行
2022年 5 月16日　初版第 2 刷発行

著　　　　者	Jeff Bollinger（ジェフ・ボリンジャー）、Brandon Enright（ブランドン・エンライト）、Matthew Valites（マシュー・ヴァリテス）	
監　訳　者	飯島 卓也（いいじま たくや）、小川 梢（おがわ こずえ）、柴田 亮（しばた りょう）、山田 正浩（やまだ まさひろ）	
訳　　　　者	谷崎 朋子（たにざき ともこ）	
発　行　人	ティム・オライリー	
D　T　P	手塚 英紀（Tezuka Design Office）	
印刷・製本	日経印刷株式会社	
発　行　所	株式会社オライリー・ジャパン	
	〒160-0002 東京都新宿区四谷坂町12番22号	
	TEL （03）3356-5227	
	FAX （03）3356-5263	
	電子メール japan@oreilly.co.jp	
発　売　元	株式会社オーム社	
	〒101-8460 東京都千代田区神田錦町 3-1	
	TEL （03）3233-0641（代表）	
	FAX （03）3233-3440	

Printed in Japan（ISBN978-4-87311-838-3）
乱丁、落丁の際はお取り替えいたします。